과학이 사랑에 대해
말해줄 수 있는 모든 것

과학이 사랑에 대해
말해줄 수 있는 모든 것

진화인류학자, 사랑의 스펙트럼을 탐구하다

애나 마친 지음 ┃ 제효영 옮김

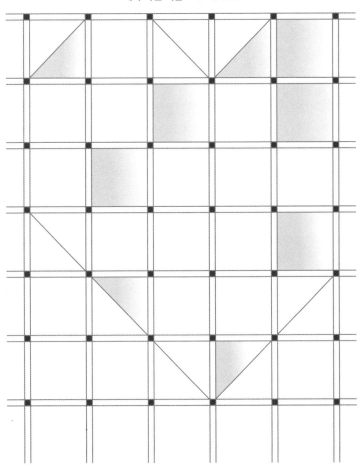

어크로스

헤베, 키티, 리디아에게
그리고 사랑하는 베어를 기억하며

| 차례 |

머리말

■

결국 우리에게 남는 것

사랑은… 복잡하다.

 물론 이 책이 사랑을 처음으로 다루는 건 아니다. 서점이나 도서관에 가면 심리학, 철학, 과학, 문화 등 다양한 관점으로 사랑에 관한 견해를 제시한 책들이 빼곡히 꽂혀 있다. 나도 사랑을 연구하면서 그런 책들에서 유용한 통찰을 얻었고, 연구 방향을 새로 찾기도 했다. 하지만 내가 느낀 건, 그 책들이 '사랑이란 무엇인가?'라는 질문의 '답'을 제시하려고 애쓴다는 것이다. 사랑을 뇌에서 일어나는 화학물질의 작용 또는 문화적 개념으로만 보거나, 위대한 예술과 창의성이 탄생하는 경로라고 축소시키는 경우가 많다. 그리 놀라운 일도 아니다. 인간은 지식에 목마른 생물이기에 불확실한 것을 좋아하지 않는다. 지금 어디로 가고 있는지 명확히 아는 것만큼 인간을 기쁘게 하는 것도 없다. 하지만 사랑은 너무나 복잡하다.

인류학자인 내가 하는 일은 나와 같은 생물인 인간을 관찰하고 겉으로 드러나는 인간의 별난 행동이나 해부학적으로 기이한 특징이 어디에서 비롯된 것인지를 내 능력이 닿는 선에서 최대한 설명하는 것이다. 이때 근거를 찾아 모든 관점에서 설명하기 위해 인간을 중점적으로 분석하는 다른 분야의 아이디어와 기법을 빌려오기도 하므로 까치가 둥지를 짓는 것과도 조금 비슷한 구석이 있다. 목표는 360도로 전부 다 이해하는 것이지만 답이 간단하게 나오는 경우는 드물다. 사랑에 관한 연구도 마찬가지다. 학문 분야마다 이 사랑이라는 난제에 제각기 나름의 답을 갖고 있는 것 같다. 차이가 있다면, 다른 탐구 주제는 이 모든 설명이 머리를 지끈거리게 만들 수도 있지만 사랑만은 경외심을 일으킨다는 점이다. 사랑의 엄청난 방대함, 우리 삶의 구석구석과 인간의 모든 면면에 침투하는 방식, 인간 존재의 가장 중심에 자리를 잡고 건강, 행복, 한평생 살아가는 과정을 좌지우지하는 그 힘에 나는 경탄할 수밖에 없다. 인간이 수많은 사람과 동물, 그 외에 여러 존재와 너무나 다양한 방식으로 사랑을 경험한다는 사실에도 경탄하게 된다. 그리고 나는 우리가 운이 아주 좋다고 생각한다.

그러므로 이 책은 '사랑이란 무엇인가?'라는 질문에 딱 떨어지는 답을 제시하지 않는다. 의미를 축소해 답을 하나로 정리하면 깔끔하고 멋진 설명이 되겠지만, 이 책이 추구하는 건 정반대다. 즉 답을 확장해보려고 한다. 사랑에 관한 논의에 스며들어 있는 여러 의문에 총 열 가지 답을 제시할 것이고, 각각의 답은 강력하고 탄탄하며 근거로 뒷받침된다. 이렇게 다양한 답을 한꺼번에 놓고 보면 어느 한 가지도 '완벽한' 해답이 될 수 없다는 사실을 분명하게 알 수 있을 것이다. 그것이 내 목표이며, 여러분은 인간의 사랑이 얼마나 엄청나고 위대한지 깨닫게 되리라 생각한다. 로맨틱한 사랑, 정신적 사랑, 영적인 사랑, 미래의 사랑, 준사회적parasocial 사랑 등 다양한 형태의 사랑을 살펴보고 과학적·사회학적 설명을 전부 살펴볼 예정이다. 이 모든 과정을 끝내더라도 사랑의 공식은 나오지 않는다. 여러분의 인생에 지침이 되고 계속 따르고 특정 시점마다 지키기만 하면 되는 깔끔한 설명도 없다. 내가 바라는 건 여러분이 사랑의 광대함을 새롭게 깨닫고, 인생에서 사랑이 얼마나 많은 곳에 존재하는지 다시금 생각해볼 기회를 갖는 것이다. 어쩌면 우리는 사랑을 당연한 일로 생각하고, 소셜미디어의 체크 항목으로 표시하고 넘어갈 수 있는 허드렛일 정도로 여기게 되었는지도 모른다. 서구 사회에서는 로맨틱한 사랑이 다른 무엇보다 중시되는 특권을 누리지만 이로 인해 가족이나 친구, 반려동물, 신과의 사랑처럼 한 인간을 구성하는 다른 형태의 사랑은 잊게 될 가능성이 있다. 다양한 존재와의 사랑은 인간만이 느낄 수 있는 즐거움이다. 다른 수많은 동물과 달리 인간은 매우 다양한 방식으로 사랑을 경험한다.

이 책에는 내가 펼칠 주장을 뒷받침하는 여러 분야의 증거가 제시된다. 유전학, 약학, 신경과학 등 자연과학이 자주 등장하고 인간의 행동과 경험을 구성하는 것은 여러 겹이므로 심리학, 철학, 사회인류학, 신학도 나온다. 이 책은 과학책이 맞지만, 그보다는 인간을 이루는 조건의 핵심이 되는 측면을 다룬 책에 더 가까우므로 독자 모두가 무언가를 얻을 수 있기를 소망한다. 과학자나 인류학자만 내 주장을 이해할 수 있는 건 아니다. 사랑에 관한 한 우리 모두가 전문가이기 때문이다. 이 점을 부각시키고 학술적인 내용을 쉽게 이해할 수 있도록 여러 사람들이 직접 들려준 사랑의 경험도 함께 제시한다. 자녀, 가장 친한 친구, 반려견, 신, 좋아하는 밴드에 이르기까지 다양한 관계에 관한 이야기를 들을 수 있을 것이다. 그리고 여러분의 이야기도 덧붙일 수 있었으면 좋겠다.

이 책은 우리가 사랑을 하는 이유와 방식, 사랑의 정의와 대상에 관해 다룬다. 애초에 왜 사랑이 생겨났는지 알아보고 우리 몸에서 일어나는 행동, 심리, 신경학적인 모든 메커니즘이 사랑을 붙들고 지킬 수 있는 방향으로 어떻게 맞춰지는지 살펴본다. 사랑이 개개인마다 전혀 다른 경험이 되는 이유, 사람마다 사랑하는 방식이 제각각인 생물학적·문화적 메커니즘도 탐구한다. 사랑은 지극히 개인적인 일이지만 사회가 정한 사랑의 방식, 사랑의 대상에 관한 규칙에 영향을 받는 공적인 일이기도 하다는 사실도 설명한다. 우리가 과소평가하는 사랑에 관해서도 살펴보고, 사랑을 감정이 아니라 우리가 먹는 음식이나 들이마시는 공기와 같은 필수요소로 다시 생각해봐야 하는 이유도 설명한다. 더불어 사랑의 여러 측면 중에 덜 다루어지는 부분인 사랑의 어두운 이면도 들여다보고, 사랑을 향한 인간의 탐구가 우리를 어떤 미래로 인도할지 예상해볼 것이다. 나는 이 책이 여러분에게 확신을 주는 동시에 큰 고민거리가 되기를 간절히 바란다. 인간은 사랑을 발산하는 경로가 굉장히 많으므로 나는 누구나 살아가는 동안 사랑을 찾을 수 있다고 진심으로 믿는다. 그 대상은 연인이 될 수도 있고, 친구가 될 수도 있고, 반려견이나 신이 될 수도 있다. 하지만 약이 될 수도 있고 해가 될 수도 있는 이 사랑이라는 현상을, 본질적으로 예측이 불가능한 사랑을 그저 가만히 앉아서 두고 볼 수밖에 없는 것일까?

머리말을 쓰고 있는 지금, 영국은 코로나19의 2차 유행이 한창이다. 코로나 바이러스 대유행은 모두에게 크나큰 고통을 주었다. 그래도 이 사태로 얻은 한 가지 다행인 점이 있다면 우리 삶에서 가장 중요한 것, 즉 건강과 행복, 삶의 만족도를 위해 가장 중요한 것이 무엇인지를 새롭게 이해하게 되었다는 것이다. 그 주인공은 바로 우리가 사랑하는 사람이다. 코로나 사태로 인해 우리는 다른 사람과 함께할 기회를 빼앗겼다. 그러나 친구나 부모님과 나누는 포옹부터 식량, 물, 치료 등 꼭 필요한 것을 제공해주는 사람들을 향한 마음에 이르기까지 인간의 가장 깊고 본능적인 '욕구'인 누군가와 함께하는 것의 의미가 전면에 드러났다. 의료보건 분야에 종사하는 이들은 다른 사람들이 아끼고 사랑하는 누군가를 돌보기 위해 자신이 아끼고 사랑하는 사람들과는 떨어져 지내야 하는 희생을 감수했다. 인간의 협력, 인간의 사랑은 숭고하다. 나는 그것이 인류를 정의한다고 믿는다. 코로나 대유행은 우리가 가진 모든 것이 사라지더라도 결국 우리에게 남는 것, 그리고 우리에게 필요한 것은 사랑임을 보여주었다.

하지만 뭐든 처음이 있는 법이다. 모든 것이 시작된 출발점은 생존을 위한 사랑이다.

이 책에 나오는 인터뷰에 관하여

사랑은 굉장히 주관적이다. 내가 사랑하는 방식과 여러분이 사랑하는 방식은 다를 확률이 아주 높다. 그래서 나는 다른 사람의 생각과 경험을 듣지 않고서는 사랑에 관한 이야기가 완전해질 수 없다고 생각한다. 과거 어느 때보다 사랑에 관한 객관적인 이해도가 높아진 것은 사실이지만 분석 장비나 배양접시에서는 답을 찾을 수 없는 문제가 있다. 내가 항상 사람들과 직접 이야기를 나누고 생각을 듣고 수집하는 이유도 그래서다. 이 책도 다르지 않다. 이 책 전반에 걸쳐 다자간 연애를 하는 사람, 연애 감정을 느끼지 않는 사람, 수녀 등 특정한 형태의 사랑 이야기와 함께 내가 개인 트위터 계정에서 던진 질문에 응답해준 다양한 사람들의 일반적인 경험까지, 놀라울 정도로 개방적인 이야기들을 듣게 될 것이다. 코로나19로 봉쇄 조치가 내려지고 사회적 거리 두기를 지켜야 했던 시기에 여러 사람들과 화면으로 만난 경험은 내게 큰 즐거움이었고, 그들이 들려준 이야기 덕분에 하루가 환해진 날도 많았다. 나는 인터뷰에 응한 모든 사람들에게 사랑의 정의를 내려달라고 요청했고, 각자 살면서 경험한 사랑 이야기를 들려달라고 했다. 사랑이 즐거운 경험이었던 사람들도 있었지만 힘든 경험이었던 사람들도 있었다. 그분들에게 더 각별한 감사 인사를 전한다.

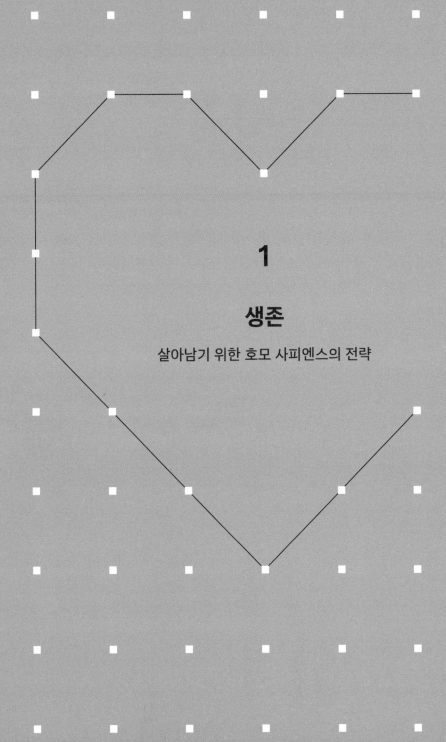

1

생존

살아남기 위한 호모 사피엔스의 전략

사랑과 연민은 사치가 아닌 필수다. 사랑과 연민이 없으면 인류는 생존할 수 없다.

– 달라이 라마

이 세상에 다른 사람만큼 성가신 것도 없다.

– 관계 치료사, 스탠 탓킨Stan Tatkin

사랑은 생존이다. 애타게 사랑하는 상대방이 자신의 존재를 알아봐주길 간절히 바라면서 그렇지 않으면 콱 죽고 말겠다고 단언하는 사춘기의 그런 절박함과는 다른 문제다. 연인으로부터 이별을 통보받고 마치 세상이 끝난 것처럼 가슴이 무너져 내리는, 그런 상황을 이야기하는 것도 아니다. 여기서 생존은 진짜 근본적인 의미, 즉 '다음 세대로 유전자를 물려줄 수 있는가'가 달려 있는 그 생존이다. 인간은 참 까다로운 동물이다. 우리는 엄청나게 큰 뇌를 가진 덕분에 무언가를 만들어내고, 탐험하고, 정복하고, 혁신을 일으킬 수 있지만 번식은 다른 사람의 도움이 없이는 효과적으로 해내지 못한다. 친구, 부모님, 그리고 인간이 스스로 만들어낸 지혜의 원천이라 할 수 있는 검색엔진의 도움을 받지 않고서는 꼭 알아야 하는 것들을 배우지도 못한다. 원하건 원하지 않건 우리는 서로를 필요로 한다. 아주 가까운 관계부터 스쳐 지나가는 관계까지, 모든 관계의 기본은 협력이다. 지난 수십 년 동안의 연구 결과를 보면, 인간이 지구상에서 가장 협력을 잘하는 생물이라는 사실을 분명하게 알 수 있다. 인간의 사회적 네트워크는 너무나 방대하고 네트워크를 이루는 구성원도 매우 다양하고 복잡하다. 또한 그 속에서 서로가 서로와 관계가 얽혀 있다. 사랑은 협력에서 비롯되고, 협력은 인간의 생존 수단이다. 오늘날 인간이 하는 사랑을 이해하려면 사랑이 생겨난 이유를 알아야 하고, 그러려면 협력부터 알아야 한다. 협력이 인간의 생존에 필수요소가 된 이유, 그리고 때때로 골치 아픈 문제를 일으킬 수도 있는 이유를 짚고 넘어가야 한다.

어쩌다 부모가 되고 보니

나는 청소년기에 아기나 어린아이에게 별 관심이 없었다. 우연히 아기를 보면 좋아서 어쩔 줄 모르는 친구들도 있었는데 나로선 이해할 수가 없었다. 하지만 털이 복슬복슬하고 발이 여러 개 달린 작은 동물들을 보면 나도 그런 반응이 나왔다. 어릴 때 다양한 동물을 키워보긴 했지만 처음으로 어린 동물을 제대로 돌본 건 영장류 동물학 전공으로 석사 과정을 밟던 시절, 런던 동물원에서 연구를 할 때였다. 당시 나는 검정짧은꼬리원숭이 무리의 먹이 찾기 행동을 연구하고 있었는데, 인간의 길 찾기 능력이 성별에 따라 차이가 있는지에 관한 유명한 논쟁의 진화론적 기원을 찾는 것이 목표였다. 정치적으로 부적절한 말을 일삼는 코미디언들의 단골 개그 소재이기도 하다. 이마 위로 털이 높이 자란 모습이 엘비스 프레슬리를 떠올리게 하는 이 원숭이 무리는 싸우고, 화해하고, 권력을 위해 타협하며 매일 드라마틱한 일상을 보냈다. 그리고 예비 엄마 원숭이는 새끼를 낳는 일에 몰두했다. 나는 원숭이들에게 여러 조건을 세심하게 통제한 과제를 던져놓고 반응을 살펴보는 것보다 이런 일상을 지켜보는 것이 훨씬 즐거웠다. 엄마가 된 원숭이들은 대체로 엄마의 역할을 정확히 알고 있었다. 주로 밤 시간에 혼자서 새끼를 낳았고, 갓 태어난 새끼를 아무런 도움 없이 혼자 돌보기 시작했다. 무리에 새 구성원이 생기면 처음에는 다들 환영했다. 모두가 다가가서 안아주거나 털을 손질해주기도 하고, 가끔 어린 암컷 원숭이가 조그마한 새끼를 몰래 살짝 꼬집기도 했다. 하지만 새끼 원숭이를 돌보는 일은 거의 전적으로 엄마 원숭이가 도맡았다. 인간을 제외한 다른 모든 영장류와 마찬가지로 검정짧은꼬리원숭이 새끼도 무리가 살고 있는 공간 주변을 돌아다니거나 탐색하면서 단시간에 독립성을 키웠다. 태어나 몇 주만 지나면 다른 어린 원숭이들과 곧잘 어울렸다. 엄마 원숭이는 어린 원숭이가 신나게 노느라 녹초가 될 쯤에야 먹이를 갖고 돌아오거나 다른 곳으로 새끼를 데려갔다.

그런데 우리가 관찰하던 원숭이 중에 새끼 기르는 일을 잘해내지 못하는 미아라는 원숭이가 있었다. 처음 낳은 새끼 한 마리를 방치했다가 잃은 경험이 있는 미아는 사육사들이 주시하는 가운데 두 번째 새끼를 낳았지만 안타깝게도 똑같은 불행이 되풀이되었다. 미아는 새로 태어난 새끼를 돌볼 생각이 없어 보였다. 동물의 세계에서는 직접 낳지 않은 새끼를 대신 돌봐주는 일이 드물기 때문에, 어쩔 수 없이 사육사들이 개입해서 미아의 새끼를 돌보기 시작했다. 그때 나는 커다란 눈망울에 조그마한 손가락을 가진 이 털 많은 새끼 원숭이를 처음으로 돌보고 키웠다. 왕성한 식욕을 자랑하던 새끼 원숭이는 우리가 아침에 차를 마시는 동안 사무실 곳곳을 돌아다니며 구석구석 구멍마다 들어가 보고 탐색하면서 놀았다.

그로부터 10년이 지나 내 첫아이가 태어났다. 책이란 책은 전부 섭렵하고 수업까지 들은 후 나는 육아 지식으로 똘똘 뭉친 엄마가 되었지만, '진짜' 엄마가 되는 건 새끼 원숭이를 돌보던 것과는 많이 달랐다. 내가 낳은 아기는 믿기 힘들 정도로 할 줄 아는 것이 아무것도 없었다. 눈은 무엇에도 초점을 맞추지 못하고, 팔과 다리는 제멋대로 움직였다. 먹고, 트림하고, 잠드는 건 물론이고 기분이 좋아지도록 내가 적극적으로 도와줘야 했다. 나처럼 비위가 약한 사람에게 가장 힘든 건 아이가 배변을 하면 전부 닦아줘야 한다는 것이다. 생후 4주가 될 때까지는 머리도 가누지 못하고, 16주가 되기 전까지는 손에 쥔 것을 입으로 가져가는 동작도 제대로 하지 못했다. 24주가 될 때까지 알아들을 수 없는 소리를 옹알거리고, 혼자 앉는 건 생후 32주가 되어서야 가능해졌다. 태어난 지 6개월이 되자 마침내 주변을 기어 다니면서 놀고, 두 살이 되자 걷기 시작했다. 앞으로도 아이가 아동기를 지나 청소년기를 살아가는 동안 가족과 친구, 선생님과 병원 의료진을 비롯한 한 무리의 어른들이 도와주어야 할 것이다. 선생님이 가르쳐주는 지식, 의료진의 보호, 또래 친구들에게 받는 도움과 도전 과제, 가족의 보살핌이라는 혜택을 받으면서 말이다. 이런 도움이 없으면 아이는 잘 사는 건고사하고 생존할 가능성도 희박해진다.

인간의 해부학적인 특징

저에게는 다른 엄마들이 정말 중요한 친구예요. 다들 30대 중반이고, 인생의 같은 단계를 보내고 있죠. 항상 시간이 부족하고, 관심사가 같아요. "요즘 우리 애가 밥을 안 먹어" 같은 대화를 나눌 수 있어서 위로가 돼요. **- 조앤**

새끼 원숭이와 달리 사람의 아기를 키우는 데 여러 사람의 노력이 필요한 이유는 진화적인 특징 때문이다. 다시 말해 인간은 원래 태어나야 하는 시기보다 훨씬 더 일찍 태어나기 때문이다. 이러한 차이는 인간의 뇌 크기와 걷는 방식이 남다른 독특한 상황에서 비롯된다. 비슷한 몸집의 포유동물보다 뇌가 여섯 배는 크고 두 발로 걷는 인간의 아기는 머리가 적정 시기까지 자란 다음에 태어나게 되면 비좁은 산도를 통과하기 어렵다. 그 상태로 낳다가는 엄마와 아기가 둘 다 목숨을 잃을 수 있다. 그렇게 되면 생물종이 끊어질 위험이 있으므로 인간은 훨씬 더 일찍 태어나도록 진화했다. 그결과 아기는 뇌가 완전히 발달하기 전에 세상에 태어나고, 따라서 출생 후 상당 기간 동안 아무것도 혼자서 할 수가 없다. 그러니 엄마가 다른 사람들의 도움을 받아가며 아무것도 할 줄 모르는 갓난아기와 말 안 듣는 유아를 키우느라 씨름해야 한다. 검정짧은꼬리원숭이 새끼는 사람의 아기보다 더 많이 발달된 상태로 태어나므로 엄마 원숭이가 적극적으로 돌봐야 하는 새끼도 한 마리뿐이다. 즉 새끼가 돌봐주지 않아도 될 정도로 다 자란 후에 다른 새끼를 낳는다. 하지만 인간은 그렇지 않다. 녹초가 된 많은 부모들이 그런 사실을 잘 보여준다. 인간의 아기는 태어나 수년 동안 돌봐주는 사람들이 필요하다. 내 아이들도 이제 10대가 되었지만 여전히 누군가 계속 옆에서 도와줘야 한다. 나는 마흔다섯 살인데도 우리 부모님은 지금도 내가 걱정되고 나 때문에 스트레스를 받는다고 주장하시곤 한다. 여기에다 인간의 능력으로 기술이 눈 깜짝할 사이에 발달하고 점점 더 복잡해지고 있는 이 세상에서 아이가 성인으로 살아남아 잘 살기 위해서는 아이를 보살펴주는 사람뿐만 아니라 선생님들의 도움도 필요하다.

여성의 힘

처음에는 인간도 다루기 힘든 어린아이들을 키우기 위해 같은 여성들에게 도움을 요청했을 것이다. 선배 엄마들은 생존에 필요한 식량과 물을 구하는 방법을 비롯해 아기를 키우는 핵심 기술을 가르쳐주었을 것이다. 그리고 아이가 청소년기(인간의 독특한 생애 단계)에 들어서면 같은 무리의 구성원들이 사냥이나 불 피우기 등 최신 기술을 전수해주고 사회생활에 필요한 것들을 세세하게 알려주었을 것이다. 협력은 곧 미로처럼 뒤얽힌 정치적 관계다. 다른 대부분의 포유동물과 마찬가지로 아이 아빠는 이러한 관계의 어디에서도 보이지 않는다. 그러다 50만 년쯤 전에 인간의 뇌가 더 커지고 갓 태어난 아기의 의존성이 더욱 높아진 데다 발달 기간이 더 길어지자 아이의 엄마와 이모, 언니들의 도움만으로는 더 이상 감당할 수가 없게 되었다. 그 결과 인간은 아이 아버지가 힘을 보태도록 진화했고, 우리는 진화적 종말을 피할 수 있게 되었다(자세한 이야기는 나의 다른 저서 《아버지의 생애 *The Life of Dad*》를 참고하기 바란다).

성별 간의 다툼

아버지의 등장으로 인간의 협력에 완전히 새로운 문제가 생겨났다. 양육을 위한 다른 여성들과의 협력은 사정이 비슷한 사람들끼리의 호의로 이루어졌지만 다른 성별과 힘을 모으는 건 완전히 다른 일이었다. 아버지는 이타심에서 양육에 참여하는 것이 아니라 자식 키우는 일을 도와줌으로써 아이 엄마가 자신과 성적인 관계를 맺는 파트너가 되기를 바라고, 장차 태어날 자식은 투자할 만한 자신의 소유물로 여겼다. 양육을 돕는 대신 성관계를 원하는 이 교환 방식은 여성들끼리 호의로 양육을 함께하던 것보다 인지적으로 훨씬 복잡한 일이다. 거래에 사용되는 통화가 아예 달라진 것이다. 이 거래에서 어느 한쪽이 손해를 보지 않으려면 복잡한 계산을 해야만 한다. 아버지가 양육에 동참한 건 반가운 변화였지만, 그때부터 인간은 다른 성별과의 관계를 유지하기 위해 귀중한 시간과 지능을 투자해야만 했다. 그리고 인간의 협력 네트워크는 갈수록 더 복잡해졌다.

인간이 협력 네트워크에서 얻을 수 있는 것은 아이를 키우고 가르치는 것에 그치지 않는다. 협력이 주는 가장 중요한 이점이 없었다면 인간이라는 생물종이 계속 유지되는 건 고사하고 단 며칠도 살아남지 못했을 것이다. 그 이점은 바로 생계다. 생계를 유지하려면 반드시 협력해야 한다. 인간이 진화한 환경을 떠올려보면, 사냥 기술이나 마실 물을 구할 수 있는 장소에 관한 지식을 얻는 것부터 힘을 합쳐 몸을 피할 곳을 마련하고 먹을 것을 찾아다니는 것, 새로운 화살촉이나 사냥에 쓸 창을 만들 줄 아는 전문가와 물물교환을 하는 일이 모두 해당된다. 현대 사회는 소파에 편안하게 누워서 장을 보면 문 앞까지 배달되고 그 과정에서 직접 만나는 사람은 한 명도 없지만 우리가 주문한 그 모든 상품을 재배하고, 수확하고, 운반하고, 포장하고, 한데 담아서 배달하기까지 얼마나 많은 사람들이 참여하는지 생각해보라. 직접 만나지 않더라도 우리는 그 모든 사람들과 협력하고 있다. 생존하려면 누구나 반드시 협력해야 한다. 무언가를 배우고, 아이를 키우고, 먹고사는 것 모두 마찬가지다. 생존에 꼭 필요한 기본 토대를 확실하게 마련하려면 방대하고 복잡한 네트워크를 구축해야 한다.

150의 힘

코로나 봉쇄 조치를 겪으면서 깨달은 사실이 하나 있어요. 제가 생각했던 것보다 친구가 많지 않다는 겁니다! 연락하며 지내는 사람이 별로 없고, 제가 잘 있는지 물어보는 사람도 별로, 아니 거의 없다는 사실을 깨닫고 정말 놀랐습니다. 그래서 친구란 뭘까, 많은 생각을 하게 됐어요. 알고 지내는 사람은 많고, 그중에는 좋게 생각하는 사람들도 있지만 진심으로 아끼는 사람은 없다는 걸 알게 됐죠. 서로에게 중요한 관계는 아니었던 겁니다. 저에게 친구는 딱 한 명 있다는 걸 깨달았어요. **– 제임스**

자식을 키우고, 지식을 습득하고, 생계를 유지하기 위해서는 협력이 필요하다. 이런 필요성이 반복적으로 생겨난 결과 타인과의 관계로 형성되는 네트워크가 탄생했다. 나이와 성격, 사회적 성별gender, 인종 등과 상관없이 누구나 이 네트워크를 형성한다는 점에서, 이는 아주 멋진 일이다. 또한 이러한 네트워크는 각기 다른 여러 층으로 조직되는데, 우리는 이 네트워크에 포함된 구성원들과 거의 비슷한 방식으로 상호작용한다. 정서적으로 가장 가깝다고 느끼며 평소에 자주 접하는, 최소한 일주일에 한 번은 연락하는 네다섯 명이 한 개인의 네트워크에서 중심을 차지한다. 보통 앞서 제임스가 말한 '친구 한 명'과 가족 중 몇 명, 배우자와 아이들이 이 중심에 있다. 내가 속한 옥스퍼드 연구진은 이 배타적인 집합체를 '중심 지지 세력'이라고 부른다. 부모님, 같이 사는 파트너, 자녀, 가장 절친한 친구 등 정서적으로 가장 힘들 때도 받아줄 것이라는 확신을 갖고 기댈 수 있는 사람들로 구성된다.

네트워크의 다음 층은 '공감 집단'으로 불리는 약 15명의 사람들로 이루어진다. 공감 집단이라는 명칭은 1970년대 후반에 크리스천 바이스Christian Buys와 케네스 라슨Kenneth Larsen이라는 두 심리학자가 한 사람이 밀접한 관계를 유지하고 진심으로 공감하는 사람의 수가 이 정도라고 밝힌 연구 결과를 토대로 붙여졌다. 좀 더 현실적으로 설명하면, 저녁에 만나서 함께 시간을 보내거나 술을 마시고, 영화를 보고, 외식을 하며 어울릴 수 있는 사람들을 가리킨다.

이 공감 집단 다음에 형성되는 층은 45명 정도로 이루어진 '친밀한 집단'이다. 좀 더 확장된 의미의 가족과 친척, 알고 지내는 사람, 같이 일하는 동료 중 일부가 여기에 속한다.

그다음 층은 지금까지 살면서 함께했던 접점이 있고 1년에 한 번 정도 만나는 사람들로 이루어진다. 150명 정도로 구성되는 이 층까지가 유효한 네트워크로 여겨진다. 층은 그 뒤로도 계속 겹겹이 존재하고 총 규모도 500명, 1500명, 5000명, 또는 그 이상 불어날 수 있다. 이미 눈치챘겠지만 네트워크의 중심에 여러분이 있다고 할 때 이 중심으로부터 한 겹이 더해질 때마다 각 층의 구성원 수는 대략 세 배씩 늘어난다. 그리고 네트워크는 전체적으로 중심을 기준으로 안쪽에 있는 층이 바깥층에 포함되는 동심원의 형태를 띤다. 다트 판에서 과녁의 중심이 바로 여러분인 것이다. 그림으로 표현하면 오른쪽과 같다.

150명으로 구성된 층 다음에 이어지는 층은 거의 대부분 그냥 알고 지내는 사람들로 이루어진다. 500명으로 이루어진 층까지는 이름을 기억하고 개인적으로 서로 알 수도 있는 사람들이지만 그

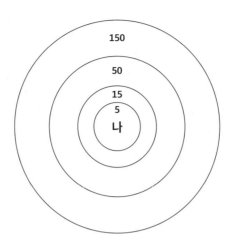

로빈 던바가 제안한 사회적 네트워크

뒤에 1500명으로 구성된 층에는 유명인사, 정치인 등 이름은 알아도 직접 만나본 적은 없는 사람들이 포함된다. 예를 들어 영국 여왕이나 미국 대통령처럼 개인적으로 아는 사이가 아닌 사람들도 여러분의 사회적 네트워크에 포함된다. 5000명으로 이루어진 층은 얼굴만 알고 이름은 모르는 사람들로 이루어진다. 네트워크의 구조와 유효한 네트워크의 규모가 최대 150명으로 제한된다는 점은 공통적으로 나타나는 특징이며 그 이유는 두 가지다. 한 사람이 다른 사람과의 관계에 쓰는 시간, 그리고 그 관계에 쓰는 인지적 자원이 제한되어 있기 때문이다. 우리는 누구나 사회적 관계를 맺는 일에 각자가 가진 능력을 최대한 활용하므로 150명이라는 숫자는 시간과 사회적 관계에 활용하는 지적 능력을 '최대한' 들여서 얻을 수 있는 결과다. 주어진 시간은 한정되어 있고, 사회적 관계에 필요한 예산은 일과 식생활, 휴식처럼 생존에 필수적인 요소에 들어가는 예산과 경쟁해야 한다. 그러나 모든 관계가 다 동일하지는 않다. 사회적 관계에 할당된 시간 중 40퍼센트는 네트워크의 가장 중심에 있는 약 5명에게 쓰고, 그다음 층에 있는 사람들에게는 20퍼센트를 쓴다. 사회적 관계를 맺으려면 누가 무엇을 했는지 상황을 따라가면서 꾸준히 알고 있어야 할 뿐만 아니라 누가 누구인지, 특히 나와 상대가 어떤 역사를 함께했는지 기억해야 하며 대화 나누기, 관계에 도움이 안 되는 반응과 행동 억제하기, 상대의 거짓말 포착하기(이에 대해서는 뒤에서 다시 다룬다)와 같은 사회적 상호작용의 규칙을 준수해야 하므로 상당한 지적 능력이 필요하다. 뇌의 전전두피질은 인간의 기능 중 의식이 관여하는 기능을 담당하는데, 이 전전두피질의 상당 부분이 이와 같은 사회적 관계에 투입되고 후각(냄새 맡기)과 같은 기능을 담당하는 영역은 다른 포유동물에 비해 줄어들었다. 사회적 관계에 들어가는 지적 능력이 그만큼 엄청난 데다 이 기능은 평생 동안 유지되므로 사회적 네트워크에서 안정적으로 유지되는 유효한 범위는 평균 150명으로 한정된다.

150이라는 숫자가 인간의 사회적 행동에 관한 연구에서 매우 일관되게 검증되자 나중에는 던바의 수Dunbar's Number라는 이름까지 붙여졌다. 옥스퍼드대학교에서 내가 상사로 모시는 분이자 이러한 사실을 처음 밝힌 로빈 던바Robin Dunbar 교수의 이름을 딴 명칭이다. 실리콘밸리의 소셜미디어 기업가들에게 이 분야의 권위자로 알려진 던바 교수는 유럽의 휴대전화 사용자부터 아프리카에서 사냥과 채집 생활을 하는 부족민, 공장 근로자, 바이킹 시대의 전설에 이르기까지 다양한 집단과 사람들을 대상으로 사회적 상호작용에 관한 데이터를 수집해왔다. 사회적 네트워크의 규모는 작게는 100명부터 250명까지 이를 수 있지만 평균은 항상 150명이다. 현대 군사 조직에 비유하자면 사회적 네트워크의 첫 번째 층은 특수부대(최대 5명), 두 번째 층은 분대(최대 14명), 세 번째 층은 소대(최대 45명), 네 번째 층은 중대(최대 150명), 다섯 번째 층은 대대(최대 300~800명)에 해당한다. 이 숫자는 오랜 세월 수많은 시행착오를 거쳐 점차 자리를 잡았을 것으로 추정된다. 그러나 특정 상황에 필요한 유대의 강도와 의사소통의 속도 관점에서 생존 가능성을 가장 높이는 구조이기 때문에 이러한 사회적 체계가 존재한다고 볼 수 있다. 진화를 거쳐 자리 잡은 다른 형질과 마찬가지로 이 같은 사회적 네트워크 체계도 자연선택에 따른 적응의 결과다. 150이라는 숫자는 바이킹 시대(어쩌면 그 이전부터)부터 지금까지 유지되고 있다.

던바의 수에는 나이, 성격, 성별 등의 변수가 있다. 네트워크의 규모는 20대에 최대치로 확장되었다가 나이가 들수록 축소되는 경향이 있다. 그리고 외향적인 사람이 내향적인 사람보다 더 큰 네트워크를 형성하며, 여성의 네트워크가 남성의 네트워크보다 더 크다. 던바 연구진이 핀란드 알토대학교 연구진과 함께 320만 명의 휴대전화 기록을 분석한 결과 네트워크 안쪽 층에 있는 사람들과 통화를 하는 시간이 바깥쪽에 있는 사람들과 통화를 하는 시간보다 일곱 배 가까이 더 긴 것으로 확인됐다. 남성과 여성 모두 사회적 네트워크의 규모는 25세에 최대치에 이르며, 이 시기에는 남성이 여성보다 관계를 맺는 사람이 더 많은 것으로 나타났다. 그 이후에는 39세 정도까지 네트워크의 규모가 점차 줄어들고 여성의 네트워크가 남성보다 커진다. 그리고 여성은 50세에 네트워크 규모가 두 번째로 최대치에 이른다. 이는 여성이 폐경에 이르는 평균 연령이라는 점에서 흥미로운 결과이고, 자식들이 다 자라서 집을 떠남에 따라 시간적 여유가 많아진 여성들이 다른 관계에 더 많은 시간을 투자할 수 있게 되면서 사회적 관계가 늘어난 결과이기도 하다. 여성의 사회적 네트워크에서 특히 주목할 점은 원의 안쪽에 속하는 사람이 남성보다 더 많다는 것이다. 즉 여성이 남성보다 친한 친구가 많고 이들에게 투자하는 시간도 더 많다. 여성이 느끼는 친한 친구의 중요성과 친구들에게 갖는 애정에 관해서는 4장에서 다시 살펴본다.

셰익스피어와 같은 능력이 조금은 필요하다

인지능력도 개개인의 네트워크에 차이를 만드는 주된 요소다. 사회적 인지 기능을 담당하는 전전두엽이 크고 뇌 백질의 밀도가 높아서 뇌의 여러 영역 사이에 소통이 신속하게 이루어지는 사람일수록 누가 무엇을 하고 있는지 더 잘 포착하므로 사회적 네트워크도 더 크게 형성되는 경향이 있다. 이 기능의 가장 기본적인 바탕이자 핵심은 마음 이론, 즉 누가 무엇을 할 것인지 예측하는 능력이다. 사회적 네트워크는 나를 구성원 모두와 연결하는 동시에 네트워크 구성원들을 서로 연결하는 매우 복잡한 구조이기 때문에, 상대방의 마음 상태를 파악하려면 더 많은 능력이 필요하다. 아래와 같은 상황을 생각해보자.

'내 생각에 존은' 말이야, 스튜어트가 지금 제인이 자기를 속이고 있는지도 모른다고 생각하고 있다는 걸 메리가 안다고 '믿고 있어'.

위에서 작은따옴표 안에 있는 부분이 한 사람이 다른 사람과 직접 관계를 맺을 때 필요한 마음 이론, 즉 2차 의도성을 파악하는 능력이다. 위의 문장은 총 5차 의도성이 포함되어 있고, 이 문장에 등장하는 사람들은 우리와 직접적인 쌍방향 관계가 없지만 우리는 이 문장을 읽고 이들의 마음 상태를 알 수 있다. 다시 말해 우리는 이 사람들에 관한 이야기를 읽고 이들의 의도를 추측할 수 있다.

정신화mentalising로 알려진 타인의 의도를 이해하는 능력은 사람마다 차이가 있다. 평균적으로 사람들은 위의 문장의 예와 같은 5차 의도성까지 이해할 수 있으며, 적은 경우 3차(위의 문장에서는 나와 존, 메리까지)까지 파악할 수 있다. 많은 경우 7차까지(위와 같은 이야기에 2명이 더 포함된 상황)도 이해가 가능하지만 이런 사람은 매우 드물다. 셰익스피어가 쓴 희곡을 보면, 그가 6차 의도성까지 이해할 정도로 정신화의 귀재임을 알 수 있다. 셰익스피어 희곡에는 등장인물 사이에 굉장히 복잡하고 뒤엉킨 관계가 많아서 정신화 능력이 부족한 사람들은 내용을 따라가기가 버겁다고 느끼기도 한다. 정신화 능력은 상대의 거짓을 알아채고, 여러 사람이 대화할 때 말을 시작할 타이밍을 찾고, 자신의 행동이 동일한 네트워크에 있는 다른 사람들에게 어떤 영향을 줄지 예측하는 데 꼭 필요할 뿐만 아니라 사회적 상호작용에서 윤활유 역할을 하는 언어 사용에도 필수요소다. 우리가 대화할 때 전하고 싶은 뜻을 정확하게 말하는 경우는 생각보다 드물다. 그보다는 서로 공감하는 농담, 은유,

표현 방식에 의존하므로 상대가 하는 말이 무슨 의미인지 해석하려고 의도적으로 노력해야 한다. 정신화 능력과 뇌의 크기, 사회적 네트워크의 크기는 함께 증가하는 직접적인 상관관계가 있다는 연구 결과도 있다. 로빈 던바와 옥스퍼드대학교 연구진이 진행한 연구에서는 어떤 이야기에 포함된 의도성의 층위가 증가할수록 뇌의 신경 활성이 증가하며, 전전두피질 중에서도 눈 바로 뒤쪽에 있는 안와전두피질의 크기가 한 사람이 이해할 수 있는 의도성의 최대 수준과 직접적인 관련성이 있는 것으로 나타났다. 그런데 이 안와전두피질의 크기는 사회적 네트워크 크기와 양의 상관관계가 있다. 정말 놀랍지 않은가?

그러므로 우리는 반드시 협력을 해야 한다. 생계를 유지하기 위해, 학습을 위해, 그리고 자식을 키우기 위해서는 협력이 필요하다. 사회적 네트워크는 인생의 중심이지만 거기에 들일 수 있는 시간과 인지능력의 한계로 인해, 우리는 모두 대체로 비슷한 방식으로 서로와 상호작용한다. 그 결과 구분하기 쉽고 본 따기 쉬운 형태인, 최대 규모가 150명(던바의 수) 정도로 유지되는 사회적 네트워크를 갖게 되었다.

혼자 살 수 있다면 참 좋으련만…

우리는 이렇게 서로를 필요로 하지만 문제가 있다. 사람들은 거짓말을 하고, 서로를 속이고, 남의 것을 훔친다. 다른 사람과의 관계에 쏟는 귀중한 시간과 에너지가 허투루 쓰이지 않게 하려면 그런 사람들을 가려낼 수 있어야 한다. 그렇지 않으면 정서적으로나 경제적으로 피해를 입게 되고, 극단적인 경우 건강을 해치고 생존까지 위험해질 수 있다. 다른 사람에게 이용당하지 않으려면 적어도 상대의 마음 상태를 추측할 줄 알아야 하며, 여러 사람이 한꺼번에 배신할 경우 더 높은 수준의 의도성을 파악할 수 있어야 한다. 세상이 혼자서도 행복하게 살 수 있는 이상적인 환경이라면 이러한 정신적 에너지를 다른 곳에 쓸 수 있을 것이다. 그러나 현실에서는 이런 능력을 갖추어야 할 뿐만 아니라 자원을 두고 경쟁해야 하고, 하고 싶은 대로 하는 절대적 자유와는 정반대로 매일 다른 사람들과 맞춰야 하고 계층화된 사회에서 살아야 하는 스트레스까지 더해진다. 무리 생활을 하는 대부분의 영장류와 마찬가지로 인간은 개개인의 매력과 재산, 지위 등의 조합에 의해 결정되는 엄격한 계층 속에 존재한다. 그리고 이 계층에 따라 다른 모든 것과 함께 진화적 관점에서 인생의 성공 여부를 판단하는 궁극적인 기준인 번식의 성공 가능성이 좌우된다. 계층화된 세상에서 살아가는 것은 스트레스와 시간 소모가 심한 일이다. 상위 계층에 속하면 그 자리를 지키기 위해 시간과 자원을 써야 한다. 협력자들에게 비위를 맞추고, 자신의 막대한 부와 매력을 드러내고, 반발할 만한 자들을 찾아내서 쫓아내야 한다. 최하위 계층에 있는 사람은 필요한 자원을 얻지 못해 갈증과 굶주림에 시달리고 번식 기회도 얻지 못할 수 있다. 최악은 두말할 것 없이 중간 계층이다(적어도 하위 계층에 있으면 상위 계층 사람들이 괴롭히려는 생각도 하지 않는다). 위에서는 올라오지 못하게 밟으려 하고, 아래에서는 중간 계층을 밟고 더 위로 가려고 치고 올라온다. 중간은 그야말로 위아래로 끼인 처지가 되는 것이다. 각 계층이 이렇게 제각기 전략을 세운다는 건 다른 사람을 끊임없이 지켜보고 있다는 뜻이고, 그만큼 정신화 기능이 중요한 역할을 하므로 뇌는 혹사당하고 시간도 많이 든다. 여기에다 마지막으로 언급할 문제가 또 하나 있다. 중요도 면에서 결코 뒤처지지 않는 또 다른 문제는 성별이 다른 인간과 함께 아이를 키우기 위해 협력할 때 따라오는 고유한 스트레스와 협력에 따른 대가다. 지난 50만 년 동안 남성과 여성의 이 상호 보완적인 거래는 조금도 수월해지지 않았다.

정리하면, 협력은 반드시 필요하지만 목숨을 위협할 정도로 엄청난 스트레스가 되는 일이다. 그렇다면 진화는 인간이 생존하고 번식하기 위해 이렇게나 어려운 협력을 해낼 수 있도록 어떤 방법을 마련했을까?

생물학적 뇌물

사랑은 기본적으로 일종의 생물학적 뇌물이다. 인체의 신경화학물질은 우리가 살면서 협력해야 하는 대상인 친구, 가족, 연인, 더 넓게는 공동체와 맨 처음 관계를 맺고, 힘을 모으고, 그 관계를 유지하도록 노력하려는 동기를 일으키고 보상감을 느끼게 한다. 다음 장에서 다시 살펴보겠지만, 이러한 화학물질로 발생하는 감각, 즉 우리가 사랑한다고, 혹은 좋아할 때 드는 느낌이라고 말하는 그 감각은 따뜻함과 만족감, 행복감을 선사한다. 우리는 이러한 감각을 느낄 수 있는 새로운 원천을 찾고, 이러한 느낌과 생존에 필수요소인 협력을 지속하려면 관계가 오래 유지될 수 있도록 계속 투자해야겠다는 의욕을 갖게 된다.

사랑: 건강과 행복으로 가는 길

혼자 있을 때의 나는 누구일까요? 저는 항상 다른 사람들과의 관계 속에서 살아요. 사람들과 함께 있을 때 그들은 특별한 역할을 해요. 내 안에서 가장 괜찮은 나를 끌어내죠. 가장 행복한 나, 내가 가장 바라는 사람이 됩니다. 사람들과 함께 있으면, '오, 이 사람들과 함께 있는 것도 즐겁고 나의 이런 모습을 드러내는 것 또한 나에게 즐거움을 주는구나' 하는 생각이 들어서 기분이 좋아집니다. 사랑하는 사람과 함께 있을 때 생겨나고 그들과 함께일 때만 느낄 수 있는 자기애인 것 같아요. — 마거릿

먼 과거에는 험악한 환경에서 살아가기 위해 협력이 얼마나 중요했을지 충분히 상상할 수 있다. 오늘날에도 협력이 생존을 좌우하는 곳들이 존재한다. 서구 사회는 상대적으로 살기 편한 환경이고 서비스 업계에서는 우리가 소파에 앉아서도 생존에 필요한 모든 것을 얻을 수 있는 방법을 계속 개발하고 있다. 이제 협력, 특히 가장 친밀한 관계에서 이루어지는 협력은 생존을 위한 것이라기보다는 재미와 소속감을 주는 데 더 큰 의미가 있다. 건강하게 살기 위해서는 운동과 균형 잡힌 식사, 금연, 적절한 체중을 유지하는 것이 중요하다. 그것 말고 뭐가 더 필요하겠는가. 인류가 마침내 생존 문제를 해결한 것이다.

그러나 2010년에 심리학자 줄리앤 홀트-룬스태드Julianne Holt-Lunstad가 동료 학자들과 실시한 중요한 연구에서는 전혀 다른 결과가 나왔다. 이 연구는 암, 심혈관 질환, 신부전 같은 만성 질환으로 사망한 사람의 비율과 이들의 사회적 네트워크를 조사한 148건의 연구 결과를 종합해서 분석했다. 이들이 다룬 연구에는 네트워크의 규모를 조사한 연구와 더불어 개인이 실제로 제공받은 사회적 도움과 개인적으로 느끼는 사회적 지원의 접근성, 사회적 고립성 또는 외로움을 조사한 연구, 개개인의 네트워크에서 당사자가 어느 범위에 속해 있었는지 조사한 연구도 포함되었다. 이러한 연구 데이터를 모아서 비슷한 데이터끼리 비교할 수 있도록 복잡한 통계 분석을 마친 결과, 홀트-룬스태드는 힘이 되는 사회적 네트워크가 있으면 사망 위험성이 50퍼센트까지 감소한다는 결론을 내렸다. 이는 담배를 끊어서 얻는 효과와 비슷한 수준이고, 체질량지수(BMI)를 건강하게 유지할 때 얻을 수 있는 것보다 더 큰 효과다.

친구들은 제가 기댈 수 있는 지원 체계와 같아요. 저는 무엇에도 구애받지 않고 이 친구들에게 기댈 수 있죠. 응원이 필요할 때는 브루노를 찾고, 충고나 일과 관련된 조언이 필요하면 데이비드에게 도움을 청해요. 정서적인 문제나 정신 건강을 위해 대화가 필요할 때는 닉에게 도움을 얻고요. 다들 비슷하면서도 제각기 다른 부분에서 저에게 힘이 되어줍니다. 이런 친구들이 있어서, 어떤 문제나 어려움이 생겨도 기댈 곳이 있다는 생각이 들어요. - 더그

홀트-룬스태드의 연구 결과가 발표된 후 다른 여러 연구도 같

은 결론을 내렸다. 건강과 행복, 삶의 만족도에 '가장' 중요한 요소는 양질의 사회적 관계(사회적 자본으로도 불린다)라는 사실이다. 2019년에 하버드대학교에서는 저스틴 로저스Justin Rodgers가 이끄는 연구진이 홀트-룬스태드의 연구 방식을 그대로 본떠서 2007년부터 2018년까지 발표된 사회적 자본과 건강의 관계에 관한 연구 결과를 종합 분석했다. 총 145건의 연구(발표된 논문은 1608건이었으나 엄격한 선별 기준에 따라 추려냈다)를 분석한 결과, 사회적 자본은 사회적 네트워크의 크기와 결집력, 사회적 네트워크에서 이루어지는 상호작용 혹은 참여도, 신뢰도, 소속감, 자발적인 참여율 등으로 세분할 수 있으며, 이는 전체적인 사망률 또는 수명, 심혈관 질환이나 암·당뇨로 사망할 위험성, 비만이 될 확률, 스스로 느끼는 건강 상태에 큰 영향을 미치는 것으로 나타났다.

내가 이 글을 쓰고 있는 2020년 말까지 나온 그 밖의 다른 연구를 살펴보면 사회적 자본이 노년층의 인지 기능과 연관성이 있다는 연구 결과도 있고, HIV 감염 위험성이 높은 동성애자 남성이 바이러스 감염 예방 수칙을 잘 지킬 확률 증가, 장애가 생겼을 때 정신 건강이 악화될 위험성 감소, 자신의 건강에 대한 인식도 사회적 자본과 관련이 있다는 연구 결과가 있다.

이쯤 되면 궁금해진다. 다른 사람들과의 관계가 어떻게 건강에 이런 큰 영향을 줄까? 답은 여러 가지 측면에서 찾을 수 있겠지만 우선 가족과 친구로부터 경제적 지원과 실질적인 보살핌, 건강 지식과 같은 유용한 자원을 얻는다는 점, 이들과 함께 있으면 기분이 좋아져서 스트레스가 인체에 끼치는 영향이 줄어들고 그만큼 정신 건강과 신체 건강이 향상된다는 간단한 사실을 떠올릴 수 있다. 아마도 가장 흥미로운 또 한 가지 이유는 사랑하는 사람과 관계를 맺을 때 생겨나는 뇌의 신경화학물질이 면역계의 효율적인 기능을 촉진한다는 것이다.

'안녕하세요, 베타엔도르핀!'

친구들과 만나면 늘 기분이 좋아져요. 어제도 친구를 만났는데… 좀 이상하게 들릴지도 모르겠지만 '그래, 정말 오랜만에 사람을 만난 기분이야'라고 느꼈어요. 좀 내려놓을 상대가 필요하니까요. 저는 다양한 친구를 골고루 만나려고 해요. 아이를 키우는 엄마인 친구들도 필요하지만 책에 대해 이야기하고 가보고 싶은 곳에 대해 이야기를 나눌 수 있는 친구들도 필요해요. 친구들과 있으면 속이 시원해지고 실컷 웃게 돼요. 가끔 이렇게 털어내지 못하고 전부 안고 살아가면 건강에 해로울 거예요. **– 조앤**

다음 장에서 다시 설명하겠지만, 우리가 사랑이라고 느끼는 감각은 친구나 가족과 상호작용할 때 분비되는 여러 종류의 신경화학물질에서 비롯된다. 이러한 신경화학물질 중 하나이자 내가 생각하기에 인간의 장기적 사랑에 핵심이 되는 물질이 베타엔도르핀이다. 베타엔도르핀은 인체의 자연적인 통증 해소 기능을 한다. 격렬한 운동 후에 느끼는 황홀한 행복감의 원천이자 인체 면역 기능이 발휘되는 데 꼭 필요한 물질이기도 하다.

2012년에 미국 뉴저지의 러트거스대학교에서 활동 중인 내분비학자 디팍 사르카Dipak Sarkar는 래트rat를 대상으로 연구한 결과 뮤오피오이드 수용체와 델타오피오이드 수용체가 인간을 포함한 포유동물의 면역계 구성 요소인 자연살해세포의 기능에 관여한다고 밝혔다. 뮤오피오이드 수용체는 뇌에서 베타엔도르핀이 작용하는 수용체이므로, 사회적 상호작용을 통해 베타엔도르핀이 분비되면 자연살해세포의 기능이 촉진되고 그 결과 사회적 상호작용이 일어나지 않을 때보다 병원체를 더 효율적으로 처리하는 것으로 나타났다. 실험동물이 아닌 사람에서도 같은 결과가 나오는지 확인해봐야 하고, 사라카의 연구는 래트에서 일부 유전자의 기능을 없애는 방식을 활용했으므로 사람을 대상으로 한 연구는 더더욱 까다로운 일이 될 것이다. 그럼에도 이 결과는 한 가지 흥미로운 가능성을 보여준다. 사회적 관계가 인체 면역 체계의 기능에 중대한 역할을 할 수 있다는 것이다.

이제 우리가 싫든 좋든 서로를 필요로 하며, 사랑은 인간이 다른 생물과는 비교도 할 수 없을 만큼 높은 수준으로 협력하며 집단 속에서 살아가느라 발생하는 어려움을 이겨내는 동기가 된다는 사실을 확실하게 이해했을 것이다. 생계를 유지하고, 배우고, 자식을 키우고, 혁신을 일으키고, 창조하기 위해서는 반드시 협력해야 한다. 그래서 우리는 개개인의 차이와 상관없이 가족, 친구, 동료, 연인 모두를 아우르는 복잡하면서도 오래 지속될 수 있는 네트워크를 구축한다. 누구나 이 패턴을 따른다. 우리가 사랑하는 이들과 맺는 관계는 생존에 필요한 물과 식량, 쉴 곳을 넘어 우리의 건강과 행복, 삶의 만족도, 수명에 가장 큰 영향을 준다. 사랑은 오래전부터 존재했고, 예나 지금이나 우리의 생존을 크게 좌우한다.

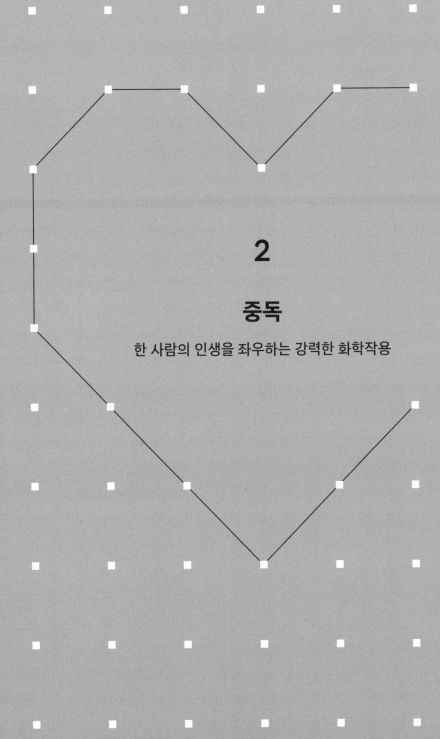

2

중독

한 사람의 인생을 좌우하는 강력한 화학작용

중독은 어떤 단계든 인간 존재에게 발생하는 가장 강력하고, 미스
터리하고, 필수적인 힘 중 하나다. 중독을 일으키는 건 갈망이다.
머릿속의 갈망, 뱃속에서 일어나는 갈망, 성적 갈망뿐만 아니라
최종적으로는 마음에서 비롯되는 갈망이 중독을 일으킨다.

– 신학자 코넬리우스 플랜팅가

　루시는 마약 중독자다. 루시의 생각과 일상생활은 다시 약 기
운을 느껴야 한다는 목표에 잠식됐다. 약에 대한 집착이 워낙 강력
해서 다른 사람들의 생각이나 걱정은 귀에 들어오지 않는다. 지금
자신이 처한 현실은 전혀 보이지 않는다. 약에 대한 욕구가 채워지
지 못할 수도 있다는 생각만으로도 정신적·육체적으로 고통스러
워서 온몸이 굳어버린다. 마약을 하는 것 외에 다른 건 전부 무의
미하다. 약속을 놓치고, 끼니를 거르고, 친구도 잃고, 일을 할 때도

약 생각을 멈출 수가 없다. 약을 맞고 나면 황홀한 기쁨과 만족감 속에 세상이 완전해진 기분이 든다. 헤로인 중독은 루시의 삶을 쥐고 있다. 사랑도 한 사람의 삶을 그렇게 쥐락펴락한다.

1983년에 미국의 정신의학자 마이클 리보비츠Michael Liebowitz는《사랑의 화학The Chemistry of Love》이라는 책을 출간했다. 이 책에서 리보비츠는 자신이 치료했던 아편 중독자와 사랑에 푹 빠진 사람들이 보이는 행동의 공통점을 이렇게 말했다. "황홀한 기분이 한껏 고조된 상태가 된다. 만족감을 얻으려는 강렬한 욕구가 다른 모든 관심을 사로잡는다. 신체적·정서적으로 고통스러운 금단 증상을 겪는다." 관찰과 개인의 진술로만 도출한 결과였지만, 사랑을 할 때 인체에서 생겨나는 일종의 '약물'이 약물 중독자의 갈망을 채워주는 마약과 비슷하다는 리보비츠의 견해는 신경생물학계가 사랑의 신경화학적인 특징을 연구하기 시작한 촉진제가 되었다. 그리고 그러한 연구를 통해 실제로 우리는 사랑에 중독되는 것으로 밝혀졌다.

이번 장에서는 1장에서 생물학적 뇌물이라고 소개한 사랑이 신경화학물질의 형태로 우리가 생존에 꼭 필요한 관계를 처음 맺고 유지하는 동기로 작용한다는 사실을 설명한다. 이 신경화학물질은 우리를 흠뻑 취하게 만드는 여러 성분으로 구성되며, 사랑을 느끼고 이끌리는 단계를 넘어 성욕을 느끼는 단계에 이르면 이 칵테일의 세부 성분도 바뀐다. 옥시토신도 당연히 포함되어 있고, 도파민, 세로토닌, 베타엔도르핀도 그에 못지않게 중요한 기능을 발휘한다. 사랑은 종류마다 특징이 다르고 뇌 활성에서 나타나는 세부적인 특징에도 차이가 있지만 우리가 의식적으로, 또는 무의식

적으로 사랑을 경험할 때 공통적으로 나타나는 신경학적인 특징이
있다.

관계의 탄생

사람들과 대화를 하다 보면 마음이 끌릴 때가 있어요. 뭔가 더 있을 것 같
은 희미한 힌트를 얻을 때도 있고요···. 공감하는 단계에서 조금 더 깊이 들
어가게 되면, 금세 그 가치를 알아차리기 시작하죠. 그러면 내가 이 사람
을 다시 보고 싶은지, 그냥 오늘 저녁 식사를 함께하면서 즐겁게 대화를
나누고 있을 뿐인지 자문하게 됩니다. — 마리

성욕은 성적인 관계로 한정되지만 끌림은 자녀, 친구와의 관
계를 비롯해 모든 친밀한 관계가 시작되는 단계다.

끌림은 처음 만난 순간에 시작된다. 장소는 와인바가 될 수도
있고 분만실 혹은 학교 운동장이 될 수도 있다. 옥시토신과 도파민
의 공동 작용으로 우리는 상대에게 다가가기 위한 자신감과 동기
를 얻고 유대감을 형성하는 첫 단계를 시작한다. 뇌에서 만들어지
는 신경화학물질인 옥시토신은 출산과 모유 수유를 비롯한 여러
생리학적인 기능을 수행하지만, 진화 과정을 거치면서 우리의 사
회적 행동과 관련된 뇌 영역에서 관계 형성에 핵심적인 역할도 담
당하게 되었다. 옥시토신은 우리가 새로운 관계를 맺는 데 방해가
되는 요소를 줄이는 역할을 한다. 뇌에서 무의식적인 기능을 담당
하는 영역의 중심에는 아몬드와 비슷하게 생긴, 아주 작은 편도체

라는 곳이 있다. 바로 여기에서 두려움이 생겨나는데 옥시토신은
이 편도체의 활성을 없애서 '입을 닫게' 만든다. 옥시토신이 작용
하면 마음에 드는 사람이 나타났을 때 다가가서 말을 걸어봤자 분
명히 거절당할 거고 그럼 어떻게 되나 은근히 주시하고 있는 다른
사람들 앞에서 창피를 당할 것이라고 투덜대는 목소리는 잠잠해진
다. 그리하여 여러분은 한번 말을 걸어보자는 자신감이 생기고, 신
기할 정도로 평온하고 자신만만하게 상대를 향해 다가가게 된다.

> 저는 친구들을 정말 사랑해요. 왜냐고요? 힘이 되니까요. 친구를 만나면
> 도파민이 마구 분비되고 아드레날린이 솟구치는 게 느껴져요. 친구들과
> 는 항상 가벼운 마음으로 어울리게 됩니다. 저를 채워주거든요. – 조지

하지만 옥시토신만 작용한다면 감정이 지나치게 가라앉아서
바에서 자리를 박차고 일어나지 못하거나 울어대는 아기가 무엇을
원하는지 해결해주려는 의욕도 생기지 않을 것이다. 생물종의 지
속성 측면에서 결코 좋은 일이 아니다. 그래서 옥시토신과 함께 분
비되는 도파민이 중요하다. 옥시토신이 분비될 때마다 도파민도
함께 분비된다. 도파민은 뇌에서 보상감을 주는 화학물질로 우리
가 즐겁다고 느끼는 일을 할 때 분비된다. 내 경우에는 바노피 파
이를 먹을 때나 진토닉을 마실 때, 개를 꼭 끌어안을 때, 또는 이 모
든 것을 한꺼번에 할 때 그런 기분을 느낀다. 인스타그램 게시물에
누가 '좋아요'를 눌렀다는 알림이 뜰 때, 자부심이 충만해질 때도
마찬가지다. 마음에 드는 사람을 발견했을 때도 도파민이 분비되
어 보상감과 함께 상대와 친해지기 위해 노력하도록 만든다. 도파

민이 활기를 주는 호르몬이기에 얻을 수 있는 효과다. 도파민은 인체의 운동 회로에 작용할 뿐만 아니라 사교적인 노력을 하면 즐거움을 느끼는 화학적인 보상 물질이다. 새로운 관계를 형성하려면 힘든 노력이 필요한데도 계속 애를 쓰는 것도 그런 이유에서다. 도파민과 옥시토신의 합동 작용이 새로운 관계를 시작하려는 의욕을 불어넣고 그 일에 집중하게 만드는 동력이 된다는 것은 수많은 근거로 뒷받침되는 사실이다.

(남편과) 저는 첫눈에 사랑에 빠졌어요. 처음 만나고 몇 주 동안 붕 뜬 기분으로 지냈던 기억이 납니다. 동시에 마음 깊은 곳에서 이 사람은 날 실망시키지 않을 거라는 기분이 들었어요. 서로 똑같이 그런 감정을 느꼈죠…. 초반에 며칠 동안 아침에 일어날 때마다 '와우, 내게 이런 일이 진짜로 일어났어'라고 생각했어요. 믿을 수가 없었죠. 시간이 가면서 사랑의 감정은 은은하게 발전했지만, 지금도 여전히 포근한 보호막 속에, 무슨 일이든 다 괜찮아지는 그런 세계 속에 들어와 있는 기분이 듭니다. – 제인

막 사랑에 빠진 사람은 싱글인 사람보다 체내 옥시토신 농도가 더 높다. 신경과학자인 인 슈나이더만Inn Schneiderman과 오르나 재구리-샤론Orna Zagoory-Sharon, 제임스 렉먼James Leckman, 루스 펠드먼Ruth Feldman은 2012년에 사랑의 초기 단계에 옥시토신이 하는 기능에 관한 종단 연구를 실시했다. 새로 사랑을 시작한 사람들과 싱글인 사람들을 모집해서 두 집단의 체내 옥시토신 농도를 비교한 결과, 연애 3개월째에 접어든 남녀 커플의 옥시토신 농도가 싱글인 사람보다 훨씬 높은 것으로 나타났다. 더 놀라운 점은, 이 시점

에 측정한 옥시토신 농도로 각 커플이 6개월 뒤에도 계속 만나고 있을지 예측할 수 있었다는 것이다. 약간 무섭기도 하고 사랑의 미스터리함을 어느 정도 덜어낸 이 결과는 첫 측정 후 6개월 뒤에 참가자들의 옥시토신 농도를 다시 측정하면서 확인된 것으로, 연구 시작 시점에 옥시토신 농도가 가장 높았던 25쌍의 커플은 계속 만나고 있었지만 첫 측정 때 농도가 낮았던 커플은 헤어진 것으로 확인됐다.

옥시토신과 도파민은 연애 시작 단계에서 두 사람을 하나로 붙여주는 풀처럼 작용할 뿐만 아니라 생김새, 목소리, 냄새, 좋아하는 것과 싫어하는 것 등 새로운 연인의 세세한 정보를 기억하도록 한다는 점에서 연애 초반에 중요한 기능을 한다. 아이가 처음 태어나면 엄마아빠의 머릿속에는 아기의 완벽한 손가락과 발가락의 모습이 새겨지고 산부인과 병원의 소란스러운 환경 속에서도 자기 아이의 울음소리를 구분할 수 있는데, 이러한 능력은 도파민과 옥시토신의 작용으로 뇌의 가소성이 높아지고 변화에 더 개방적인 상태가 되면서 생기는 결과다. 뇌가 새로운 관계에 맞게 재구성되어 새로 만난 상대에 관한 정보가 빠르고 효율적으로 자기 감각에 통합되면, 상대에 관한 기억이 구축되고 우리의 관심은 새로운 사랑에게로 쏠린다.

강박과 사랑

사랑에 관여하는 세 번째 신경화학물질은 복잡하고 바쁜 세상에서 새로운 사랑에 주의를 집중해야 하는 상황과 관련이 있다. 기분과 행복감, 불안감을 조절하는 화학물질인 세로토닌이 그 주인공이다. 세로토닌 농도가 낮으면 우울증과 강박장애를 비롯한 다양한 정신 건강 문제가 생긴다. 강박장애와의 연관성에서 세로토닌이 사랑에 어떤 영향을 주는지 추측할 수 있다. 마음이 끌리는 사람이 생기면, 초기에는 옥시토신과 도파민이 증가하고 세로토닌은 감소한다. 세로토닌의 기능이 아직 정확하게 밝혀진 것은 아니지만 강박장애 환자에서 체내 농도가 낮은 것으로 볼 때 사랑의 강박적인 면이 세로토닌 감소와 관련이 있을 가능성이 높다. 아기가 태어나면 누가 조금만 관심을 보여도 아기 사진을 보여주며 아기 이야기를 하려고 하거나, 업무 시간에 일은 제쳐두고 새로 만나기 시작한 연인을 떠올리는 것, 마음이 잘 맞는 친한 친구가 생기면 신이 나서 어쩔 줄 모르는 이유도 세로토닌 농도의 변화에서 찾을 수 있다.

우리는 누군가와 관계를 맺을 때 자신의 삶과 상대방의 삶이 조화를 이루도록 노력하고 상대가 무엇을 필요로 하는지 파악하기 위해 집중하며 상대를 위해 시간을 내야 한다는 사실을 기억하려고 애쓰는데, 어느 정도 강박적인 면이 있어야 이러한 노력이 가능하다. 이런 면은 가족을 꾸리면 최고조에 이른다. 아이들과 남편에게 쏟는 시간과 내 생활을 잘 조정하고, 제각기 다른 식성을 맞추고, 매일 하루를 마무리하면서 식구들의 걱정거리나 즐거웠던 이야기에 '전부' 귀 기울일 준비를 하는 건 굉장히 힘들다. 나도 이 모든 일을 감당하려면 어느 정도는 강박적인 면이 필요하다고 느끼고, 그냥 섬에 가서 혼자 살고 싶은 마음이 굴뚝같을 때가 있다. 이러한 강박이 극단적인 수준에 이르면 병리학적인 집착으로 변질되는 경우처럼 사랑의 어두운 이면(9장에서 살펴볼 것이다)을 보이기도 한다. 하지만 대부분은 세로토닌 농도가 건강에 이상이 생기지 않는 수준으로만 감소하고, 이는 다른 사람과 관계를 맺는 과정이 순탄하게 굴러가는 필수요소가 된다.

옥시토신과 도파민의 공동 작용은 새로운 관계가 시작되는 기간에 분명 중요한 역할을 하지만, 인체 감각도 이 중대한 단계에 힘을 보탠다. 마음이 끌리는 초기 단계는 인간보다 진화가 덜 된 다른 포유동물과 마찬가지로 대부분 무의식적으로 흘러가므로 이때 감각이 핵심적인 기능을 한다. 연애의 첫 단계, 더 정확히는 '욕망'을 느끼는 첫 단계에서 발휘되는 감각의 기능은 특히 놀랍다. 인파로 북적이는 방 안이나 열차 안에서 누군가와 눈이 딱 마주쳤을 때 맨 처음 욕망이 온몸을 휘감는 기분은 대체로 인체 감각을 통해 수집된 정보를 바탕으로 뇌에서 나온 복잡한 알고리즘 계산의 결과다. 이 단계에서 핵심이 되는 감각은 시각, 청각, 후각이며, 촉각과 미각은 두 사람이 좀 더 가까워진 다음에 활용된다. 상대가 끌림을 촉진하는 '좋다'는 반응을 보일지, 아니면 저리 가라는 '싫다'는 반응을 보일지 판단하려면 인간의 만남과 짝짓기에 관해 좀 더 자세히 알아야 한다.

데이트 게임의 세계

인간의 짝짓기 게임은 주식 시장처럼 경쟁적으로 이루어진다. 차이가 있다면 개개인의 가치가 파운드나 유로, 달러가 아닌 짝짓기 상대로서의 가치로 표현된다는 것이다. 우리는 모두 짝짓기 상대의 생물학적 가치를 따지는 기준을 갖고 있으며, 생식 활동에 성공할 확률을 계산한 결과에 따라 이 가치가 정해진다. 이 성공 확률에는 생존 가능한 자손을 낳고, 그 자손이 생식 활동을 할 수 있는 성인이 될 때까지 무사히 키울 수 있는지가 반영된다. 진화의 섭리에 따라 이 성공률이 높을수록 가치가 높아진다. 남들보다 이 성공률이 더 높은 사람이 있다.

남성과 여성은 생식 활동에서 맡는 역할이 다르므로 짝짓기 상대의 가치를 계산하는 방식도 다르다(여기서는 남녀의 끌림에 관해 이야기하고 있지만 이번 장 뒷부분에서 동성 간의 끌림에 관해서도 설명한다). 여성의 경우 남성의 건강과 생식력을 중요하게 보고 장기간 지속될 관계를 찾을 때는 충실성도 따진다. 여성은 임신을 하고, 출산 시점까지 임신을 유지하고, 아이를 키울 수 있을 만큼 건강하게 살도록 진화했다. 한편 남성은 가족을 보호하고, 가족에게 필요한 것을 제공하고 헌신하도록 진화했다. 단, 이것은 여성이 계속해서 임신한 상태이거나 모유 수유 중이라 굉장히 취약한 상태였을 때의 진화 시스템임을 유념해야 한다. 유전자도 남성과 여성의 계산에 모두 영향을 주지만 관계가 장기화되면 유전자의 영향은 줄어든다. 이 계산에서 뇌가 하는 역할은 감각을 활용하여 판단 기준이 되는 속성의 중요한 징후를 찾아내는 것이다. 하늘은 인간의 모든 것을 절대 간단하게 만들지 않아서 사람마다 상대에게 매력을 느끼는 부분은 제각기 다르다. 그럼에도 인간의 데이트 행동을 과학적으로 관찰한 수많은 연구 결과를 통해 전반적인 동향을 어느 정도 파악할 수 있다.

모든 것은 보는 눈에 달려 있다

여성의 건강과 생식 능력을 판단할 수 있는 가장 확실한 지표 중 하나인 허리둘레와 엉덩이둘레 비율을 예로 들어보자. 여러 문화권 여성들의 체형을 조사한 다수의 연구에서 가장 매력적인 비율은 0.7이라는 결과가 반복적으로 나왔다. 전형적인 모래시계 형태의 비율이다. 서구 사회에서는 마른 체형을 선호하는 경향이 있고 엉덩이가 큰 체형을 이상적이라고 생각하지 않으므로 이런 결과가 놀랍다고 느끼는 사람도 있을 것이다. 하지만 두 가지를 감안해야 한다.

첫째, 허리둘레와 엉덩이둘레의 '비율'이 핵심이라는 점이다. 즉 8 사이즈를 입든 18 사이즈를 입든 0.7이라는 비율이 중요하다. 두 번째, 서구 사회에서 마른 체형에 집착하는 분위기는 대부분 미디어가 만들어낸 것이지 실제로 사람들이 매력적이라고 느끼는 것과는 무관할 수 있다. 이 0.7의 비율은 다양한 문화권에서 동일하게 나타났고, 인도네시아부터 미국까지 여러 국가에서 매력을 느끼는 비율로 확인됐다. 그 이유는 이러한 비율의 허리둘레와 엉덩이둘레가 전반적인 생식력, 그리고 건강과 관련된 몇 가지 긍정적인 특징과 관련이 있다는 점에서 찾을 수 있다.

미국의 심리학자 디벤드라 싱Devendra Singh은 2002년에 발표한 논문에서 허리둘레와 엉덩이둘레 비율이 0.7인 여성은 심혈관 질환과 성인기에 발병하는 당뇨, 고혈압, 자궁내막증, 난소암, 유방암, 방광 질환, 조기 사망 위험성이 낮다는 결론을 내렸다. 허리둘레와 엉덩이둘레의 비율은 성호르몬 및 인체 지방 분포와 관계가 있다. 초기 사춘기와 폐경기 이후에는 인체 지방이 남성의 특징적인 체형과 비슷하게 분포되면서 이 비율이 커진다는 점도 0.7이 생식력과 다산의 가능성을 나타내는 좋은 지표임을 알 수 있다.

그런데 이것이 왜 그렇게 중요한 요소일까? 남성이 데이트 게임을 벌이는 단계를 끝내기로 결심하면, 자신이 선택한 여성이 충분한 생식력을 갖추었는지, 아이를 임신하고, 낳고, 아이가 다 클 때까지 기를 수 있을 만큼 건강한 사람인지 확인하려고 한다. 그래야 자신의 유전자가 다음 세대에게 전달되어 영원히 보존될 수 있기 때문이다. 0.7의 비율을 중시한다고 해서 남성이 이 비율에 맞는 여성에게만 매력을 느낀다는 뜻은 아니다. 당연히 사람마다 다양한 비율의 여성을 선택하겠지만, 다른 조건이 모두 동일한 경우 '가장' 매력적이라고 느끼는 비율은 0.7이며 이 비율을 가진 여성을 선호한다.

남성이 짝짓기 상대를 결정할 때 허리둘레와 엉덩이둘레 비율을 중시한다는 사실은 연구뿐만 아니라 실제 상황에서도 입증됐다. 미국 텍사스 A&M국제대학교의 레이 가르자Ray Garza, 로베르토 에레디아Roberto Heredia, 안나 치에슬리카Anna Cieslicka는 2015년에 시선 추적 실험을 한 결과 남성은 모르는 여성을 처음 봤을 때 몸을 먼저 본 다음에 얼굴로 시선을 옮긴다고 밝혔다. 흥미롭게도 여성이 모르는 다른 여성을 볼 때도 같은 결과가 나왔다. 남성의 입장에서는 짝짓기 상대가 될 수 있는 사람, 여성의 입장에서는 경쟁자가 될 수 있는 사람이 나타났을 때 뇌의 알고리즘이 처리하는 최초 정보 중 하나가 허리둘레와 엉덩이둘레 비율임을 추정할 수 있는 결과다.

남성의 경우 어깨 둘레와 허리둘레의 비율, 그리고 키가 중시된다. 어깨 둘레와 허리둘레의 비율은 1.4가 가장 매력적이라고 여겨지지만 올림픽 선수나 틈만 나면 체육관에 갈 만큼 운동에 빠져 사는 사람이 아닌 이상 이런 비율을 갖춘 사람은 드물다. 이러한 비율은 운동성과 관련이 있고, 이는 남성의 우세함, 보호 능력과 연결된다. 키는 지나치게 크지 않은 수준에서 큰 키가 매력적으로 여겨진다. 키가 큰 남성은 여러 면에서 우세하고 성공 확률도 더 높다고 인식되는데, 이러한 인식은 사실인 경우가 많다. 키가 큰 남성이 일에서 성공하는 경우가 더 많다는 사실이 여러 연구에서 밝혀진 것으로도 알 수 있듯이 이러한 조건을 갖춘 남성과 관계를 맺으면 자원을 더 많이 얻을 수 있다고 여겨진다.

남성과 여성이 잠재적인 짝짓기 상대의 가치를 평가할 때 공통적으로 중요한 정보를 제공하는 것은 얼굴, 더 정확히는 얼굴의 비대칭성이다. 대칭성과 건강한 유전자는 밀접한 관계가 있기 때문이다. 왜 그럴까? 다른 여러 동물과 마찬가지로 인간의 몸은 팔다리와 발, 손, 눈, 귀가 좌우 대칭 구조다. 유전자는 몸의 형태 발달에 제한 없이 영향을 줄 수 있지만, 이러한 유전자는 인체를 완벽한 대칭으로 만들도록 설계되었다. 그러나 발달 과정에서 환경적인 요인이 유전자에 영향을 주고 그 결과 원래 정해진 대로 정확히 기능하지 못하게 되므로 완벽히 대칭인 몸은 존재하지 않는다. 하지만 얼굴의 비대칭성이 낮으면, 즉 대칭에 가까울수록 유전자가 환경의 영향에 맞설 만큼 강력히 작용하고 대칭성을 유지하기 위한 싸움에서 꽤 우세했다는 뜻이다. 특히 여성이 오랜 헌신이나 상대가 제공할 수 있는 자원 및 보호와 무관한 단기적인 관계를 맺을 상대를 선택할 때 이러한 비대칭성의 정도는 매우 중요한 요소로 작용한다. 대칭성을 좌우하는 유전자만 고려 대상이 되는 것이다. 그래서 여성이 오랫동안 만날 짝을 선택할 때보다 짧게 만날 사람을 선택할 때 '훌륭한 외모'를 더 중시하는 경향이 나타난다.

사랑의 달콤한 소리

시각과 함께 청각 정보도 잠재적 짝짓기 상대에 관한 많은 정보를 제공한다. 남녀 모두에게 목소리의 높낮이는 중요한 요소가 된다. 여성은 남성의 낮은 음성을 선호하지만 지나치게 낮지 않아야 한다. 남성의 목소리는 체구, 그리고 테스토스테론 수치와 관련이 있고 이 두 가지는 모두 남성의 지위와 보호 능력을 나타낸다. 실제로 남성들은 좋아하는 여성이 있을 때 무의식적으로 목소리를 낮게 까는 경향이 있다. 반대로 여성에 대해서는 음성이 높을 때 여성스럽다고 인식한다. 하지만 목소리의 높고 낮음보다 더 큰 매력 포인트는 '말'이다. 뇌는 말을 재미있게 하고 예술, 음악 등 위대한 작품을 만들기도 하는 등 언어를 창의적으로 활용할 수 있도록 한다는 점에서 인체에서 가장 흥미로운 기관임에 틀림없다. 말솜씨는 인지 기능의 유연성을 나타내고, 이는 높은 지능 및 문제 해결 능력과 연결된다. 모두가 자손에게 물려주고 싶어 하는 특징이다. 믹 재거가 자식을 8명이나 낳고 찰리 채플린도 11명의 자녀를 둔 것처럼 유명한 록스타나 예술가들의 생식 기능이 평균보다 높은 경우가 많은 것도 부분적으로는 그러한 면이 작용했을지도 모른다. 여성들은 그런 직업을 가진 사람들이 한곳에 진득하게 머무르지 못하는 경향이 있다는 사실을 알면서도 그 매력을 거부하지 못하는 것 같다. 10장에서 이와 관련된 이야기를 다시 나누기로 하자. 그러므로 처음에 외모만 봤을 때는 별 생각이 없었다가 상대가 말을 하기 시작하면 강렬한 인상을 받게 될 가능성이 있다.

유전학적 양립성

마지막으로 활용되는 감각은 후각이다. 일단 여성의 경우는 그렇다. 나는 인간 페로몬의 존재에 아직까지 회의적인 입장이지만(인간보다 덜 진화한 포유동물에게는 페로몬이 있다는 사실이 무수한 근거로 입증됐지만 인간은 확실한 증거가 없다. 인간의 연애와 짝짓기 행동에서는 인지 기능이 큰 부분을 차지하므로 페로몬이 남아 있을 가능성은 매우 희박하다) 여성은 실제로 유전학적 양립성을 냄새로 판단할 수 있다. 유전학적 양립성은 생존 가능한 자손과 관련된 매우 중요한 요소다. 인체 면역 반응의 토대가 되는 인간 백혈구 항원(HLA)은 여러 개의 유전자로 만들어지는데, 여성은 잠재적 짝짓기 상대가 가진 HLA 유전자와 자신이 가진 HLA 유전자의 양립성을 냄새로 파악할 수 있다.

HLA 유전자가 다른 사람을 만나는 것이 가장 좋다. 그래야 자녀가 병을 이겨내는 면역 반응을 최대한 다양하고 유연하게 누릴 수 있기 때문이다. 면역 기능을 관장하는 HLA 유전자가 체취와도 관련이 있는 유전학적인 우연 덕분에, 여성은 남성이 어떤 종류의 HLA 유전자를 갖고 있는지 냄새로 구분할 수 있다. 오랫동안 심리학계와 TV 과학 프로그램에서 화제가 되면서 유명해진 티셔츠 실험으로 입증된 사실이다. 이 실험에 참가한 남성들은 샤워 후 24시간 동안 같은 티셔츠를 계속 입고 있으라는 지시를 받았다. 이때 데오드란트나 화장품을 바르면 안 된다. 24시간이 지나면 연구자들은 이들이 입고 있던 티셔츠를 유리병이나 지퍼가 달린 비닐봉지에 담는다. 그리고 아무런 정보 없이 여성들에게 그중에서 좋은 냄새가 나는 티셔츠를 선택하게 한다. 확인 결과, 여성들이 선택한 티셔츠는 자신과 가장 차이가 큰 HLA 유전자를 가진 남성의 것으로 드러났다.

이런 실험을 다룬 TV 프로그램이 충분히 인기를 모을 법한 흥미진진한 결과지만, 이제는 티셔츠며 비닐봉지를 준비하는 이런 번거로운 절차를 거칠 필요도 없다. 소량의 침만으로도 양립성을 확인할 수 있기 때문이다. 침 검체로 커플의 HLA 양립성을 판단할 수 있는 유전자 정보를 분석해주는 업체들도 있다. 나도 꽤 괜찮은 방법이라 생각하고, 실제로 이 검사를 받아본 커플을 만난 적이 있다. 하지만 이 이야기를 들을 때마다 항상 두 가지 의문이 떠올랐다. 첫째, 두 사람의 관계가 어떤 단계일 때 검사를 받아야 할까? 인파로 가득한 공간에서 서로 눈이 딱 마주친 최초의 단계일까? 어차피 오래가지 않을 관계에 시간을 허비하지 않으려면 이때 상대와의 양립성을 확인하는 것이 나을까? 타액 검체를 모아서 분석 결과가 나올 때까지 6주간 기다렸다가 결과가 나오면 첫 데이트를 하는 것이 과연 연애를 시작하는 가장 적합한 방법일까? 나는 확신이 들지 않는다. 그럼 서로 연인이 되고 행복하게 잘 지내고 있을 때 검사를 받아야 할까? 둘이 정말 잘 지내고 있는데 양립성이 4퍼센트로 나온다면? 농담은 이쯤 해두고, 여러분이 꼭 기억해야 하는 사실이 있다. 인간이 서로에게 끌리는 감정에는 신체, 유전자, 심리, 신경, 문화의 측면에서 너무나 많은 것들이 작용하므로 어느 한 부분이 양립할 수 없다고 해서 정말로 심각한 문제가 되지는 않는다는 것이다. 그러므로 양립성 검사를 받고 커플 인증서를 거실 벽에 걸어두고 싶다면 뜯어말리지는 않겠지만 검사 결과는 균형 잡힌 시각으로 받아들여야 한다는 것을 잊지 말자.

이거 전부⋯ 정치적으로 좀 문제가 있지 않나요?

인간의 연애와 짝짓기 환경을 설명하다 보면 항상 두 가지 의문이 생긴다. 하나는 지금까지 설명한 내용이 여성의 권리 확대와는 거리가 멀다는 것이다. 여성이 경제적 능력을 갖춘 시대에는 남성의 보호와 남성이 제공하는 자원이 더 이상 필요하지 않다. 그렇다면 여성이 일반적으로 젊음과 건강의 상징이라고 여겨지는 생식 능력 외에 다른 부분에서도 기여한다고 봐야 하지 않을까? 당연히 그렇지만, 두 가지를 유념해야 한다.

　우선 진화는 아주 천천히 진행된다는 것이다. 짝짓기 대상을 선택하는 것처럼 머나면 옛날부터 굳어진 행동이 바뀌려면 피임약의 등장과 문화적·정치적 변화로 여성이 출산을 자유롭게 통제하고 집 밖으로 나가 직접 일을 해서 돈을 벌기 시작한 지난 50~60년의 세월보다 더 많은 시간이 흘러야 한다. 둘째, 인간이라는 생물종 전체로 봤을 때 여성 대다수에게 자율권이 부여되어야만 짝짓기 행동도 변화할 수 있다는 점이다. 안타깝게도 현재는 그렇지 않다. 전 세계 수많은 여성들이 여전히 페미니즘이 닿지 않은 세상에서 살고 있다. 이런 상황이 지속되는 한 짝짓기 대상을 선택할 때 선호하는 기준도 바뀌지 않을 것이다.

인간의 연애와 짝짓기 환경에 관한 설명에서 떠오르는 두 번째 의문은 성적 취향이다. 내 설명을 듣고 이성 간의 연애에만 적용되는 내용이라고 지적하는 사람들이 꽤 많다. 짝짓기 상대의 선택 행동에 관한 연구는 거의 대부분 이성 커플을 대상으로 실시되었고 다른 성적 취향을 가진 사람들, 특히 동성애 커플에 관한 연구는 부족한 실정이다. 이러한 연구에서 이성애가 중심이 되는 이유는 학계가 가장 범위가 넓은 인구군부터 시작한 후 범위를 좁혀나가는 경향이 있다는 점, 학계의 변화는 깜짝 놀랄 만큼 느리다는 점, 결론 하나를 도출하려면 같은 연구를 상당히 여러 번 반복해야 한다는 점을 꼽을 수 있다. 그 결과 굉장히 혼란스러운 상황이 벌어졌다. 예를 들어 동성애자인 남성이 보기에 어떤 연구 결과는 이성애자 여성의 행동이 자신과 비슷하게 느껴지고, 또 다른 연구 결과는 이성애자 남성의 행동이 자신과 더 비슷하게 느껴질 수 있다. 시각적으로 보이는 외모를 가장 중요하게 생각하는 사람은 동성애자 남성이고, 그다음이 이성애자 남성, 이성애자 여성, 동성애자 여성의 순서다. 동성애자 남성과 여성은 아이를 낳을 수 없으므로 이성애자 남성이나 여성과는 다른 기준으로 짝짓기 상대를 선택할 것이고 상대의 가치를 평가하는 방법도 다를 것이라는 주장도 있지만 나는 그렇지 않다고 생각한다.

나는 학자로 일하면서 생전 처음 아버지가 된 남성들을 추적 조사하는 엄청난 특권을 누려왔는데, 내가 조사한 남성들 중에는 동성애자도 있다. 최소한 서구 사회에서는 10여 년쯤 전부터 이성애자가 아니라도 입양이나 정자 공여, 대리모를 통해 이전보다 쉽게 부모가 될 수 있다. 따라서 동성애자가 파트너를 선택할 때, 자식의 생물학적인 부모가 될 수 있는지 여부와 상관없이 아이 곁에 계속 함께할 좋은 부모가 될 수 있는지를 중시하는 경우도 많다. 이 경우 상대방의 생식력과 건강, 자원, 보호 능력, 헌신성 정도가 모두 고려된다. 다만 상대에게서 이 각각의 속성을 명확히 찾아낼 수 있는지는 장담할 수 없다.

영원한 베스트 프렌드

가족은 선택할 수 없지만(정말 그럴까? 뒤에서 '선택된 가족'이라는 주제를 다룰 예정이다) 연애 상대는 선택할 수 있다. 이 선택을 위해서는 감각 기능과 인지 기능을 총동원해야 한다. 그럼 직접 선택할 수 있고 한 사람이 평생 맺는 관계의 또 다른 중심이 되는 친구는 어떨까? 우리는 친구를 어떻게 선택할까? 어떤 친구에게 마음이 끌릴까?

내가 옥스퍼드대학교에서 처음 진행한 연구 중 하나는 사람들이 연애 상대와 베스트프렌드를 어떻게 선택하는지 분석하는 것이었다. 이를 위해 나는 실험 참가자들에게 신체적 매력, 창의성, 지능, 교육, 잠재적인 재력, 유머 감각, 외향성, 운동성, 의존성, 협력, 사회적 유대, 친절함, 긍정성 중에 연인이나 베스트프렌드의 중요한 특성이라고 생각하는 것을 선택하도록 했다. 사람들은 연인이나 친구를 선택할 때 각각 무엇을 볼까? 나는 '데이트 상대 고르기'가 경쟁적으로 이루어지는 것처럼 '친구 고르기'도 같은 방식으로 이루어지는지 알고 싶었다. 1장에서 잠깐 설명했듯이 진화의 관점에서 친구는 인간의 생존율에 실제로 영향을 주므로 친구를 선택할 때는 어느 정도 주의를 기울여야 한다. 또한 다른 사람들에 비해 친구로서 더 큰 가치가 있는 사람이 존재할 확률이 매우 높다.

> 친구들도 저하고 성격이 굉장히 비슷해요. 낙천적이고, 농담을 좋아하고, 만사를 너무 심각하게 보지 않는 점이 그래요. 처음 만났을 때부터 다들 요행만 바라지 않으면서도 무슨 일이든 그냥 받아들이고, 흐름에 맡기고, 바깥세상에서 일어나는 일을 크게 걱정하지 않으면서 살았어요. 몇 달 만에 만나도 꼭 매일 만난 것처럼 편해요. **– 로버트**

친구는 절대 연인만큼 가까워질 수 없다는 말을 들으면 놀랍기도 하고 반발심이 든다. 여성에게 절친한 동성 친구는 이성인 연인보다 정서적으로 '더' 친밀하게 느껴지는 존재다. 남성에게 동성인 베스트프렌드는 대하기 편한 존재, 마음 놓고 농담을 나눌 수 있는 존재다. 또한 남성과 여성 모두 친한 친구와 공통점이 더 많다. 연인보다 절친한 친구에게서 자신과 비슷한 점을 더 많이 찾을 수 있다는 의미다. 이성 연인 관계에서 중심이 되는 특유의 긴장감은 바로 이런 차이에서 생기는 것인지도 모른다. 성별이 다르면 관계에 접근하는 방식에 약간 차이가 있고, 자녀를 양육할 때 담당하는 역할이 다르므로 각자가 관계에 투입하는 '자원'도 다르다. 1장에서 설명한 것처럼 인간의 모든 협력 관계를 통틀어 서로 다른 성별 간의 협력은 인지 기능의 측면에서 가장 힘든 협력이다. 이성 간의 협력은 종류가 다른 화폐가 오가는 거래인 데다 상대의 마음을 읽는 정신화 기능이 요구되는데, 그러려면 나와는 전혀 다른 방식으로 기능하는 상대의 뇌에서 나온 생각을 읽어야 한다. 절친한 친구, 특히 동성인 친구와는 이런 긴장이 조성되지 않으므로 아주 편안하게 대할 수 있고 자신의 모습을 있는 그대로 드러낼 수 있다. 우리가 누군가를 친구가 될 만한 사람인지 아닌지를 판단하는 물리적 또는 지적 지표는 아직 명확하게 밝혀지지 않았다. 그러나 연인 관계에서 동류 교배, 즉 서로 시장 가치가 비슷한 사람들이 오랫동안 연인 관계를 유지하는 경향이 있는 것처럼 절친한 친구와의 관계에서도 그러한 특징이 나타날 수 있다. 차이가 있다면 친구와의 관계는 번식에 성공하려는 욕구가 아니라 나와 겹치는 점이 많고 인생을 같은 관점으로 바라보는 사람을 찾는 것이 목적이라는 점이다. 3장에서 마음이 맞는 우정에 관해 다시 설명한다.

관심사가 같고 나를 채워주는 사람들. 에너지가 넘치고 자연스럽게 빠져드는 카리스마가 넘치는 사람들. 내 성격과 정말 잘 맞는 사람들. 겉으로 보이는 모습을 넘어 좀 더 깊이 들여다보면 나와 같은 가치와 바탕에서 살아가는 사람들임을 알게 되고, 그래서 어떤 대화든 나눌 수 있어요. 친구

들과 저는 원하는 것도 같고 창의성도 같고 재밌는 걸 좋아하는 것도 같아
요. ─ 맷

압도적인 끌림

갓 태어난 아기를 처음 안았을 때, 기차에서 어쩌면 연인이 될지
모를 사람과 눈이 마주쳤을 때, 대학 구내식당에서 새로운 친구를
만났을 때 우리의 뇌에서는 이 순간의 감각으로부터 정보를 취하
고 알고리즘이 돌아가기 시작한다. 그리고 '이거야!'라는 강력한
울림이 터져 나온다. 옥시토신과 도파민이 분비되고, 게임이 시작
된다. 이럴 때 뇌에서는 어떤 변화가 나타날까?

누군가에게 이끌리는 초기 단계는 대부분 무의식적으로 이루
어지며, 뇌에서 변연계라 불리는 영역이 담당한다. 뇌 중심에 자리
한 변연계는 우리의 감정이 생겨나는 곳이다. 초기 단계에는 변연
계에서 도파민과 옥시토신 수용체가 밀집된 부분이 활성화된다.
중격의지핵(측좌핵)도 그중 하나로, 옥시토신 수용체와 도파민 수
용체가 빼곡하게 자리한 둥근 모양의 이 영역이 마치 크리스마스
트리에 전구가 켜지듯 활성화되면 우리는 상대에게 다가가고 싶은
욕구와 자신감을 느낀다. 시간이 흘러 더 강렬한 끌림을 느끼면 이
신호는 사라지고 활성화되는 영역이 변연계의 다른 부분으로 서서
히 바뀌기 시작한다. 바로 미상핵머리로 불리는 부분이다. 이 변화
는 대부분 무의식적이고 보상과 새로움에서 비롯되던 끌림 혹은
욕망이 이 단계부터는 더욱 깊어지고 의식이 더 많이 관여한다는

점에서 중요한 의미가 있다. 사랑의 여정이 시작되는 단계인 셈이다. 미상핵머리는 뇌 바깥쪽에 여러 겹으로 형성된 신피질과 수많은 경로로 연결되어 있는데, 이 신피질에 의식을 관장하는 부분이 있다. 이렇게 뇌의 무의식과 의식이 연결되면 인간의 사랑의 핵심적인 특징이 나타난다. 즉 사랑을 의식적인 수준과 무의식적인 수준에서 동시에 느끼고 경험하게 된다. 상대를 향한 열정이나 성적 욕구, 새로 태어난 연약한 아기를 보며 도와주고 싶다는 마음이 드는 동시에 우정, 신뢰, 공감, 협력을 경험한다. 인간의 사랑을 누구보다 많이 연구한 이스라엘의 신경과학자 루스 펠드먼Ruth Feldman은 무의식적이던 사랑이 의식적인 사랑으로 변화하면 공통 목표와 서로 공유하는 환경, 상호성이 관계의 바탕이 된다고 설명한다.

인간의 사랑은 매우 복잡한 현상이고 사랑의 종류도 굉장히 광범위하지만, 연인과의 깊은 사랑에서만 나타나는 지문과 같은 고유한 뇌 활성 패턴이 존재한다. 신경학자 안드레아스 바르텔스Andreas Bartels와 세미르 제키Semir Zeki는 2000년에 연인 간의 사랑에서 나타나는 뇌 활성을 처음으로 상세히 연구했다. 두 사람은 이 연구를 위해 여성 11명이 포함된 이성애자 남녀를 모집했다. 참가자들은 연인과의 관계를 글로 짤막하게 작성한 후 사랑의 강도를 객관적으로 평가하기 위해 마련된 열애에 관한 설문에 응답했다. 이 결과를 토대로 '진심으로 깊이, 열정적으로 사랑에 빠진 사람'으로 판단된 참가자 17명을 선별하여(이때 '중독'이라는 표현이 사용됐다) 다음 단계를 진행했다. 뇌 활성을 실시간으로 볼 수 있는 기능적 자기공명영상(fMRI) 장비를 활용하여, 각 참가자에게 연인의 사진과 가장 친한 친구 3명의 사진을 보여주고 뇌 활성을 측정하는 단계였다. 연구진은 결과를 좀 더 정확하게 비교하기 위해 참가자들에게 연인과 성별이 같고 친구로 지낸 기간이 연애 기간과 비슷한 다른 친구들의 사진도 함께 보여주었다. 분석 결과 남성과 여성 모두 친구 사진을 볼 때와 연인의 사진을 볼 때 뇌 활성에 뚜렷한 차이가 나타났다. 연인에 대한 애정을 나타내는 이 신경학적 지문에 성별의 차이는 없었다. 연애 감정을 느낄 때는 무의식과 관련된 변연계 영역인 미상핵머리와 조가비핵이 활성화되고 전전두엽피질에서 신뢰, 공감 등 의식적으로 일어나는 중요한 사회적 행동을 관장하는 영역도 활성화되었다. 이러한 활성화만큼 주목해야 할 변화는 친구 사진을 볼 때와 달리 연인의 사진을 볼 때 '비활성'되는 뇌 영역도 있다는 점이다. 활성이 사라진 영역은 두려움과 위기 탐지 기능을 담당하는 편도체, 그리고 1장에서 설명한 상대의 의도를 파악하거나 예측하는 능력인 정신화 기능을 담당하는 내측 전전두피질이었다. 사랑을 하면 눈이 먼다는 말이 근거 없는 소리가 아니라 사실임이 밝혀진 충격적인 결과였다. 실제로 우리는 사랑에 빠지면 그 관계 때문에 발생할 수 있는 위험성을 제대로 평가하지 못하며 상대의 의도를 정확히 이해하는 능력도 떨어져 정서적·물리적 위험에 노출된다. 그러니 상대를 잘못 골랐을 때는 자신의 판단보다는 친구의 말에 좀 더 귀 기울일 필요가 있다.

부모의 열정

제가 사랑을 가장 강하게 느끼는 건 제 아이예요. 아이가 아주 작은 것들을 해내려고 애쓰는 걸 보면 마음 깊이 감탄하게 됩니다. 지금은 아이가 어른이 되어 성실하게 남을 배려하면서 살고 자신의 직관과 지적 능력을 현명하게 활용하는 모습을 지켜보고 있어요. 이 사랑은 미래를 향해 계속 이어지는 그런 사랑인 것 같아요. - 니컬라

연인과의 사랑이 아닌 다른 사랑은 어떨까? 가족, 친구, 자녀에게 느끼는 사랑은? 바르텔스와 제키는 2004년에 엄마들을 대상으로 앞과 동일한 연구를 진행했다. 생후 9개월 된 아기부터 여섯 살 아이까지 다양한 연령의 자녀 사진을 보여주고 엄마들의 뇌 활성을 fMRI로 확인한 결과, 뇌에서 나타나는 의식과 무의식 영역의 패턴이 사랑하는 연인을 볼 때 나타나는 패턴과 상당히 비슷했다. 아이 사진을 보는 엄마의 뇌에서도 미상핵과 전전두피질이 활성화되고 편도체는 비활성화된 것이다. 연인과의 사랑과 모성애는 둘 다 인간이 생물종으로서 성공적으로 존속하는 데 핵심이라는 점에서 진화적으로 밀접한 연관성이 있으므로 그리 놀라운 결과는 아니다. 그러나 차이점도 발견됐다. 아이 사진을 보는 엄마의 뇌에서는 무의식의 영역 중에서도 모성 행동과 깊은 관련이 있는 중심회색질(PAG)이 활성화된 반면, 연인의 사진을 보는 사람의 뇌에서는 해마와 시상하부가 활성화됐다. 후자의 경우 연인에 대한 애착이 장기적으로 유지되는 데 기억이 중요한 역할을 하고, 시상하부에서 분비되어 성욕을 일으키는 성호르몬이 연인 관계에 반드시 필요하다는 사실을 보여주는 결과다.

요즘은 자녀를 돌보는 일에 아버지도 많이 관여하는 추세지만 부모가 아이에게 느끼는 사랑은 거의 전적으로 모성애에 초점이

맞추어지는 경향이 있다. 그래도 최근 몇 년 사이에 부성애의 과학적 특징에 관한 연구가 관심을 얻기 시작했고, 그 결과 연인 관계에서 지문처럼 나타나는 뇌의 특징적인 활성 패턴은 남녀의 차이가 없지만 부성애와 모성애를 나타내는 뇌의 활성 패턴에는 차이가 있다는 사실이 명확히 밝혀졌다. 이스라엘의 심리학자 시르 아칠Shir Atzil은 2012년에 생후 6개월 된 자녀를 둔 15쌍의 이성 부부를 모집해서 아이가 노는 모습이 담긴 영상을 보는 동안 부부의 뇌 활성을 fMRI 스캐너로 확인했다. 모성애와 부성애에 차이가 있는지 파악하는 것이 이 연구의 목적이었다. 확인 결과 아이 엄마와 아빠 모두 아이 영상을 보는 동안 공감, 그리고 정신화와 관련된 뇌 영역이 활성화되는 것으로 나타났다. 누군가를 신경 써서 돌보려면 상대방이 어떤 기분인지 느끼고 그에 맞게 적절히 대응해야 하며 상대가 무엇을 원하는지 예측해야 하므로 공감과 정신화 기능이 반드시 필요하다. 부모와 자식이 서로 애착을 형성하는 기본 토대이기도 하다. 또한 아이 엄마와 아빠 모두 뇌 활성 패턴에서 자녀에게 강한 애착을 형성하는 신경학적 기능이 발휘된 것으로 나타났다. 애착에 관해서는 3장에서 다시 설명한다.

우리 아이들이 엄마보다 아빠를 더 찾을 때가 있을까요? 뭔가 재밌는 걸하고 싶을 때, 제가 기꺼이 함께하는 일이 생각나면 저를 더 찾는 것 같아요. 자전거를 타고 싶으면 저한테 오거든요. 아내는 저보다 창의적으로 아이들과 놀아줍니다. 퇴근하고 집에 와서 집 안에 물감이며 크레파스가 가득 펼쳐진 걸 보면 이런 생각이 들어요. 와, 진짜 힘들었겠다! – **조지프(4세), 레오(2세)의 아빠 존**

엄마의 뇌와 아빠의 뇌가 확연히 다른 점도 발견됐다. 엄마의 뇌에서 가장 많이 활성화되는 부분은 진화의 역사가 훨씬 오래된 변연계였다. 아칠은 아빠보다 엄마의 뇌에서 이 부분이 더 많이 활성화되는 것은 엄마 역할의 특징, 즉 아이에게 애정을 쏟고 돌보며 키우는 존재임을 나타낸다고 보았다. 아빠의 경우에는 깊이 접혀 있는 뇌의 바깥 표면인 신피질이 활성화됐다. 특히 복합적인 사고와 과제를 해결하고 계획을 세우는 데 필요한 사회적 인지능력과 관련된 영역에 환하게 불이 켜졌다. 이는 엄마가 하는 역할과 별도로 아빠는 아이가 독자적으로 잘 살아갈 수 있도록 아이를 가르치고 격려하는 특별한 책임을 담당한다는 것을 의미할 가능성이 있다. 나는《아버지의 생애》라는 책에서 이에 대해 자세히 다룬 바 있다. 사랑의 진화 과정에 관심이 많은 사람이라면 엄마의 뇌에서는 오래전부터 기능한 부분이 가장 크게 활성화되고 아빠의 뇌에서는 상대적으로 역사가 짧은 신피질이 더 활성화된 이 결과를 보고 모성애와 부성애가 처음 발생한 진화적 시점이 다르다는 의미로 해석할 수도 있다. 모성애는 최초의 파충류에서도 나타날 만큼 역사가 깊지만 인간의 부성애는 길게 잡아야 겨우 50만 년 전에 시작됐다. 이 시기부터 아버지의 역할 중 일부가 뇌의 새로운 영역에 자리를 잡고 고정된 기능이 되었다는 의미다. 또한 부모의 뇌는 엄마와 아빠의 역할이 중복되지 않고 아이에게 느끼는 사랑이 아이의 각기 다른 측면에 중점을 두는 동기로 작용하여 전체적으로 아이의 발달에 필요한 모든 것을 충족할 수 있는 방향으로 진화가 이루어졌다.

엄마가 대체로 아기를 더 많이 보호하고 신경 쓴다면, 아빠는 좀 더 도전적으로 접근하고 밀어붙이는 역할을 한다고 생각해요. 저는 아내가 생각하는 것보다 더 일찍 아이가 혼자 일어설 수 있는지 한번 시도해보도록 했는데, 그런 일 같은 거죠. 경계를 조금 더 넓히는 건 우리 둘 중에 제가 하는 역할인 것 같습니다. **– 재스민(생후 6개월)의 아빠 댄**

피는 물보다 진하다

제가 친구들에게 느끼는 사랑은 가족에게 느끼는 애정이나 감정과 같아요. 동일한 범주에 있지만 크기가 다를 뿐이에요. (제 베스트프렌드인) 닉을 위해서 뭐든 할 수 있지만 내 아들을 위해서라면 닉을 죽일 수도 있어요! 상황에 따라 바뀔 수 있고, 같은 범주라도 세부적인 분류는 다르죠. 그렇지만 같은 종류의 감정이에요. 그만큼 커요. 느끼는 건 같지만 가족을 향한 마음이 더 큽니다. **– 조**

연인에 대한 사랑 및 부모가 자식에게 느끼는 사랑과 뇌 활성에 관한 정보는 넓은 범위의 가족이나 친구에게 느끼는 사랑과 관련된 뇌 활성 정보보다 더 많이 밝혀졌다. 우리가 어떤 관계를 더 중요하게 생각하는지가 이러한 정보의 격차를 만든 것인지도 모른다.

하지만 내 동료 학자인 라파엘 블로다르스키Rafael Wlodarski는 이 분야에 첫발을 내딛자마자 우리 뇌가 친구를 대할 때와 가족, 전문 용어로는 친족을 대할 때 어떻게 반응하는지부터 연구했다.

'볼드BOLD*가 물보다 진할 때가 있다: 사회적 네트워크의 다양한 범위에 속한 친족, 친구에 관한 사회적 정보의 처리'라는 훌륭한 제목을 붙인 그의 논문에는 친분이 비슷한 관계, 즉 1장에서 설명한 사회적 네트워크 체계에서 서로 비슷한 영역에 있는 가족, 친구와의 관계에서 나타나는 뇌 활성을 fMRI로 조사한 결과가 실려 있다.

이 연구에서 라파엘은 총 25명의 여성 참가자를 모집하고 먼저 사회적 네트워크의 각 단계에 해당하는 가족 3명과 연인을 제외한 친구 3명의 세부 정보를 요청했다. 최종적으로는 참가자마다 친구 5명, 가족 5명을 선정하도록 한 뒤 각 참가자의 뇌를 스캔하면서 일부러 고심해야 답할 수 있는 질문을 던졌다. 가령 'X는 추상적인 생각에 관심이 없는 것 같다'라던가 'X는 대체로 다른 사람의 감정을 잘 느낀다' 같은 질문이 주어졌다. 그 결과 가족에 관한 질문에 답할 때보다 친구에 관한 질문에 답할 때 사랑의 의식적인 요소와 관련된 부분, 즉 뇌 바깥층에 자리한 의식과 관련된 영역이더 크게 활성화된 것으로 나타났다. 답을 하는 데 인지적인 노력이 더 많이 필요했다는 의미다. 친구에 관한 질문에 답할 때는 특히 다른 사람이 어떻게 생각하고 행동할 것인지 이해하는 정신화 기능과 관련된 뇌 영역이 크게 활용되었다. 친족에 관한 질문에 답할 때보다 친구에 관한 질문에 답하기 위해 더 깊이 고민하고 친구를 이해하려고 연상도 동원됐다는 의미다. 왜 이런 차이가 생길까? 친족은 이미 관계가 형성된 사람이므로 단번에 믿음이 생긴다. 사

- BOLD는 혈중 산소치 의존 자기공명영상(blood oxygen level dependent imaging)의 약자다 (피는 물보다 진하다는 유명한 말에서 '피'를 뜻하는 영어 단어 blood를 이 연구에 쓰인 기술인 BOLD로 바꾼 문장이다 - 옮긴이).

회적 네트워크에서 똑같이 총 인원이 150명 정도인 영역에 속하고 가족 행사 때 어쩌다 가끔 만날 뿐이어도 가족이 무언가를 부탁하면 친밀도가 비슷한 친구가 부탁할 때보다 더 선뜻 들어줄 가능성이 높고, 부탁을 해야 하는 경우에도 친구보다 가족이 부탁을 들어줄 확률이 더 높다. 친족 간에 오가는 일종의 특별대우다. 이유는 무엇일까? 여러 가지를 생각할 수 있지만, 부분적으로는 유전자가 서로 일치하는 부분이 있으므로 친족을 돕는 건 자신에게 도움이 된다고 인식하는 친족 선택이 일어나기 때문이기도 하고, 가족 네트워크는 내부적으로 얽힌 관계가 워낙 많아서 소식이 금세 퍼지기 때문이기도 하다. 도와달라고 부탁했다가 거절을 당하거나 친족이 도움을 요청했는데 내가 거절했다는 이야기가 할머니 귀에 들어갔다가는 벽돌을 들고 찾아오실지도 모른다!

바르텔스와 제키의 획기적인 연구에서는 오랜 연인 간의 사랑과 모성애의 핵심이 되는 감정, 인지 기능과 더불어 이러한 감정 및 인지 기능과 관련된 뇌 영역에 옥시토신 수용체와 도파민 수용체가 다량으로 존재한다는 사실도 밝혀졌다. 처음 끌린 마음이 사랑으로 바뀐 후에도 이러한 신경화학물질의 기능이 계속 발휘된다는 것을 알 수 있다. 그런데 바르텔스와 제키가 2000년에 발표한 연인 간의 사랑에 관한 연구 논문을 보면 사랑이 장기적으로 지속될 때 작용하는 것으로 추정되는 또 다른 화학적 메커니즘에 관한 내용이 짤막하게 나온다. 지나가는 말처럼 썼지만, 이 논문에서 바르텔스와 제키는 연인을 생각할 때 측정된 fMRI 결과가 코카인이나 헤로인과 동일한 작용을 하는 약물이 투여된 사람들에게서 나타나는 결과와 비슷한 부분이 있다고 밝혔다. 바르텔스와 제키는 특히 전대상피질과 전전두피질의 일부, 미상핵, 조가비핵이 동일하게 활성화된다는 설명과 함께 "연애할 때와 황홀경에 빠진 상태는 신경학적으로 밀접한 연관 가능성이 있다"라는 결론을 내렸다. 그렇다면 사랑에 작용하는 물질이 도파민과 옥시토신 외에 아편제와 비슷한 영향을 발휘하는 물질이 더 있다는 의미일까?

행복을 주는 엔도르핀

내가 영장류 동물학자의 길에 처음 들어선 1990년대 초반에 이 분야에서 가장 뜨거운 논란이 되었던 주제 중 하나는 일부 영장류에서 나타나는 털 손질grooming 행동의 기능이었다. 원숭이가 같은 무리에 속한 다른 원숭이의 털을 이리저리 골라가며 손질을 해주면 손질을 받는 쪽은 눈을 반쯤 감고 정말 행복한 얼굴로 가만히 앉아 있는 모습을 아마 여러분도 본 적이 있을 것이다. 이 행동은 오랫동안 순수하게 위생과 관련된 활동으로만 여겨졌다. 그러다 내가 학위 과정을 시작한 1995년에 이러한 털 손질은 실용적인 행동이 아니라 영장류 집단의 복잡한 사회적 네트워크에서 중요한 기능을 담당할 수도 있다는 의견이 제기됐다. 털 손질이 이루어지는 시점과 손질을 받는 동물을 분석해보면 화해가 이루어지는 시기 및 관계 유지와 털 손질이 연관되어 있으며 서열이 더 높은 동물에게 잘 보이기 위해, 성적으로 바라는 것이 있을 때, 도움이 필요할 때 털을 손질해준다는 사실을 분명하게 알 수 있다. 단순히 털에 기생충이 가장 적을수록 털 손질을 가장 많이 받는 것이 아니라는 의미다. 원래 같은 편이던 두 동물이 갈등을 빚고 한바탕 서로를 공격하고 나면 오랜 시간에 걸쳐 서로 털을 손질해주고, 여러모로 더 우세한 수컷이나 암컷은 자신을 따르는 동물로부터 차례로 털 손질을 받는 경우가 많은 반면, 우위에 있는 동물은 다른 동물의 털을 손질해주지 않는다. 그러다 과학계는 털 손질 행동이 사회적 관계에서 특정한 효과를 발휘하고 윤활유 역할을 하는 이유를 우연히 발견했다.

원래 원숭이에서 베타엔도르핀의 기능에 관한 연구는 수컷의 성적 행동을 파악하기 위한 목적으로 처음 실시됐다. 영장류 동물학자인 폴 멜러Paul Meller의 연구진은 엔도르핀 작용제인 모르핀과 엔도르핀 길항제인 날록손을 활용해서 수컷의 교미 행동에 엔도르핀이 어떤 영향을 주는지 조사해보기로 했다. 작용제는 특정 신경화학물질의 작용을 모방하는 화학물질이고, 길항제는 특정 신경화학물질의 영향을 차단하는 물질이다. 그러므로 이 연구에서 '길항' 작용이란 엔도르핀이 일으키는 큰 쾌감이 차단된다는 것을 의미한다. 그러나 결과가 크게 엇갈리게 나오는 바람에 연구진은 수컷의 성적 행동에 엔도르핀이 어떤 영향을 주는지는 명확히 알아내지 못했다. 그런데 길항제를 투여해서 엔도르핀이 분비되어도 뇌에 아무런 영향이 발생하지 않는 원숭이들이 다른 원숭이의 털을 손질하거나 같은 무리의 다른 동물들로부터 털 손질을 받는 것에 굉장히 집착한다는 사실을 발견했다. 반대로 모르핀이 투여된 원숭이는 털 손질을 받는 것에 아무런 관심을 보이지 않았다. 처음에는 약에 취한 것처럼 한껏 들뜬 기분을 느끼기 위해 털 손질을 받으려고 안달하던 원숭이도 모르핀이 투여되면 그러한 욕구가 충족되어 털 손질을 해줄 원숭이를 찾아다니지 않았다. 멜러는 수컷 원숭이의 성적 행동에 관해 알고 싶었던 결과를 얻지 못해 다소 실망했을지 모르지만, 이 연구로 원숭이가 털 손질을 좋아하는 이유가 밝혀졌다. 털 손질을 받으면 엔도르핀이 분비되어 쾌감을 느낀다는 사실이다.

이후 내가 속한 옥스퍼드대학교의 연구진은 베타엔도르핀이 인간의 장기적 관계가 꾸준히 유지되도록 접착제 역할을 한다는 증거를 찾았다. 베타엔도르핀은 옥시토신처럼 특정한 상호작용이 이루어진 후에 분비됐는지 여부를 침이나 혈액 검체로 확인할 수 있는 물질이 아니라서 연구하기가 까다롭다. 또한 뇌-혈액 장벽을 통과하지 못하는 물질이므로 굉장히 침습적이고 위험도가 높은 척추천자로 얻거나(이런 과정까지 감수하려는 연구 자원자가 많을 리 없다) 값비싼 PET(양전자 방출 단층촬영)를 여러 번 실시해서 뇌에서 실제로 분비되는 베타엔도르핀을 측정해야 한다. 운 좋게도 우리 연구진은 핀란드 알토대학교에서 활동 중인 PET 전문가이자 신경학자인 라우리 누멘마Lauri Nummenmaa 연구진과 협력을 하게 되었고, 베타엔도르핀이 인간의 사회적 상호작용에 정말로 영향을 준다는 사실을 밝혀낼 수 있었다. 더불어 베타엔도르핀의 영향이 애착의 특징과도 연관되어 있다는 사실을 알아냈는데 이에 대해서는 다음 장에서 자세히 다룬다.

2016년에 우리 연구진이 처음으로 발표한 연구 논문에는 오랜 연인 관계에서 베타엔도르핀이 하는 역할에 관한 내용이 담겼다. 이 연구를 위해 우리는 20대 남성 18명을 모집하고 참가자의 동의를 얻어 짧게는 1년부터 길게는 4년 반째 연애 중인 상대가 성기를 제외한 몸 전체를 쓰다듬는 동안 PET를 실시했다. 뇌의 엔도르핀 활성도는 연인의 손길이 닿은 시간과 동일한 시간 동안 스캐너에 가만히 누워 있을 때 측정한 값을 기준으로 삼고, 비교를 위해 처음 만난 다른 남성이 몸을 쓰다듬을 때의 활성도 함께 측정했다. 이성애자인 남성들끼리 굉장히 불편했을 이 접촉은 모두의 동의를 얻어 진행됐다. 우리 연구진은 연인의 손길이 닿을 때와 감정의 동요를 덜 일으키는 신체 접촉이 있을 때 엔도르핀 활성에 큰 차이가 나타날수록 엔도르핀의 영향을 확실하게 알 수 있으리라고 추측했다. 그리고 예상대로 베타엔도르핀은 연인이 쓰다듬을 때 분비된다는 사실을 확인했다. 우리가 찾아낸 첫 번째 증거였다.

과학을 위한 침 뱉기

과학자로 일하다 보면 더러운 일을 해야 할 때가 있다. 2014년에 나는 옥스퍼드대학교의 동료 학자인 에일루네드 피어스Eiluned Pearce, 라파엘 블로다르스키와 함께 영국에서 열린 과학 축제에 가서 오랜 시간 동안 사람들의 침을 모아 오기로 했다. 진지한 목적으로 내린 결정이었다. 우리가 가장 친밀한 관계를 맺을 때, 특히 연인과 함께할 때와 더 넓은 범위의 공동체에 속해 있을 때 도파민과 베타엔도르핀, 옥시토신이 어떤 기능을 하는지 확인하는 것이 우리의 목적이었다. 이전까지 실시된 여러 연구를 통해 이 세 가지 신경화학물질이 우리가 맺는 관계에 핵심적인 역할을 한다는 사실이 밝혀졌고 기본적인 유전학적 기초도 일부 파악되었지만, 세 가지 물질을 하나로 묶어서 유전학적인 특성을 조사하거나 광범위한 사회적 네트워크를 형성하고 유지하는 데 어떤 역할을 하는지를 조사한 연구는 없었다. 그래서 우리는 이 연구를 설계하고 침을 모으기로 한 것이다.

우리는 사회적 행동을 세 가지로 나누어 살펴보기로 했다. 첫 번째는 전반적인 사교성을 의미하는 사회적 성향이고, 두 번째는 양자 관계dyadic relationships*로 우리 연구에서는 연인과의 관계에 해당한다. 세 번째는 공동체에 얼마나 깊이 소속되어 있는지 알 수 있는 사회적 네트워크로 정했다. 먼저 우리는 1000명이 넘는 사람들에게 '과학적인 목적을 위해 침을 좀 뱉어달라'고 부탁하고 다양한 설문지와 활동으로 데이터를 수집했다. 예를 들어 공감 능력을 파악하기 위한 '눈을 보고 마음 읽기 검사'와 자신이 공동체에 얼마나 깊이 속해 있다고 생각하는지를 시각적으로 나타내는 '타인과 나의 심리적 거리 측정 척도' 등을 활용했다. 이 연구에서 우리는 애착의 종류, 공감 능력을 비롯해 가장 친밀한 관계에서 나타나는 사회적 성향이 베타엔도르핀 관련 유전자와 연관성이 있다는 사실을 확인했다. 연인 관계에서는 옥시토신 그리고 베타엔도르핀과 관련된 유전자가 가장 큰 영향력을 발휘하고, 친구가 얼마나 많은지 지역 사회에 얼마나 참여하는지와 같은 사회적 네트워크에는 도파민 관련 유전자가 두드러지게 큰 영향을 주는 것으로 나타났다. 활력을 불어넣는 호르몬인 도파민은 우리가 문 밖으

● 양자 관계란 두 사람이 맺는 관계를 의미한다. 연인 관계인 커플, 부모와 자식, 두 친구의 관계 등이 여기에 해당한다.

로 나가서 세상에 관심을 갖고 참여하고 싶은 열정을 일으키는 것으로 보인다. 하지만 우리가 가장 주목한 부분은 베타엔도르핀이 장기적 관계에 토대가 된다는 것, 특히 종류와 상관없이 오랜 시간 친밀한 관계를 유지하는 데 꼭 필요한 애착과 공감에 영향을 준다는 점이다.

이처럼 침을 모으는 다소 덜 침습적이고(대신 좀 역겹고) 굉장히 저렴한 방법으로 여러 건의 연구를 진행한 끝에 우리는 웃을 때나 다른 사람과 신체를 접촉할 때, 춤을 출 때, 노래할 때, 운동할 때 베타엔도르핀이 분비된다는 사실도 밝혀냈다. 또한 이 모든 활동을 동시에 실시하면 엔도르핀이 전체적으로 대폭 증가한다는 사실도 확인했다. 분비량과 영향은 일곱 배까지 늘어났다. 이러한 결과는 모두 베타엔도르핀이 처음 생겨나고 진화한 이유인 통증 완화와 관련이 있다.

천연 진통제

베타엔도르핀은 인체의 천연 진통제다. 시간이 흐르면서 베타엔도르핀은 사회적 기능 영역에서도 활용되기 시작했다. 대인관계는 장기적으로 이어질 때도 있고 까다로운 일이므로 원래 보상과 스트레스 감소 기능을 가진 베타엔도르핀이 영향을 미치기에 알맞기 때문에 이 같은 변화가 일어났을 가능성이 있다. 이러한 특징을 토대로, 내가 속한 연구진은 사교 활동을 하거나 운동처럼 엔도르핀 분비를 촉진한다고 알려진 행동을 하면 베타엔도르핀의 분비 여부와 상관없이 개개인이 견딜 수 있는 통증의 수준이 달라지는지 평가하는 새로운 연구 방식을 떠올렸다. 그리고 옥스퍼드대학교의 8인승 조정 팀을 대상으로 혼자 노를 젓기 전과 후, 그리고 8명이 한 팀이 되어 노를 젓기 전과 후에 나타나는 통증 내성을 혈압계 커프를 계속해서 부풀리는 방법으로 검사했다. 그 결과 로잉머신(노 젓는 기계 장치)으로 선수가 혼자 노를 젓는 경우에는 신체 운동으로 베타엔도르핀이 분비되어 예상대로 통증 내성이 증가한 것으로 나타났다. 그런데 이보다 더 강력하고 의미 있는 결과는 8명이 함께 노를 저었을 때 각 선수의 통증 역치가 훨씬 더 크게 늘어났다는 것이다. 여러 명이 팀을 이루어 동시에 노를 저으면 각 선수의 베타엔도르핀 분비량이 몇 배나 더 증가했다.

우리 연구진 중에 박사과정 학생 한 명은 또 다른 연구를 실시했다. 에든버러 프린지 페스티벌 기간에 자원자를 모집해서 코미디 공연을 보기 전과 후의 통증 역치 검사를 실시한 연구였다(괜찮은 공연이 맞는지 사전에 확인하고 진행했으리라 믿는다!). 이 연구에서도 예상대로 공연을 보고 나온 후에 참가자의 통증 역치가 높아진 것으로 나타났다. 웃음이 최고의 보약임을 보여준 결과였다.

내 동료인 브론윈 바Bronwyn Barr는 자원자 94명을 대상으로 각자 헤드폰을 쓰고 춤을 추는 실험을 진행했다. 먼저 모든 참가자에게 같은 춤 동작을 가르쳐주고 여러 사람이 함께 동작을 맞춰서 출 때와 다 함께 춤을 추지만 각자 알아서 출 때, 혼자서만 춤을 출 때 각각 어떤 변화가 나타나는지를 관찰했다. 그 결과 춤도 운동이므로 세 가지 상황에서 모두 엔도르핀이 분비되었지만 분비량은 여러 사람이 동작을 맞춰서 함께 춤을 출 때 가장 많은 것으로 나타났다. 동작을 맞춰서 춤을 추면 사회적 유대감도 가장 크게 높아졌다. 브론윈은 이 연구를 확대해서 다시 자원자를 모집하고 동일한 실험을 진행하면서 엔도르핀의 수용체 결합을 막는 길항제인 날트렉손을 사용했다. 날트렉손은 이러한 유형의 연구에서 뇌 스캔이 동원되지 않을 때 가장 많이 활용된다. 맹검법(임상시험에서 안전성과 효과를 확인하기 위해 피험자에게 제공하는 약물은 위약과 실제 약물이 쓰인다. 정확한 결과를 얻기 위해 둘 중 어떤 약물을 제공하는지 피험자 또는 피험자나 실험자 모두에게 밝히지 않는 방식을 맹검법이라고 한다 - 옮긴이)으로 실시된 이 연구에서 참가자 3분의 1은 아무것도 투여받지 않았고(대조군) 3분의 1에는 위약을, 나머지 3분의 1에는 날트렉손을 투여하고 춤을 추도록 했다. 그 결과 날트렉손이 투여된 집단은 통증 내성이 '감소'했고, 대조군은 예상대로 운동 후 분비된 엔도르핀의 영향으로 통증 내성이 증가했다. 브론윈이 먼저 실시한 연구에서 확인된 엔도르핀의 영향이 입증된 결과였다.

> 함께 노래하고, 음악과 관련된 사람들의 이야기를 듣고, 어떤 경우에는 개인적인 요소도 더해져서 강렬한 집단 에너지가 생기는 것이 느껴집니다. 이러한 에너지로 깊은 유대감이 형성되고, 안전한 기분과 소속감이 더욱 커지는 것 같아요…. 믿음이 가는 사람들과 다 함께 노래하는 건 정말 즐거운 일이죠. — 리베카, 합창단원(Pearce, 2016에서 발췌)

위와 같은 연구 결과를 보면, 베타엔도르핀이 사회적 유대를 형성하는 접착제 역할을 한다는 사실, 그리고 다른 사람들과 함께 하는 활동은 사회성과 사랑을 강화한다는 사실을 명확하게 알 수 있다. 두 사람 사이에 형성되는 유대뿐만 아니라 한 팀, 군대, 교회 신도 모임 등 집단 전체의 유대에도 이러한 영향이 나타난다. 실제로 교회 성가대, 행진하는 군인들, 한목소리로 응원 구호를 외치는 축구 팬에 이르기까지 어떤 집단이건 특정 활동이나 예배에서 모두가 동시에 똑같은 동작이나 행위를 하는 것은 어쩌다 우연히 생긴 것이 아니며, 조직에서 중요한 기능을 한다. 이 내용은 9장에서 다시 설명한다.

보편적인 사랑의 화학물질

그렇다면 왜 베타엔도르핀이 인간의 장기적 사랑에 가장 중요한 기초가 될까? 베타엔도르핀은 굉장히 놀라운 화학물질이다. 인체의 천연 진통제이자 소화, 심혈관계와 신장의 기능 조절 등 생명 유지와 관련된 여러 기능에도 반드시 필요하다. 그러나 베타엔도르핀의 역할이 가장 뚜렷하게 나타나는 곳은 뇌다. 뇌 중심부의 변연계, 신피질 표면 등 뇌의 주요 부위마다 베타엔도르핀 수용체가 존재하는데, 이는 두려움이나 사랑과 같은 가장 기본적인 감정부터 신피질에서 담당하는 더 깊은 고민과 더 큰 인지 기능이 필요한 일에도 이 물질이 관여한다는 것을 알 수 있다. 의식적인 기능을 관장하는 신피질의 기능 중에는 우리가 사회적·기술적으로 복잡한 현대 사회를 헤쳐나가는 능력과 이 책에서 다루고 있는 능력, 즉 사랑에 빠지고 사랑을 유지하는 능력이 포함된다. 이처럼 베타엔도르핀은 작용 범위가 광범위하고 대인관계의 미묘하고 세세한 부분을 구석구석 지원하므로 대체로 유대감 형성과 관련된 여러 화학물질 중에서도 최고의 자리를 차지한다.

함께 웃음을 터뜨리고, 다른 사람과 접촉하고, 춤을 추고, 노래하고, 운동을 하는 것처럼 여럿이 함께 즐기는 행동을 할 때 베타엔도르핀이 분비된다는 것은 이 물질이 모든 형태의 사랑에 관여한다는 것을 의미한다. 인간보다 발달 수준이 낮은 포유동물에서는 옥시토신이 충분히 큰 기능을 하지만 인간의 대인관계에서는 옥시토신 하나만으로는 부족하다. 게다가 인체는 시간이 지나면 옥시토신에 내성이 생겨 영향력이 감소한다. 또한 옥시토신이 다량으로 분비되는 상황은 한정적이며 거의 대부분 출산과 모유, 오르가슴 등 생식 활동과 관련이 있다. 그러므로 섹스나 출산과는 무관한 다른 관계에는 영향을 주지 못한다. 친구 관계만 하더라도 대부분 섹스나 출산과는 무관하지만 우리 모두가 잘 알고 있듯이 우정은 개인의 건강과 행복에 연인이나 자녀와의 관계만큼 중요하다.

사랑은 깊은 존중과 이해, 끌림, 상호 감정으로 이루어져요. 서로 주고받는 감정임을 아는 것, 떨어져 있으면 보고 싶고 그리운 마음이 생기는 거죠. 에든버러에 사는 친구들은 자주 만나지 못하지만 그 친구들에게도 같은 마음이에요. 직접 만나고, 부둥켜안고, 함께 있고 싶은 신체적 욕구가 있어요. **- 루이스**

하지만 베타엔도르핀의 강력한 힘은 중독성에서 비롯된다. 베타엔도르핀은 자연적으로 분비되는 물질이지만 헤로인이나 모르핀 같은 아편처럼 작용하므로 다른 사람과의 상호작용으로 이 화학물질이 분비되면 그 효과를 계속, 더 많이 얻고 싶어진다. 베타엔도르핀이 분비될 때 느끼는 따뜻함, 친밀감, 희열, 행복과 같은 멋진 기분에 중독되는 것이다. 사랑하는 사람이 생기고 이처럼 아편제와 같은 영향을 받다가 베타엔도르핀의 농도가 감소하면 다시 그 기분을 느끼고 싶은 갈망이 생기고, 그런 원천을 찾으려고 한다. 즉 다시 관계를 맺으려고 한다. 이러한 특징의 단점은 연인과 이별하면 베타엔도르핀의 영향이 돌연 뚝 끊어지면서 엄청난 금단 현상을 겪게 된다는 것이다. 실연이 신체적으로나 심리적으로 고통스러운 경험인 이유도 이 때문이다. 관계가 유지될 때는 베타엔도르핀 농도가 높게 유지되고 그만큼 이 천연 진통제의 작용으로 기분이 좋은 상태로 지내는 데 익숙해진다. 그러나 그 관계가 끝나면 베타엔도르핀이 기본 수준으로 떨어지므로 그동안 느끼지 못했던 모든 신체적 통증이 갑자기 돌아온다. 베타엔도르핀과 함께 행복감을 주는 화학물질인 옥시토신, 세로토닌, 도파민도 정신 건강에 영향을 주므로 전체적으로 아주 끔찍한 기분을 느끼게 된다.

아기에게 느끼는 사랑

베타엔도르핀이 연인 간의 유대감이나 같은 팀, 군대 구성원 간의 유대감에 바탕이 된다는 것은 거의 확실한 사실이다. 그러나 엔도르핀이 부모와 자녀 사이의 유대감에도 중요하다는 확실한 근거는 최근에야 밝혀졌다. 아디 울머-야니브Adi Ulmer-Yaniv의 연구진은 2016년에 연인 사이나 부모와 자녀 사이에 유대감이 형성될 때 베타엔도르핀과 옥시토신, 그리고 사랑과 관련된 물질 목록에 새로 추가된 스트레스 면역 반응 관련 화학물질인 인터류킨6의 분비에 관한 연구 결과를 학술지 〈뇌, 행동, 면역력Brain, Behavior, and Immunity〉에 발표했다. 이 논문에서 울머-야니브는 소속감, 보상, 스트레스와 관련된 인체 기능이 한꺼번에 작용하여 연인이나 부모 자식과 같은 친밀한 관계에서 애착을 키운다고 주장했다. 잘 알려진 것처럼 옥시토신은 관계 형성에 방해가 되는 영향을 약화하고(소속감), 베타엔도르핀은 중독성 있는 보상감을 제공한다. 인터류킨6은 처음 사랑이 시작되면 겪게 되는 여러 가지 불확실한 요소를 떠올려보면 알 수 있듯이 새로운 유대가 형성될 때 불가피하게 따르는 스트레스와 관련이 있다.

울머-야니브 연구진은 갓 연인이 된 남녀 25쌍과 생후 4~6개월 된 첫아이가 있는 엄마 아빠 115명을 모집하고, 대조군으로 싱글인 사람 25명도 모집했다. 연구진은 상대에 대한 관심을 나타내는 생물학적 지표 물질을 확인하기 위해 참가자들의 혈액 검체를 채취하고, 관계에 관한 설문지 작성을 요청했다. 또한 첫아이를 낳은 엄마와 아빠 참가자들에게는 각각 아기와 10분씩 놀게 하고, 연인들에게는 함께 '최고의 하루'를 보내기 위한 계획을 세워보도록 한 뒤 눈 마주치기, 얼굴에 나타나는 감정, 목소리, 신체 접촉으로 나타나는 긍정적인 유대 행동을 관찰하는 한편 서로 간에 이 행동이 얼마나 동일하게 나타나는지도 조사했다. 분석 결과 연구진은 새로운 유대감이 형성된 부모와 아기, 또는 연인 관계에서 베타엔도르핀과 옥시토신, 인터류킨6의 수치가 모두 싱글인 사람들보다 크게 높다는 것을 확인했다. 부모가 된 사람들은 갓 연애를 시작한 사람들보다 베타엔도르핀과 인터류킨6의 수치가 더 높았고, 옥시토신은 연인 관계에서 더 높게 나타났다. 이 결과는 무엇을 의미할까? 베타엔도르핀이 아기와 부모 사이에 형성되는 장기적 유대관계의 토대가 되는 주요 화학물질이라는 확실한 증거이자 사랑에 빠지는 것보다 부모가 되는 것이 스트레스가 많다(!)는 것을 알 수 있다. 그리고 옥시토신은 단기적 영향력이 상당히 커서 연인 관계가 처음 형성되는 시기에는 농도가 높아지지만, 부모와 자녀 또는 연인의 유대감에 옥시토신 한 가지만 작용하지는 않는다는 점도 알 수 있다.

마이클 리보비츠는 임상학적 관찰을 토대로《사랑의 화학》이라는 책을 썼지만, 이제는 사랑이 헤로인 등의 아편제만큼 중독성이 있고 한 사람의 인생을 쉽게 좌지우지할 수 있다는 사실이 강력한 증거로 뒷받침된다. 헤로인에 빠진 삶은 엉망으로 끝날 수밖에 없지만 사랑과 함께하는 삶에서는 행복과 만족감, 건강을 얻을 수 있다. 다음 장에서 설명하겠지만, 삶의 뼈대가 되는 친구, 연인, 가족과 애착을 형성하고 그것이 우리가 세상으로 나아가 평생 만족감을 느끼고 성공적으로 살아갈 수 있는 단단한 토대가 될 때 사랑의 힘은 비로소 가장 강력하게 발휘된다.

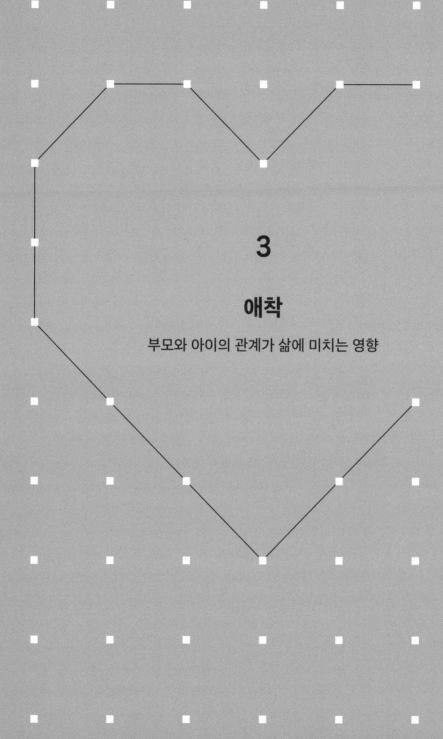

3

애착

부모와 아이의 관계가 삶에 미치는 영향

다음과 같은 상황을 상상해보자. 병원 대기실에 아기와 아빠가 차례를 기다리고 있다. 아기는 장난감을 잠깐 가지고 놀다가 금방 안아달라고 아빠 무릎에 안긴다. 아빠는 수시로 찾아오는 아기를 매번 꼭 안아준다. 잠시 후 할머니 한 분이 지팡이를 짚고 대기실로 천천히 들어온다. 아기는 아빠가 어떻게 반응하는지 보려고 아빠의 얼굴을 살핀다. 아빠가 평온하다는 것을 확인하자, 아기는 할머니가 위험한 사람이 아니라고 판단하고 안심한다. 마음을 놓은 아기는 다시 장난감을 갖고 논다. 접수처에서 아빠 이름을 부르자 아빠는 아기가 모양 맞추기 장난감에 완전히 몰두한 것을 확인하고 진료실로 향한다. 아기는 고개를 들었다가 아빠가 앉아 있던 의자가 비어 있는 것을 보고는 자신을 안전하게 지켜주던 아빠가 사라졌다는 사실을 깨닫고 갑자기 울음을 터뜨린다. 아빠는 얼른 달려와서 아기를 번쩍 들어 올리고 이보다 더 중요한 일은 없다는 듯 아기를 꼭 안아준다. 그리고 아기를 단단히 껴안은 채 진료실로 간다.

전 세계 모든 부모에게 아주 익숙한 이 풍경은 인간이 맺는 가장 강력한 관계의 핵심을 잘 보여준다. 아기는 시각적으로, 그리고 신체 접촉을 통해 아빠의 존재를 계속해서 확인하고 아빠에게 의존해서 자신이 속한 환경이 안전한지, 어떤 반응을 보여야 하는지 판단한다. 아빠와 헤어지면 물리적 통증이 생긴 것처럼 고통스러워한다. 아기는 이 관계에서 얻는 안전하다는 느낌 속에서 세상을 탐험할 수 있는 자신감을 얻는다. 아이와 아빠 사이에 형성되는 이러한 유대를 애착이라고 한다. 특징적인 감정과 행동을 보이는 이 애착이 사랑을 객관적으로 평가할 수 있는 유일한 척도라고 주장하는 사람들도 있다.

저는 제 아이들에게 가장 강렬한 사랑을 느낍니다. 아이들을 위해서라면 정말로 뭐든지 할 수 있어요. 아이들을 잃거나 아이들이 다친다는 생각만으로도 진짜 아픈 것처럼 몸에 통증이 느껴져요. – 킴

이번 장에서는 애착의 개념을 설명한다. 애착이란 우리가 느끼는 가장 강력한 사랑의 바탕이 되는 깊고 강한 심리적 상태다. 심리학자들은 이 애착이 사랑을 객관적으로 평가하는 유효한 지표가 될 수 있다고 본다. 먼저 엄마와 아이 사이에 형성되어 생존에 중요한 기능을 하는 애착을 중점적으로 연구한 존 볼비John Bowlby 와 메리 에인스워스Mary Ainsworth의 선구적인 성과를 살펴보면서 애착이 어떻게 시작되는지 설명하고, 엄마와 아이 사이에 형성된 애착관계의 특징이 어떻게 다른 모든 애착관계를 구축하는 기초가

되는지 알아본다. 그리고 애착의 개념이 연인과 같은 상호관계로 어떻게 확장되는지도 살펴본다. 서로 애착을 갖는 상호관계에서는 두 사람 모두 그 애착이 주는 안정감을 누리고, 이를 토대로 세상에 나아가 각자가 가진 최고의 장점을 발휘하게 된다. 사람마다 애착의 유형이 다른 이유를 알아보기 위해 선천적 요인과 후천적 요인을 비교하는 해묵은 논쟁도 살펴볼 것이다. 또한 사랑이 인간의 생존과 행복에 핵심이 된다는 사실을 가장 잘 보여주는 생물행동학적 동시성biobehavioural synchrony에 관해서도 설명할 것이다.

애착 이야기

일생에서 애착관계가 형성되는 경우는 드물다. 애착은 20세기 초중반에 정신의학자 존 볼비가 처음 발견한 이후 1970년대에 들어 발달심리학자인 메리 에인스워스의 연구로 더욱 상세히 밝혀졌다. 애착이란 시간이 흐르고 멀리 떨어져 있어도 유지되는 강렬한 정서적 유대감으로 정의할 수 있다. 특정한 사람과 어떻게든 가까이 있고 싶은 감정이 애착의 핵심이지만 상대가 반드시 똑같이 느껴야 하는 것은 아니다. 볼비는 엄마와 아이 사이의 애착을 연구하면서 처음으로 이 현상에 관심을 갖게 되었다. 그가 처음 연구를 시작할 때만 해도 아이가 엄마와 계속 붙어 있으려고 하는 이유는 먹을 것을 얻기 위해서라는 생각이 지배적이었다. 하지만 볼비는 아이가 엄마와 분리되면 엄청나게 괴로워하며, 다른 사람이 돌봐주거나 먹을 것을 줘도 그러한 고통이 해소되지 않는다는 사실을 발견했다. 엄마와 아이의 유대에 뭔가 특별한 것이 있다는 의미였다. 아동 정신의학자로 활동하며 연구를 이어간 끝에, 볼비는 엄마와의 애착관계가 불안정한 아이는 정서 발달과 행동 발달에 큰 문제가 생길 수 있음을 알게 됐다. 또한 아이가 애착을 느끼는 대상이 아이를 세심하게 돌보고 보살필 때 아이는 보호받는 기분, 안전함, 편안함을 느끼고, 이는 아이가 건강하게 발달해서 생존할 확률을 높이는 요소라는 사실을 밝혀냈다. 애착관계가 인생의 기초가 된다는 것을 알아낸 것이다.

이후 애착의 개념은 엄마와 아이의 관계를 넘어 부자 관계, 연인 관계, 절친한 친구 관계, 그리고 다음 장에서 살펴볼 인간과 반려동물의 관계로까지 확장됐다. 애착관계는 우리의 심리와 행동에 영향을 준다는 점, 그리고 우리가 애착관계에서 가장 깊고 강한 사랑을 경험한다는 점에서 특별한 의미가 있다. 애착은 어릴 때는 발달에, 성인이 되면 건강과 행복에 영향을 주며 한 사람의 인생을 만든다. 우리가 애착관계를 찾고 유지하려고 하는 만큼 애착은 생물학적, 심리학적, 문화적으로 가장 강력한 영향력을 발휘한다. 사람마다 애착을 형성하는 방식은 제각각 다르다. 따라서 사랑의 경험이나 사랑의 행동에도 차이가 있다. 지금부터 그 내용을 살펴보기로 하자.

애착의 종류

내가 지금까지 경험해본 가장 강렬한 사랑은 남자친구에게 느끼는 사랑이에요. 가족들도 저를 사랑하지만 그건 항상 그대로인 사랑이죠. 남자친구와 함께 있을 때면 사랑이 계속 커지는 것 같고, 엄청나게 큰 행복을 느낍니다. 내가 느끼는 사랑이 너무 커서 거의 압도당하는 기분마저 들어요.

—타스민

개인이 경험하는 애착의 특성은 두 가지 요소에 의해 좌우된다. 바로 회피와 불안이다. 관계를 회피하는 정두와 관계에서 느끼는 불안감, 특히 버려질 수 있다는 불안감의 정도에 따라 애착의 특성이 달라지고, 그 특성은 행동과 신념으로 나타난다. 연인 간에 형성되는 애착은 네 가지로 나뉜다. 안정형 애착과 집착적 애착, 두려움 회피 애착, 거부 회피 애착. 안정형 애착을 형성하는 사람은 회피도와 불안정성이 모두 낮고 물리적, 정서적으로 친밀해지는 것을 매우 편안하게 받아들이며 그러한 관계에서 힘을 얻는다. 반면 집착적 애착은 불안감이 높고 회피도는 낮다. 이들은 자신이 맺고 있는 관계를 걱정하는 데 많은 시간을 보내고, 무엇보다 연인이 자신을 떠나면 어쩌나 크게 염려한다. 그리고 이 불안감을 해소하기 위해 연인과 가능한 한 가까운 거리를 유지하려고 한다. 흔히 '매달린다'라고 표현하는 면이 나타나는 것이다. 불안감과 회피도가 모두 높은 사람은 두려움 회피 애착관계의 특성을 보인다. 버려질 수 있다는 두려움이 크다는 점은 집착이 강한 사람들에게서도 나타나는 공통점이지만, 이들은 상처받지 않기 위해 아예 어떠한 관계도 맺지 않으려 하거나 관계를 맺더라도 너무 가까워지지 않으려고 한다. 거부 회피 애착은 불안감이 낮고 회피도가 높은 사람들에게서 나타난다. 나는 이런 사람들이 섬과 비슷하다고 자주 설명하곤 한다. 대체로 연애에 관심이 없고 연인 관계를 시작하거나 유지해야겠다는 의지도 없는데, 누군가와 친해지는 것이 두려워서 이 같은 거부 회피 애착관계를 맺는 사람들도 있다.

이런 종류까지 꼭 알아야 할까? 연구자의 입장에서는 이러한 정보가 연구 참가자들에게서 나타나는 심리와 행동을 파악하는 기본적인 틀이 되고, 참가자의 생각과 행동이 유전학적으로, 발달적으로, 또는 다른 어떤 기반에서 나온 것인지 실증적으로 이해하는 데 도움이 된다. 불안정한 애착관계가 인생에 부정적인 영향을 주는 경우도 있으므로 원인을 알면 도움이 될 만한 방법을 찾을 수도 있다. 하지만 애착의 유형을 알아야 하는 더 중요한 이유는, 대인관계가 순탄하지 않은 사람에게 이러한 정보가 유용하게 쓰일 수 있기 때문이다. 다른 사람과 어떤 종류의 애착관계를 맺고 있는지 알면, 사랑을 할 때 어떻게 느끼고 행동하는지 알 수 있고 왜 지금까지 항상 관계가 나쁘게만 끝났는지 원인을 찾아서 바꿔보려는 노력을 시작할 수 있다.

애착 유형은 영원히 고정되지 않는다. 현재 애착관계를 맺는 방식이 어디에 뿌리를 두고 있느냐에 따라 능동적으로 바꿀 수 있다. 알맞은 상대를 선택하는 것과 같은 간단한 방법으로도 바뀔 수 있다. 나는 남편을 처음 만났을 때 집착적인 애착을 보였다. 남편은 안정적인 사람이고, 나는 그의 확고한 행동을 보면서 버려질 수 있다는 내 걱정이 근거 없는 두려움이라는 사실을 점차 깨달았다. 그렇게 23년째 함께하는 동안 나도 안정적인 사람이 되었다. 이보다 훨씬 힘들게 노력하고 뚜렷한 목표를 정해야 애착 방식을 바꿀 수 있는 경우도 있다. 자의식을 굳건하게 키우고 선천적인 성향을 이겨내야 할 수도 있고, 애착관계 전문가의 도움을 받아서 문제의 전조가 되는 요소를 해결하거나, 강도 높은 행동학적·심리학적 치료를 받아야 할 수도 있다. 강연을 다니다 보면 준비해온 슬라이드를 띄우자마자 자신의 애착 유형부터 찾아내려고 하는 사람들도 있다. 그들에게 늘 하는 말이지만, 어떤 유형이든 틀린 건 없으며 모두 장점이 있다. 가령 집착적인 애착관계를 형성하는 사람들은 관계를 유지하기 위해 매우 세심하게 신경 쓰고, 거부 회피 애착을 보이는 사람들은 굉장히 독립적이다. 또한 어떤 유형이든 아무 불만이 없다면 문제될 것도 없다.

생애 최초의 애착관계

제가 가장 강력한 사랑을 느끼는 건 제 아이들입니다. 크기를 가늠할 수도 없고 말로 표현하기도 어려울 만큼 큰 사랑이에요. 저는 아이들을 제 몸의 일부처럼, 제 영혼처럼 사랑합니다. ─ 셰이머스

연인 사이에 형성되는 애착관계는 성인기의 건강과 행복에 중요한 영향을 미친다. 그러나 아주 어렸을 때 한 명 이상의 양육자에게 느낀 애착이 모든 애착관계의 중심을 이룬다. 이 첫 번째 사랑이 미래의 모든 사랑을 만들고, 이 최초의 애착관계에서 다른 모든 애착관계가 생겨난다. 태어나 처음 느끼는 애착도 연인과의 애착관계처럼 네 가지로 나뉜다. 안정형, 회피형, 저항형, 혼란형 애착이다. 첫 애착을 파악하려면 생후 18개월경에 형성되는 애착에

어떤 특징이 나타나는지 알아야 하지만 아기에게 지금 어떤 생각을 하고 있고 어떤 느낌인지 직접 물어볼 수는 없는 노릇이다. 그래서 발달심리학자 메리 에인스워스는 '낯선 상황Strange Situation'이라고 이름 붙인 특별한 실험 상황에서 양육자(대부분 부모)와 아이가 어떤 상호작용을 하는지 관찰했다. 이 '낯선 상황'에서 아이와 엄마, 낯선 사람(대부분 연구자가 낯선 사람의 역할을 한다) 사이에 어떤 상호작용이 일어나는지 연속적으로 관찰해서 아이와 엄마 사이에 형성되는 애착의 특징을 파악하는 것이다.

실험은 장난감이 있는 방 안에서 진행된다. 이 방에 설치된 유리를 통해 바깥에서 내부를 관찰할 수 있다. 실험 첫 단계에서는 아이와 엄마가 방에 들어와 아이가 혼자서 장난감을 탐색하게 한다. 몇 분 뒤에 낯선 사람이 들어가서 엄마와 이야기를 나누기 시작한다. 그러다 이 낯선 사람이 아이와 소통을 시도하고, 엄마는 밖으로 나간다. 몇 분 뒤에 엄마가 다시 방에 들어와서 필요하면 아이를 달래준 다음 낯선 사람과 엄마가 함께 나간다. 다시 몇 분 뒤에 낯선 사람만 방으로 돌아와 아이와 소통을 시도한다. 마지막으로 엄마가 돌아와 아이와 재회한다. 이 실험에 낯선 사람이 포함되는 이유는 아이에게 겁을 주기 위해서가 아니라 아기가 누구에게나 애착을 보이는지, 아니면 엄마에게만 애착을 보이는지 확인하기 위해서다.

관찰자는 아이가 방 안을 혼자서 탐색하는 범위가 어느 정도인지, 엄마와 다시 만났을 때 어떻게 반응하는지를 중점적으로 살펴본다. 이 관찰 결과에 따라 아이가 느끼는 애착은 위에서 말한 네 유형 중 하나로 분류된다. 엄마와 안정적인 애착관계를 형성한 아이는 엄마가 곁에 있을 때 방 안을 즐겁게 돌아다니고 엄마에게 함께 놀자고 조르기도 한다. 불안하면 엄마에게 돌아와 안긴 다음에 다시 탐색을 재개한다. 엄마가 방에서 나가면 당황하지만 엄마가 다시 올 것이라 확신하므로 스스로 진정하고, 엄마가 다시 나타나면 금세 즐거워하며 안심한다. 이러한 아이들은 엄마가 자신이 필요로 하는 것을 채워준다는 것을 알기 때문에 세상을 자신감 있게 탐색하고 안심할 수 있는 방법을 찾아서 시도하는 등 적절하게 반응한다. 따라서 중심이 안정적이다.

회피형 애착을 보이는 아이는 이와 달리 정서적으로나 물리적으로 엄마와 굉장히 독립적이다. 방 안을 조금도 돌아다니지 않고, 엄마가 자신을 도와주거나 달래주리라 기대하지도 않으므로 엄마가 밖으로 나가도 동요하지 않는다. 낯선 사람보다 엄마를 더 좋아하는 모습도 볼 수 없고 엄마가 돌아오면 모른 척하거나 적극적으로 엄마를 피한다.

저항형 또는 양면형 애착을 보이는 아이는 엄마가 어디 가면 어쩌나 걱정하느라 엄마와 떨어지지 않으려 하고 위험을 감수해야 하는 상황이 되면 긴장한다. 이런 이유로 방 안을 탐색하지 않는다. 또한 낯선 사람을 경계하고 엄마가 밖으로 나가면 굉장히 괴로워한다. 엄마가 돌아오면 자신을 두고 간 것에 대해 엄마에게 크게 화를 내거나 분개하며, 엄마가 아무리 달래주어도 거부하는 반응을 보이기도 한다.

혼란형 애착을 보이는 아이는 일정한 패턴이 나타나지 않고 회피형 애착과 저항형 애착의 중간쯤 되는 반응을 보인다. 엄마의 의도와 상관없이 엄마를 겁내고, 그래서 매우 혼란스럽고 불안해하는 모습을 보이는 경향이 있다. 네 가지 애착 유형 중에서 행동이나 발달에 문제가 생길 확률이 가장 높은 것이 이러한 혼란형 애착이다. 방치되어 자란 아이들에게서 많이 나타나는 애착 유형이기도 하다.

아마 모든 부모가 아이를 보육 시설이나 학교에 처음 데려다주고 돌아섰을 때 위와 같은 상황을 겪었으리라 확신한다. 우리 집두 딸도 내가 뒤돌아서 가면 이내 울음을 터뜨려서 속상하게 만들어놓고 내가 시야에서 사라지면 울음을 뚝 그치곤 했다(다들 알겠지만 나도 유치원 문틈으로 몰래 지켜봤다). 하지만 다시 만났을 때 좋아하는 모습을 보면서 아이를 놓고 돌아설 때마다 내가 느끼던 스트레스도 차츰 사라졌다. 이와 같은 애착 행동은 부모와 아이 사이에형성되는 유대감에 그대로 스며든다.

아빠가 주는 안정감과 도전 과제

연인 간의 애착은 성별이나 성적 취향sexuality에 상관없이 동일하지만 아이가 아빠와 형성하는 애착은 엄마와 형성하는 애착과 분명한 차이가 있다. 2장에서 자녀의 모습이 담긴 영상을 볼 때 엄마와아빠의 뇌 활성에 차이가 있다고 설명한 내용을 기억할 것이다. 이차이는 아이와 엄마, 그리고 아이와 아빠 사이에 형성되는 애착의특성과 관련이 있다. 엄마가 아이에게 느끼는 애착은 아이를 돌보고 안전하게 보호하려는 마음에서 비롯되며 둘 사이에는 내향적이고 독점적인 애착관계가 형성된다. 아빠가 아이에게 느끼는 애착은 아이를 키우고 안전하게 보호하려는 마음에서 비롯되는 것까진 동일하지만 여기에 도전이라는 요소가 더해진다. 즉 아빠는 아이의 시선이 세상을 향하도록 하므로 내향적이기보다는 외향적인 애착관계가 형성된다. 아이에게 '자, 이게 세상이야. 나는 너에게 이 세상에서 어떤 문제에 부딪히더라도 극복하고 잘 살아가는 데 필요한 지식과 기술을 가르쳐줄 거야'라고 이야기하는 것과 같다. 그러므로 아빠와 아이의 상호작용에서는 발달 과정의 각 단계를 나누는 경계를 넘어서게 하려는 경향이 나타난다. 아이와 시끌벅적하게 몸싸움을 하고 뒹굴면서 노는 모습이나 아이가 좀 더 크면 팀스포츠를 하는 아빠들을 생각해보면 알 수 있다. 또한 아이가 도전하고 위험을 감수할 수 있는 요소에 노출시켜 정신적·육체적 회복력을 키워주려고 한다. 아이와 아빠 사이에 애착관계가 안정적으로 형성되면 아이는 이런 상황에 놓이더라도 너무 힘들다고 느낄 때마다 언제든 아빠에게 안겨서 안심할 수 있다. 물론 모든 아빠가 격렬하게 놀아주거나 팀 스포츠를 좋아하는 건 아니다. 아이에게 책을 읽어주거나 자연 속에서 아이와 함께 걷는 쪽을 선호하는 아빠도 있다. 아이와 뒹굴면서 노는 것은 대부분 서구 사회에서 흔히 볼 수 있는 현상이고, 근로 문화의 특성상 아빠가 집에 없는 시간이 많고 늘 시간이 부족한 현실 속에서 아이와 단시간에 가까워지는 일종의 지름길로 활용되어왔다. 시간 여유가 있는 아빠는 그보다 덜 직접적인 방식으로 아이와 유대를 쌓는다. 하지만 내가 《아버지의 생애》에도 썼듯이 아빠가 아이와 함께 보내는 시간을 자세히 들여다보면 방식은 다를 수 있지만 공통적으로 아이가 발달 단계의 다음 순서로 얼른 넘어가도록 독려하고 바깥세상을 보여주려는 시도가 나타난다.

아빠와 아이 사이의 유대감을 평가하는 방법에도 이처럼 아이와 아빠, 아이와 엄마 사이에 형성되는 애착에 차이가 있다는 사실이 반영된다. 즉 '낯선 상황'을 연출하는 대신 '위험한 상황'을 만들어서 엄마와의 애착관계와 달리 아빠와의 애착관계에서 나타나는 도전 요소를 파악한다. 대니얼 파케트Daniel Paquette와 그의 동료 학자인 마크 비그라스Marc Bigras는 아이가 어렵다고 느끼는 두 가지 '위험한 상황'을 고안했다. 하나는 '낯선 상황'처럼 낯선 사람이 등장하는 사회적 위험 상황이고, 다른 하나는 계단을 활용하는 물리적 위험 상황이다. 이 평가에서는 아이가 방과 낯선 사람을 어떻게 탐색하는지, 계단 앞에서 어떻게 대처하는지 관찰한다. 아이는 아빠가 정한 규칙을 받아들이는가? 자신의 안전이 어떻게 될지 모르지만 일단 계단을 올라가보려고 하는가? 아니면 적극적으로 피하려고 하는가?

애착이 안정적으로 형성된 아이는 대니얼과 마크가 고안한 이 실험에서 자신 있게 주변 환경을 탐색하고 낯선 사람과 소통하지만 위험성도 적당히 느낀다. 계단을 탐색할 때는 아빠가 정한 규칙을 전부 따른다. 반면 저항형 또는 양면형 애착이 형성된 아이는 아빠와 물리적으로 가까운 거리를 유지하려고 하고, 낯선 사람과 계단은 너무 위험하다고 판단해서 탐색하지 않으려고 한다. 회피형 애착이 형성된 아이는 낯선 사람과 계단을 무모하게 탐색하고 아빠가 정한 규칙을 따르지 않는다. 이러한 아이들은 매우 극단적인 수준까지 신체 위험을 감수하려는 경향이 나타난다. 혼란형 애착이 형성된 아이는 '낯선 상황'이 제시되는 실험에서와 마찬가지로 일정한 행동 패턴이 나타나지 않는다.

뇌의 구성

아이들에게 가장 강한 사랑을 느낍니다. 아이가 (마침내) 잠이 드는 순간, 나를 바라보며 미소 짓는 얼굴을 보면 아, 내가 이 아이들을 만들었구나, 하는 생각이 들어요. − 빌

아이가 부모나 양육자와 형성하는 생애 최초의 애착이 이후 인생에서 만나는 모든 관계에 그토록 큰 영향력을 발휘하는 이유는 무엇일까? 인간의 발달 특성에서 그 이유를 찾을 수 있다. 1장에서 설명한 대로 인간은 머리가 좁디좁은 산도를 통과할 수 있는 시기에 맞춰 너무 일찍 세상에 나온다. 머리가 너무 큰 데다 다리도 2개니 두 배로 힘들고, 태어난 후에도 뇌가 충분히 성장하려면 상당한 시간이 걸린다. 출생 후 첫 2년 동안 뇌에서도 빠르게 성장하는 핵심적인 영역 중 하나가 사회적 지능을 관장하는 전전두피질이다. 연구 결과 이 전전두피질의 발달에는 양육 환경이 특히 민감하게 영향을 미치는 것으로 나타났다.

이스라엘의 신경과학자 에얄 아브라함Eyal Abraham과 탈마 헨들러Talma Hendler, 오르나 재구리-샤론, 루스 펠드만은 부모의 뇌 구조와 양육 행동이 아이의 정서적·사회적 발달에 어떤 영향을 미치는지 조사했다. 연구진은 먼저 부모의 뇌에서 주요 영역 세 곳을 선별하여 신경 연결의 밀도를 확인했다. 감정을 조절하고 위험성

을 평가하는 변연계, 다른 사람의 감정과 기분을 이해하는 공감 영역, 다른 사람의 행동을 예측하는 정신화 영역이 그 세 곳으로, 모두 양육과 효과적인 사회적 상호작용에 중요한 기능을 한다. 자녀의 주 양육자인 이성애자 엄마 25명과 동성애자 아빠 25명을 모집하여 조사한 결과, 연구진은 아이의 주 양육자가 엄마건 아빠건 상관없이 부모의 행동과 신경 구조를 통해 아이가 가족의 테두리를 벗어나 처음으로 독립하는 곳인 유치원에서 사회적 환경을 얼마나 잘 탐색하는지 예측할 수 있다는 사실을 알아냈다. 신체 접촉, 아이를 위로하는 간단한 말, 아이를 향한 눈길처럼 가장 기본적인 양육 행동이 아이가 기쁨과 같은 단순한 감정을 조절하는 능력에 토대가 된다는 점도 밝혀졌다. 나아가 유아기에 부모와 아이의 생물학적 동시성이 어느 정도인지에 따라, 즉 부모와 아이의 행동학적·생리학적 측정치 및 유대감 형성과 관련된 호르몬의 동시성(아래에서 다시 상세히 설명한다)에 따라 아이가 좌절이나 분노 같은 보다 복잡한 감정에 얼마나 잘 대처하는지 예측할 수 있는 것으로 나타났다. 또한 부모가 온화하고 긍정적이지만 아이를 적절히 통제하고 사회적 규칙에 맞는 경계를 설정한 경우 아이는 유치원 환경에서 사회성이 원만하게 발달하는 것으로 확인됐다.

그런데 행동학적인 연관성이 명확히 확인된 것에 그치지 않고, 아이의 사회적 인지능력과 사회적 행동도 부모의 뇌 구조와 관련이 있다는 놀라운 사실이 밝혀졌다. 부모의 뇌에서 감정을 담당하는 영역인 변연계에 회색질과 백색질의 밀도가 높을수록 아이가 전반적으로 더 긍정적이고 단순한 감정을 스스로 진정시킬 줄 알며 사회적 참여도도 높은 것으로 나타났다. 뇌의 공감 영역에 회색질과 백색질의 밀도가 더 높은 부모에게서 태어난 아이는 긍정적인 것까지는 동일하지만 훨씬 복잡한 반응을 통해 강한 감정이나 부정적인 감정을 조절할 줄 아는 것으로 확인됐다. 그리고 뇌 정신화 영역의 회색질과 백색질 밀도가 높은 부모에게서 태어난 아이는 사회성이 더 높고 어른의 요청을 더 잘 이해하고 따르며 다른 사람과 기꺼이 나누거나 남을 돕고 위로하려는 경향이 나타났다. 더욱 놀라운 사실은 부모 뇌의 변연계와 공감 영역을 구성하는 신경 연결의 밀도가 유치원에 다닐 나이가 된 아이의 체내 옥시토신 농도와도 연관성이 있다는 것이다. 그러므로 부모의 뇌와, 부모와 아이 사이에 형성된 애착관계의 특성이 아이가 경험하는 사랑을 비롯한 아이의 정서와 행동 발달에 물리적 기반이 된다는 것을 알 수 있다.

'아가, 다 그렇게 키워져서 그런 거야'

위와 같은 연구 결과를 보면 아이가 부모에게 느끼는 애착의 특성에 가장 큰 영향을 미치는 것이 발달 환경임을 알 수 있다. 특히 생후 첫 2년 동안의 발달 환경이 중요하다. 일란성 쌍둥이와 이란성 쌍둥이를 대상으로 부모와의 애착관계에서 나타나는 유사성과 차이점을 조사한 여러 연구들이 이를 입증하고 있다. 쌍둥이 연구는 특정 행동이 유전자와 환경 중 어느 쪽의 영향을 받은 것인지 판단하는 귀중한 수단이 된다. 인간의 양육처럼 복잡한 행동은 그 행동에 기반이 되는 유전자가 아직 밝혀지지 않은 경우가 많기 때문에 쌍둥이 연구는 더욱 유용하다.

유전적인 요소에 큰 영향을 받는 행동이라면 유전학적으로 동일한 일란성 쌍둥이는 유전학적인 유사성이 일반적인 형제자매와 같은 이란성 쌍둥이보다 그 행동에서 더 비슷한 특징이 나타날 것이라 예상할 수 있다. 반대로 환경의 영향을 크게 받는 행동이라면 양육 환경이 동일할 경우 일란성 쌍둥이와 이란성 쌍둥이의 행동에 차이가 없어야 한다. 2004년에 마리안 바커만스-크라넨뷔르흐Marian Bakermans-Kranenburg가 이끄는 네덜란드 연구진은 유효성이 충분히 검증된 쌍둥이 연구를 통해 아동의 애착 특성에 유전적인 영향과 환경의 영향이 어떻게 작용했는지 확인한 초창기 연구 중 한 건을 진행했다. 연구진은 일란성 쌍둥이 21쌍과 이란성 쌍둥이 35쌍으로 구성된 총 56쌍의 쌍둥이를 모집하고, 부모에게 쌍둥이 자녀와 아버지의 애착관계에서 나타나는 특성을 묻는 설문지를 작성하도록 했다. 분석 결과 일란성 쌍둥이와 이란성 쌍둥이 모두 자신의 쌍둥이 형제와 애착 특성이 동일한 정도가 비슷한 것으로 확인됐다. 아동기의 애착에 유전자가 미치는 영향은 미미하다는 의미다. 아이의 애착 특성에 가장 큰 영향을 미치는 요소는 쌍둥이 형제가 공통적으로 살아가는 환경으로, 59퍼센트가 이 환경에 영향을 받는 것으로 나타났다. 아이와 부모의 성격에 따른 상호작용이 양육 환경에 미치는 영향처럼 부모와 자식 사이에 형성되는 유대감에 따라 달라지는 환경 요소에 영향을 받는 비율은 그보다 낮은 41퍼센트였다. 크라넨뷔르흐 연구진이 '낯선 상황' 기법을 활용해서 엄마와 아기를 대상으로 아기의 애착을 보다 구체적으로 평가한 다른 연구에서도 동일한 결과가 나왔다. 또 네덜란드와 영국에서 일란성 쌍둥이 57쌍, 이란성 쌍둥이 81쌍으로 구성된 총 136쌍의 쌍둥이를 대상으로 조사한 연구에서도 유전적인 영향은 미미한 수준이며, 쌍둥이 형제의 공통적인 환경과 두 형제가 각각 경험하는 특이적인 환경 요소가 애착 특성에 가장 큰 영향을 주는 것으로 나타났다.

10대 청소년의 유전자

청소년기는 큰 변화가 일어나는 시기다. 호르몬의 변화가 크고, 뇌에서는 신경 연결이 끊어지거나 재배치되고, 학교에서는 갑자기 공부가 굉장히 진지한 문제로 떠오른다. 그리고 일차적인 애착관계가 부모에서 친구들과의 관계로 바뀌기 시작한다. 이 변화는 가족을 벗어나 자율적이고 독립적인 존재가 되어가는 과정이라는 점에서 중요한 의미가 있다. 자녀와 부모의 애착관계에 영향을 주는 요소도 어린아이일 때 나타나는 애착 특성에 기반이 되는 요소와는 확연히 달라진다. 런던에서 활동해온 심리학자 패스코 피어론Pasco Fearon은 2014년에 15세 전후의 쌍둥이 총 551쌍을 대상으로 애착 특성을 조사했다. 연구진은 일란성 쌍둥이 288쌍, 이란성 쌍둥이 261쌍으로 구성된 이 참가자들과 한 시간 동안 체계화된 인터뷰를 실시하고 부모와의 현재 관계를 파악했다. 이때 연구진은 질문이 주어졌을 때 아이들이 언어로 표현하는 반응과 비언어적 반응을 모두 평가했다. 질문에는 각각의 아이들에게서 나타나는 애착의 인지적 특성과 행동학적 특성을 모두 확인할 수 있도록 감정이 상했던 일, 질병·분리·상실 등 여러 가지 상황이 반영되었다. 그 결과 일란성 쌍둥이끼리는 애착 특성이 비슷한 경우가 44퍼센트였고, 이란성 쌍둥이는 33퍼센트에 그쳤다. 같은 일란성 쌍둥이라도 유아기 때 나타나는 것과는 확연히 다른 결과로, 유전학적 영향이 크게 작용했음을 알 수 있다. 추가 분석에서는 안정적인 애착과 불안정 애착(집착형, 거부형, 혼란형)의 각각 38퍼센트, 35퍼센트가 유전학적 영향을 받는 것으로 확인됐다.

왜 이런 차이가 나타날까? 부모와 아이의 관계가 발전하고 서로 상대의 성격을 알게 되면 부모가 아이에게 주는 영향은 아이 개개인의 특징에 맞추어지는데, 이 과정에서 아이의 유전학적 특징이 일정 부분 영향을 미친다. 유전자가 영향을 발휘하고 공통 환경, 즉 부모가 아이들을 같은 환경에서 키우는 것은 영향을 덜 미친다. 아이가 자라면서 부모에게 느끼는 애착에 인지적 요소가 더 많이 반영된다는 점도 고려해야 한다. 즉 부모의 행동에 큰 영향을 받기보다는 스스로 숙고해서 부모와의 관계를 논리적으로 바라보고 구축하게 될 가능성도 있다. 정확한 이유는 아직 확실하게 밝혀지지 않았지만, 이와 같은 연구 결과를 보면 애착은 유동적인 개념이며 생애 단계에 따라 애착의 종류와 애착에 영향을 미치는 요소도 바뀐다는 것을 알 수 있다. 같은 이유로, 애착은 단순히 환경과 유전학적 영향의 비율만으로 평가할 수 없는 복잡한 개념이라는 사실도 알 수 있다.

뇌 스캔을 활용한 애착 연구

제가 가장 사랑하는 사람은 남편과 두 아들이에요. 남편의 경우 처음에는 굉장히 강렬했고 육체적인 사랑의 비중이 컸지만, 시간이 지나면서 단단하고 안정적이고 즐겁고 다정한 동반자로 발전했습니다. 우리 아이들에게는 항상 무조건적인 경외심을 느껴요. - 니키

나는 지금까지 10년 넘게 사랑과 애착을 연구했다. 초창기에는 방대한 심리학적 근거와 행동 연구 결과를 토대로 할 때, 아동기 초기에 형성되는 애착에서 유전자의 영향이 미미하다는 특징이 인간의 생존에 필수적인 또 다른 애착관계인 연인 관계에서도 동일하게 나타난다고 보았다. 그러나 사랑의 신경화학적 요소에 바탕이 되는 유전자의 영향을 자세히 파헤칠수록 생각보다 훨씬 더 복잡하게 얽힌 문제라는 사실을 깨달았다. 예를 들어 OXTR 유전자를 살펴보자. 이 유전자는 다형성이 굉장히 크다. 다형성이 크다는 건 형태가 굉장히 다양하다는 의미이고, OXTR의 다형성은 사람마다 사랑에 빠졌을 때 나타나는 행동과 느낌이 제각각인 이유이기도 하다. 이 여러 버전 중 한 가지가 연인에게 느끼는 애착의 특성에 영향을 주는 것으로 추정되는데, 이 버전은 특정한 환경 조건에서만 발현된다. 즉 이 버전에 해당하는 OXTR 유전자를 가진 사람은 거부하거나 회피하는 불안정 애착 특성을 보일 가능성이 높지만 정신 건강에 문제가 있는 경우에만 이 표현형phenotype에 해당하는 유전자가 발현된다. 유전자에 따라 환경에 더 취약해질 수 있다는 이 개념을 차등적 취약성이라고 한다. 어떤 사람들은 남들

보다 양육 환경에 더 쉽게 영향을 받는 이유도 이러한 메커니즘에서 찾을 수 있다. 내가 만난 사람들 중에는 어린 시절에 최악으로 방치됐지만 거의 아무런 문제 없이 자란 사람도 있다. 대부분의 사람들은 그런 경우가 있을 수 있다고 생각하지 않는다. 유독 강한 유전자를 갖고 있을 수도 있지만, 그보다는 환경의 영향에 덜 취약한 유전자를 갖고 있을 가능성이 더 높다. 유전자가 개개인이 경험하는 사랑에 미치는 영향에 관해서는 5장에서 다시 살펴보기로 하자.

유전적인 요소가 애착에 영향을 미치는지 여부는 쌍둥이 연구로 파악할 수 있지만 구체적으로 어떤 유전자가 관여하는지는 알 수 없었다. 그러던 중 우리는 핀란드 알토대학교의 연구진과 함께 베타엔도르핀이 장기적 관계에 어떤 기능을 하는지를 연구하다가 과학계에서 가끔 일어나곤 하는 뜻밖의 순간을 맞이했다. 어떤 가설을 증명하기 위한 실험을 하다가 다른 가설의 답을 찾아낸 것이다. 2010년대 중반, 우리 연구진은 사랑에 베타엔도르핀이 어떤 기능을 하는지 알아내기 위해 실험 참가자를 모집해서 PET 스캔을 진행하느라 여념이 없었다. 참가자들에게는 PET 스캔을 실시하기 전, 수많은 질문들로 이루어진 다른 설문지와 함께 연인과의 애착 관계를 묻는 설문지를 나눠주고 작성을 요청했다. 과학 연구를 위해 PET 스캔까지 받겠다고 자원하는 참가자를 모집하기는 어렵기 때문에 참가가 확정된 사람들에게서 최대한 많은 데이터를 얻어야 했다. 친밀한 관계 경험 척도(ECR)로 이름 붙여진 이 설문지에는 총 36개의 질문이 포함되어 있었다. 그중 18개는 연인과의 애착관계에서 느끼는 불안감을, 나머지 18개는 회피성을 평가하는 질문이었다. 불안감을 평가하는 질문에는 '연인에게 내 기분을 드러낼 때 나와 같은 감정이 아닐까 봐 걱정된다'라는 항목이 포함되었고, 회피성을 확인하는 질문으로는 '나는 연인에게 속 깊은 감정을 드러내지 않는 편이다'라는 내용이 포함되었다. 참가자들은 이러한 질문에 얼마나 동의하는지를 1부터 7까지의 점수로 답했다. 설문지 작성이 끝나면 PET 스캔을 진행했다. PET 스캔을 위해서는 조사하려는 특정 신경화학물질과 구조는 동일하지만 화학적 차이가 있는 방사성 화학물질인 리간드가 사용되고 이 리간드에 의해 방출되는 방사성 물질을 측정한다. 우리 실험에서 리간드로 사용된 11C 카펜타닐(여기서 11C는 방사성 탄소)을 참가자의 혈류에 주사하면 뇌에 있는 수용체와 리간드가 결합하는데, 이때 측정된 방사성 신호의 크기와 방사성 원소의 반감기를 토대로 계산하면 뇌에 리간드와 결합한 수용체가 얼마나 많은지 알 수 있다. 11C 카펜타닐은 베타엔도르핀과 구조가 동일한 물질로, 뇌의 뮤오피오이드 수용체와 결합한다. 따라서 리간드 결합 후 발생하는 신호가 클수록 뮤오피오이드 수용체가 많다고 볼 수 있다.

우리는 이 연구에서 신호가 크고 수용체가 많은 사람일수록 안정형 애착관계를 형성하는 비율이 더 높다는 사실을 알아냈다. 반대로 수용체가 적은 경우, 특히 공감이나 정신화 기능과 관련이 있는 뇌 영역에 이 수용체가 적은 사람은 회피형 애착관계를 맺는 비율이 더 높았다. 수용도 밀도는 집착형 애착이나 두려움과 회피 애착에 영향을 주지 않는 것으로 보인다. 베타엔도르핀과 회피형 애착의 관련성은 아편제 남용에 관한 다른 연구에서도 근거가 확인됐다. 헤로인을 남용하는 사람은 엑스터시나 대마초처럼 아편제가 아닌 마약을 남용하는 사람과 달리 회피성 애착관계를 맺을 가능성이 더 높고, 관계를 오래 유지하지 못하며, 오피오이드 수용체와 결합할 물질을 얻으려는 욕구를 사회적 관계보다는 마약을 통해 충족하려고 한다. 오피오이드 수용체는 장기적인 사랑과 관련이 있으므로, 이 수용체와 애착 특성의 관계는 애착과 사랑이 동전의 양면과 같은 관계임을 보여준다는 점에서 더욱 놀랍다.

이제는 여러분도 애착관계, 특히 연인 사이나 부모 자식 간에 형성되는 애착관계가 생존을 위한 것임을 분명하게 이해했을 것이다. 이 배타적인 애착 클럽에 들어온 사람들은 입장이 거부된 사람들보다 더 강렬하고, 다면적이고, 영향력이 큰 사랑을 경험한다. 애착은 건강과 평안함, 행복에 매우 중요한 역할을 하므로, 인간의 진화는 성공적인 애착관계를 형성하도록 인체의 모든 메커니즘이 동원되는 방향으로 진행됐다. 그리고 사랑의 중심에는 이어서 살펴볼 생물행동학적 동시성이라 불리는 개념이 자리하고 있다.

모든 것을 바치는 사랑

제가 경험한 가장 강력한 사랑은 아이들에게 느끼는 사랑이에요. 즉각적이고 모든 걸 주는 사랑이죠. 아이가 태어났을 때 제 심장이 활짝 열리고, 아이가 한 명 한 명 태어날 때마다 각기 다른 심장이 자라나서 온 마음으로 아이들 모두를 사랑하게 된 것 같은 기분이에요. 아이들을 위해서라면 정말로 뭐든 다 할 수 있어요. 우리 아이들이 없는 세상은 상상도 할 수 없습니다. — 제스 생물행동학적 동시성은 이스라엘의 신경과학자 루스 펠드먼이 처음 만들어낸 용어다. 서로 친밀한 유대와 애착이 형성된 사람들은 행동에서 동시성이 나타난다는 것이 이 개념의 기본 토대다. 아마 대부분 목격한 적이 있을 것이다. 아이와 부모가 함께 놀 때 오가는 행동이나 연인끼리 몸짓이나 목소리 높낮이, 언어적인 특징이 동일하게 나타나는 것을 떠올려보라. 그런데 인체 내부를 들여다보면, 이러한 동시성이 행동으로 나타나는 데 그치지 않고 생리학적 수준에서도 나타난다는 것을 알 수 있다. 연인끼리, 또는 부모와 자식이 상호작용할 때는 혈압과 체온, 심장 박동이 같아진다. 동시성이 가장 뚜렷하게 나타나는 곳은 뇌다. 연인의 경우, 측두두정 영역에 뇌에서 발생하는 '파장' 중 가장 빠른 뇌파이자 뇌 여러 영역의 정보를 통합하는 감마파의 동시성이 나타난다. 측두두정 영역은 정신화와 사회적인 이해, 사회적 응시, 즉 눈을 맞추고 시선을 유지하는 것과 관련이 있다. 연인이 아닌 낯선 사람과 상호작용을 할 때는 이러한 특징이 나타나지 않는다. 이렇게 시선이 마주치는 것은 다른 비언어적인 동시성과 함께 신경학적 동시성의 수준에 가장 큰 영향을 미친다. 이때 대화는 영향을 주지 않는다. 이러한 특징은 생물행동학적 동시성이 고대부터 진화했다는 것, 그리고 이 기능이 유대감이 가장 강한 사람과의 관계를 유지하는 데 평생 활용된다는 것을 암시한다. 이 기능 덕분에 우리는 세상에 태어난 순간부터, 즉 말을 할 줄 모르는 유아기부터 가장 깊은 애착관계를 형성할 수 있다.

마음과 마음의 만남

2017년에 이스라엘 바르일란대학교의 신경학자 조너선 레비 Jonathan Levy는 자기뇌파검사(MEG)를 활용하여 밀접한 유대관계가 형성된 연인 사이에서 관찰되는 신경학적 동시성이 엄마와 아이의 관계에서도 나타나는지 조사했다. MEG는 뇌에서 신경이 활성화될 때 발생하는 자기장의 변화를 측정한다. 연구진은 엄마와 아이 25쌍을 모집하고 MEG 측정 시점으로부터 2년 전, 참가한 아이들의 나이가 평균 8.5세일 때 두 가지 상황에서 나타나는 모습을 영상으로 촬영했다. 하나는 하루 동안 밖에서 신나게 노는 모습이고, 다른 하나는 대체로 엄마와 아이가 갈등을 빚게 되는 상황에서의 모습이었다. 내가 참가했다면 휴대전화나 태블릿 기기 사용이나 세탁할 옷을 빨래 바구니에 갖다놓는 일, 아이들 방의 정리정돈 상태가 바로 그런 상황을 만들었을 것이다. 여러분도 다들 그런 상황을 경험한 적이 있을 것이다. 연구진은 영상을 촬영한 후 2년이 지난 뒤에 참가자들을 다시 연구소로 불러서 MEG 장치로 검사를 진행했다. 검사를 할 때 참가자들은 2년 전에 촬영한 영상과 함께 처음 보는 낯선 엄마와 아이의 모습이 담긴 영상을 일부 시청했다. 분석 결과, 자신들이 즐겁게 대화를 나누는 모습이 담긴 영상을 볼 때는 엄마와 아이의 측두두정 영역에서 형성되는 감마파에 동시성이 나타났지만, 모르는 다른 엄마와 아이의 영상을 볼 때는 동시성이 뚜렷하게 나타나지 않았다. 또한 연인 관계와 마찬가지로 엄마와 아이도 대화의 특징과 상관없이 함께 이야기를 나눌 때 비언어적 행동의 동시성이 나타나고, 이것이 신경 활성의 동시성을 촉진하는 것으로 확인됐다. 연인에게서 관찰된 결과처럼 행동의 동시성이 뇌 활성의 동시성으로도 나타난 것이다.

신경이 활성화되면 신경화학적 변화가 생긴다. 생존에 필요한 다른 관계와 마찬가지로 아빠와 아이의 유대관계에서도 동시성이 나타난다. 심리학자 옴리 와이즈만Omri Weisman은 생후 5개월 된 아이가 있는 아빠 35명을 대상으로 실시한 연구에서 아빠의 코에 합성 옥시토신과 위약 중 한 가지를 뿌린 후 아빠와 아이가 일정 시간 동안 함께 있게 했다. 그리고 총 네 차례에 걸쳐 아빠의 타액 검체를 채취했다. (1) 옥시토신이나 위약을 투여하기 전, (2) 투여 40분 후 아직 아이와 함께 시간을 보내기 전, (3) 아이와 함께 시간을 보낸 후 20분이 지났을 때, (4) 다시 20분이 지났을 때이다. 2번부터 4번에 해당하는 시점에는 아기의 타액 검체도 함께 채취했다. 아빠와 아기는 7분 동안 함께 재미있게 시간을 보내도록 했다.

분석 결과, 위약이 아닌 옥시토신이 투여된 아빠는 아이와 더 적극적으로 놀고 사회적 눈 맞춤을 유지하며 아기와 더 자주 신체 접촉을 했다. 앞 장에서 설명한 대로 옥시토신은 사회적 상호작용에 방해가 되는 영향을 약화시키고 공감을 높이므로 충분히 예측할 수 있는 결과다.

더 놀라운 결과는 따로 있었다. 아빠에게 위약이 아닌 옥시토신이 투여된 경우, 2번 시점에 처음 측정된 아이의 기본 옥시토신 농도가 3번 시점이 되었을 때 아빠의 체내 옥시토신 농도, 즉 인위적으로 높아진 농도와 비슷하게 높아지고 행동과 생리학적 지표에서도 동시성이 나타났다. 아이의 체내 옥시토신 농도가 아빠와 동일한 수준으로 높아진 것이다. 원래 아이들은 아빠와 노는 걸 좋아하므로 아이의 옥시토신 수치가 높아진 것 자체는 그리 놀라운 일이 아니지만, 아빠와 똑같이 증가했다는 건 굉장히 충격적이고 중요한 결과다. 게다가 이 모든 변화가 단 7분간 함께 놀았을 때 나타났다는 사실에 유념해야 한다.

어떻게 이런 일이 일어났을까? 아직은 그 이유가 밝혀지지 않았다. 그러나 이 결과에는 인체와 뇌의 메커니즘이 서로 밀접하게 통합되어 있고 몸과 마음이 따로 분리되어 있지 않다는 점과 함께 사랑에 관한 중요한 사실이 담겨 있다. 사랑은 최대한 강한 유대를 형성하기 위해 모든 메커니즘을 동원할 만큼 우리의 삶에 '너무나도' 중요한 요소라는 사실이다. 사랑은 우리 존재의 구석구석에 침투하고, 우리를 사로잡는다.

이번 장에서는 연인 사이에, 그리고 부모와 아이 사이에 깊고 강하게 형성되어 생존의 토대가 되는 애착에 관해 알아보았다. 애착은 깊은 사랑을 객관적으로 측정하는 기준이 될 수 있고, 사랑에 빠졌을 때 경험하는 느낌과 행동에 영향을 주는 심리적 요소다. 이와 함께 생물행동학적 동시성 현상도 살펴보았다. 나는 이 현상만큼 사랑이 우리 모두에게 반드시 필요하다는 사실을 명확히 보여주는 건 없다고 생각한다. 인간의 다른 수많은 생리학적·행동학적 특징과 마찬가지로 애착은 환경과 유전적 영향이 합쳐진 결과이고, 태어나 첫 2년간 경험하는 환경이 평생 동안 나타나는 애착 패턴에 중대한 영향을 미친다는 사실도 설명했다. 그러나 건강과 삶의 질에 영향을 미치는 관계가 연인이나 부모와의 관계로 국한되지 않는다는 사실을 우리 모두 잘 알고 있다. 다음 장에서는 간과되는 경우가 많지만 가족이나 연인과의 관계만큼 우리에게 강력한 영향을 미치는 사랑에 대해서 살펴본다. 바로 친구와의 사랑과 애착이다. 여기서 친구의 모습은 매우 다양해서 덩치도 제각각이고 발이 4개인 존재도 있다.

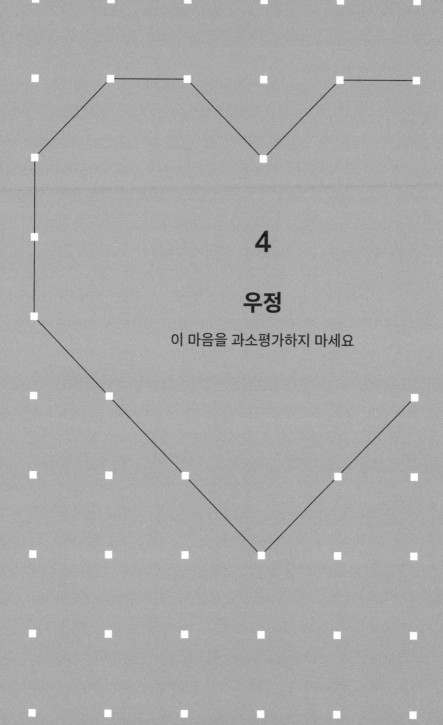

4

우정

이 마음을 과소평가하지 마세요

제가 가장 사랑하는 사람은 친구들인 것 같아요. 그건 제가 선택한 사랑이죠. 전 연애 경험이 많은데 친구들에게 느끼는 것처럼 '와' 하는 느낌을 받은 적은 한 번도 없어요. 친구들과 함께하는 환경 속에서 사랑을 경험하며 살아온 것 같아요. 그리고 전 친구가 아주 많아요. – 제임스

서구 사회는 사랑을 계층화하려는 경향이 있다. 맨 꼭대기에는 부모의 사랑이 자리 잡고 있다. 아빠와 아이 사이에 형성되는 강력한 애착관계와 아빠가 아이들의 삶에서 하는 역할에 대해서는 아직 밝혀지지 않은 부분이 많기 때문에, 부모의 사랑이라고 하면 대부분 엄마와 아이의 사랑을 의미한다. 그러나 내가 다른 책에서도 썼듯이 실제로는 아빠의 사랑도 나란히 가장 높은 지위를 차지해야 한다. 그 바로 아래에는 연인과의 사랑이 자리한다. 사랑을 찾고 유지하는 것에 대한 관심은 실로 어마무시하다. 데이트를

주선하는 앱이나 연애를 주제로 한 자기계발서, 사랑 이야기를 다룬 책과 영화, 드라마가 끝없이 나오고 결혼식을 인생에서 가장 완벽한 순간으로 만들어주기 위한 웨딩 산업이 전 세계적으로 120억 파운드 규모에 이른다는 사실로도 충분히 알 수 있다. '소울메이트'를 찾는 것이 세상을 살아가는 유일한 이유이고, 그런 상대를 만나지 못한다면 인생을 절반만 사는 것이라고 주장하는 사람이 있어도 이상하게 여기지 않는다. 연인과의 사랑 아래에는 형제자매, 부모, 이모, 삼촌, 조부모 등 가족과의 사랑이 있다. 더 넓은 범위의 가족이 포함될 수도 있다. 그 아래, 네 번째가 되어서야 친구가 등장한다. 사랑을 이야기할 때 친구와의 우정은 간과되기 쉬운 것이 사실이다.

이번 장에서는 과소평가되고 있는 친구들과의 사랑에 관해 이야기하려고 한다. 2장에서 우리가 친구에게 마음이 끌리는 이유를 다루었지만, 이번 장에서는 그 마음이 지속되는 이유와 친구가 전통적으로 연인이나 자녀를 통해 충족되던 여러 욕구를 충족시켜주면서 가족이나 다름없는 존재가 되는 이유를 알아본다. 스스로 선택한 가족의 개념과 이러한 가족의 중요성, 특히 생물학적 가족에서 배제되거나 거부당한 사람들의 삶에서 차지하는 중요성을 살펴본다. 그리고 시선을 미래로 돌려 인공지능(AI)의 등장으로 과연 로봇이 우리의 친구가 될 수 있는지도 고민해본다. 반려견을 키우는 사람 중 한 명으로서 인간(남자와 여자 모두)의 가장 절친한 친구인 반려견과의 사랑과 애착에 관해서도 설명해보려고 한다.

가장 먼저 연인에 대한 사랑이나 부모의 사랑이 무조건 으뜸이라는 주장을 뒤로하고 우정과 그 가치를 다른 관점에서 바라볼 필요가 있다. 우리 사회는 지난 50년 동안 급격히 변화했다. 이제 사회가 정한 기준에 들어맞는 '커플'이 되어야 한다거나, 반드시 아이를 낳아야 한다거나, 여자는 경제적으로 기댈 사람을 찾아야 한다고 여겨지던 시절도 다 지나갔다. 적어도 서구 사회에서 연애는 필수가 아닌 선택이다. 아이를 낳고 싶지 않으면 부모 자식 간의 사랑도 포기할 수 있다. 그러나 친구와의 사랑을 포기하려면 위험을 감수해야 한다. 1장에서 설명한 대로 친구는 우리의 사회적 네트워크에서 규모나 질적인 면에서 큰 부분을 차지하고 있고 건강, 행복, 삶의 만족도에 가장 큰 영향을 미치기 때문이다. 게다가 친구는 정신적인 사랑을 경험할 수 있고 우리 스스로 선택할 수 있는 유일한 존재다! 가족이라서 짊어져야 하는 의무나 문화적 압박에서도 자유롭다. 2장에서 소개한 한 연구에서도 밝혀졌듯이 여성은 친구로부터 다른 곳에서 채울 수 없는 깊은 친밀감을 얻고, 남성은 편안함과 유머를 얻는다. 그만큼 친구는 성인기 인생에서 중요한 역할을 한다. 친구는 마음을 완전히 풀어놓고 본래 모습 그대로 기댈 수 있는 사람이다. 아이가 처음으로 유치원에 다니기 시작하면 새로운 세상이 눈앞에 펼쳐진다. 엄마 친구의 아이들이나 엄마가 자주 커피를 함께 마시며 수다를 떠는 사람들의 아이들하고 놀던 단계를 넘어 스스로 친구를 선택해서 사귀는 경험이 시작된다. 중학생이 되면 친구가 가장 애착을 갖는 대상이 되고, 자율적인 정체성을 키워갈 때 형성되는 행동과 생각은 친구의 영향을 받는다. 꼭 필요한 안정적인 기반도 한때는 부모로도 충분했지만 이제는 친구도 그러한 기반이 된다. 성인이 되면 인생이 흘러가는 여러 지점에 따라 우정도 오락가락 변하지만 친구는 위로와 조언을 얻고 함께 재미와 자유를 느끼는 존재로 남아 있다. 뒤에서 설명하겠지만 친구가 가족이 되기도 한다.

> 친구와 함께 있을 때 좋은 점이 두 가지 있어요. 저를 받아주고, 함께하면 안전하고 절 이해해준다는 느낌이에요. 그다음은 친근함, 서로 잘 알고 다른 모습이 되기를 바라지 않는 것, 그다지 좋지 않은 모습까지 보여줄 수 있다는 것이죠. 친구끼리는 그동안 어떻게 살아왔는지 다 알잖아요. 그러니 앞으로의 일도 예상이 가능해서 안정감이 들어요. - 켈리

친구와 함께 있을 때 우리는 자유와 편안함을 느낀다. 동종애homophily로 알려진 개념, 즉 자신과 비슷한 사람을 친구로 선택할 확률이 더 높다는 점이 그 이유일 수 있다. 우리는 성별과 인종, 나이, 행동, 성격, 이타심이 비슷한 사람을 친구로 선택하는 경향이 있다. 수십 년 동안 인간관계의 역학을 연구해온 내 동료 학자 로빈 던바는 우정이 일곱 가지 기둥으로 구성되며 이 기둥이 많을수록 우정이 돈독해지고 서로에 대한 사랑도 커진다고 설명한다. 일곱 가지 기둥이란 언어, 성장한 장소, 교육 과정, 취미 또는 관심사, 음악 취향, 유머 감각, 세계관이다. 동종애에는 심리적·진화적 이점이 있다는 주장도 있다. 우선 자신과 비슷한 사람을 친구로 선택하면 자신의 관점과 생각이 공고해지므로 정체성에 자신감이 더해진다. 또한 상대가 어떻게 생각할까, 상대가 다음에는 어떻게 행동할까 예측하느라 인지적 부하로 불리는 귀중한 에너지를 쓰지 않아도 된다. 서로 비슷한 친구끼리는 같은 상황에 처했을 때 똑같이 행동하고 생각할 가능성이 매우 높기 때문이다. 친구끼리 생각

이 비슷하다는 사실은 뇌 스캔 연구에서도 확인된 바 있다.

2018년에 심리학자 캐럴린 파킨슨Carolyn Parkinson과 애덤 클라인바움Adam Kleinbaum, 탈리아 휘틀리Thalia Wheatley는 친한 친구 사이에 형성되는 동종애로 인해 정말로 친구끼리는 세상을 인식하고, 해석하고, 세상에 반응하는 방식이 비슷해지는지 확인하는 연구를 진행했다. 친구가 편하게 느껴지는 이유는 서로 생각이 비슷하기 때문일까? 연구진은 먼저 실험에 참가할 279명의 학생을 모집했다. 참가자는 모두 같은 대학원에 다니는 1학년생들이었다. 이 학생들에게 학년이 같은 대학원생 중에서 친구라고 생각하는 사람의 이름을 전부 써보라고 한 다음 응답 결과를 토대로 컴퓨터 프로그램을 활용하여 학생들의 사회적 네트워크를 그림으로 나타냈다. 연구진은 이 네트워크에서 거리가 가까운 사이, 즉 친밀한 사이일수록 신경 반응도 비슷할 것으로 예측했다. 비용 문제로 이 279명의 학생을 전부 fMRI로 분석할 수는 없었으므로, 이 가운데 42명만 fMRI로 뇌 스캔을 받았다. 이들은 스캔이 시작되면 동일한 영상을 시청했다. 정신이 산만해지지 않고 집중할 수 있는 다양한 주제가 담긴 영상이었다. 이 분석에서, 연구진은 동종애의 범위가 취미와 인종, 나이, 성별을 넘어 뇌까지 확대될 것이라는 예상이 사실임을 확인했다. 뇌의 무의식 영역과 의식 영역 모두 활성 신호가 사회적 네트워크에서 거리가 있는 관계보다 친구 사이에서 더 비슷한 것으로 나타났다. 실제로 그런지 확인하기 위해 2명씩 묶어서 뇌의 신경 활성이 얼마나 비슷한지, 혹은 얼마나 차이가 나는지를 분석해보았다. 그 결과 이 유사성이나 차이를 가지고 사회적 네트워크에서 두 사람이 얼마나 가까운 사이인지 예측할 수 있는 것

으로 나타났다. 가설이 더욱 확실한 결과가 된 것이다.[*]

그렇다면 궁금증이 생긴다. 우리는 생각이 비슷한 사람과 친구가 되는 것일까, 아니면 친하게 지내다 보니 세상을 인식하고 해석하고 반응하는 방식이 서로 비슷해지는 걸까? 위의 연구 결과는 특정 시점의 상태를 살짝 들여다본 것이므로 확실한 답을 얻을 수 없다. 우정이 형성되는 순간부터 우리는 그 우정에 영향을 받지만, 인간의 다른 모든 면이 그렇듯이 이 영향 역시 양방향일 수 있다. 즉 동종애의 정도와 우정이 모두 한 사람의 행동과 심리를 구성하는 데 영향을 줄 가능성이 있다.

독신이 미래다

연애를 하면 모든 것이 채워진다는 건 말이 안 되는 소리 같아요. 저는 제 인생에서 충분히 큰 사랑을 느낍니다. 연애를 할 때 느낄 수 있는 아주 특별한 유대감이 그리운 것도 사실이지만, 친구들과도 사랑을 느낄 수 있어요. 아주 친한 친구들과 한 집에서 살다 보면 내가 다른 사람과의 관계에서 원하는 건 이렇게 일상을 함께하는 친한 친구들과 나누는 우정이구나, 하는 사실을 깨닫게 됩니다. 한 집에 살면서 그 우정을 정말 많이 느끼고 있거든요. **– 마거릿**

• 흥미롭게도 〈미국국립과학원 회보〉(Hyon et al, 2020)에 실린 연구에서 이 결과가 재차 확인됐다. 같은 마을에 살면서 친하게 지내는 사람들 사이에서도 이와 비슷한 현상이 나타났는데, 이 연구에서는 우정이 돈독할수록 휴식기 뇌 활성의 유사성이 더 높은 것으로 확인됐다.

친구들과의 관계를 무시했다가는 큰 위험을 감수해야 한다는 내 경고는 무슨 의미일까? 친구가 연인이나 자녀, 심지어 가족의 자리를 채워주는 경우가 상당히 많다. 그리고 친구는 생존에 반드시 필요하다. 2015년 미국에서 실시된 여론조사에서 성인 인구의 6퍼센트는 앞으로도 쭉 독신으로 살아갈 것이라는 전망이 나왔다. 이들 중에는 나중에 자녀가 생기는 사람도 분명히 있을 것이고, 공동 육아를 할 정신적인 파트너 관계도 늘어나고 있고 나도 개인적으로 그런 변화에 관심이 많지만 독신자 대부분은 연인과 자녀 없이 살아갈 것으로 예상된다. 그런 사람들에게는 두 부류의 사람들과의 애착관계가 성인기 건강과 행복에 핵심적인 영향을 준다. 형제자매가 있고 사이가 괜찮은 경우에는 형제자매가 그중 하나이고, 다른 하나는 절친한 친구다. 친구와의 애착관계가 하는 역할에 대해서는 아직 연구가 많이 진행되지 않았다. 뉴욕에서 활동해온 심리학자 클라우디아 브룸보Claudia Brumbaugh는 2017년 싱글 여성에게 베스트프렌드와 형제자매가 어떤 영향을 주는지 조사한 결과를 발표했다. 이 연구에서 가장 친한 친구는 서로 비슷한 점이 많고 스스로 자유롭게 선택할 수 있는 존재라는 점에서 중대한 역할을 하는 것으로 나타났다. 특히 친구 네트워크가 넓게 형성된 독신자일수록 회피성 애착의 경향이 덜 나타나는 것으로 확인됐다.

게다가 친구는 우리 자신만큼이나 우리를 잘 알고 있는 것으로 보인다. 자신의 성격을 스스로 어떻게 생각하는지를 자기 참조적 사고self-referential thinking라고 하는데, 이와 관련된 뇌 활성을 조사한 연구에서 참가자가 자기 참조적 사고를 할 때의 뇌 활성이 다른 친구가 그 참가자를 생각할 때 나타나는 뇌 활성과 놀라울 정도로 비슷하다는 사실이 밝혀졌다. 심리학자 로버트 차베즈Robert Chavez 와 딜런 와그너Dylan Wagner가 진행한 이 연구에는 서로 끈끈한 네트 워크를 이루고 있는 11명의 친구들이 참가했다. 그리 많지 않은 참 가자들 중 여성은 5명이었다. 연구진은 일반적으로 이러한 연구에 활용되는 설문지를 제시해 작성을 요청한 후 참가자들의 뇌 스캔 을 실시했다. 참가자는 먼저 자신의 성격에 관해 생각해보고 친구 10명의 성격을 생각해보도록 했다. 그리고 참가자 A가 스스로 자신 의 성격을 떠올릴 때 나타난 뇌 활성 패턴과 나머지 10명의 친구들 이 A의 성격을 떠올릴 때 나타난 뇌 활성 패턴을 비교해본 결과 서 로 일치하는 것으로 확인됐다. 친구끼리는 동일한 과제를 수행할 때 뇌 활성이 일치한다는 사실과 함께 친구가 적어도 우리만큼 우 리를 잘 알고 있다는 사실을 보여주는 결과다.

우정, 사랑, 그리고 와인 한잔

닉은 제 가장 친한 친구예요. 학창시절부터 친구였죠. 공유하는 추억과 기 억이 너무 많고, 언제든 이야기를 나눌 수 있는 사람입니다. 닉과 함께 있 으면 기분이 좋아지고 밝아져요. 있는 그대로의 내 모습을 전부 보여줄 수 있는 친구이고요. 남자들은 친할수록 서로 막말도 많이 하는데 닉과 저도 그래요. 늘 티격태격하죠. - 맷

앞서 소개한 브룸보의 연구는 여성의 우정에 초점을 맞추었 다. 실제로 친구의 수나 친구 관계의 특성은 성별에 따라 차이가

있고 친구를 통해 경험하는 사랑도 그럴 가능성이 있다. 여러 연구를 통해 남성 간의 우정은 여성보다 유대가 약하고 정서적인 친밀감도 덜한 것으로 나타났다. 여성은 베스트프렌드가 한두 명 정도인 경우가 많지만 남성은 여러 명인 경향이 있다. 또 남성은 친구들과 특정 활동을 함께하는 것을 좋아하고, 여성은 친구와 친밀한 대화를 나누는 것을 선호한다. 왜 이런 차이가 나타날까? 신경화학적 특성에서 답을 찾을 수 있을지도 모른다.

마샤오러가 이끄는 중국 연구진은 2018년 학술지 〈뉴로이미지NeuroImage〉에 합성 옥시토신을 투여했을 때 남성과 여성이 보이는 정서적 교감의 차이를 조사한 결과를 발표했다. 연구진은 친한 동성 친구 128쌍을 모집하고 인접한 공간에 설치해둔 두 대의 fMRI로 두 친구의 뇌 스캔을 실시하면서 사람들의 모습, 풍경, 동물 사진을 보여주었다. 참가자들은 사진을 보면서 긍정적인 감정, 부정적인 감정, 둘 중 어느 쪽도 아닌 중립적인 감정 중 어떤 감정이 느껴지는지 선택했다. 연구진은 뇌 스캔 전에 일부 참가자에게는 코에 뿌리는 스프레이 방식으로 옥시토신을 투여하고, 나머지 참가자에게는 위약을 투여했다. 연구진은 각 참가자가 친구와 나란히 뇌 스캔을 받는 경우와 낯선 사람과 한 쌍이 되어 다시 동일한 과제를 수행할 때, 그리고 혼자서 과제를 수행할 때도 뇌를 스캔했다. 그 결과, 옥시토신이 투여된 여성은 친구와 함께 주어진 이미지를 보고 감정을 선택할 때 낯선 사람과 함께할 때나 혼자서 동일한 과제를 수행할 때보다 그 경험을 훨씬 더 긍정적으로 느꼈다. 구체적으로는 두려움, 불안과 같은 부정적인 감정을 관장하는 뇌 영역인 편도체의 활성이 감소하고 뇌의 보상 영역에서는 활성이 증가했다. 옥시토신이 증가하면서 도파민이 분비되어 나타난 결과일 가능성이 높다. 이러한 변화는 모두 무의식적인 사랑을 느낄 때 나타나는 반응이다. 남성 참가자들의 경우 이러한 변화가 나타나지 않았고, 편도체 활성은 오히려 '증가'했다.

이러한 결과를 보면, 여성은 동성 친구와 정서적 경험을 공유할 때 두려움과 불안감이 감소하고 긍정적인 기분이 증가하는 유익한 효과를 얻는 것으로 추정된다. 여성들은 대체로 친구와 와인잔을 기울이며 근황을 나누고 감정과 친밀함이 대화의 큰 부분을 차지하는 반면, 남성들은 그런 상황을 어떻게든 피하고 대신 친구와 축구장에 가거나 여러 친구들과 어울리는 것을 선호하는 이유를 엿볼 수 있는 결과다.

그럼 여성은 친구와 애정을 느끼지만 남성은 그렇지 않다고 할 수 있을까? 나는 그럴 가능성이 매우 낮다고 생각하지만, 남자들이 여러 친구들과 관계를 맺는 상황을 재현해서 뇌 스캔을 실시해보기 전까지는 판단을 보류해야 할 것이다.

전 친구들을 사랑해요. 직접 선택한 사람들이고, 굉장히 특별한 관계이기 때문에 좀 다른 사랑이죠. 사람들은 무조건적인 사랑을 중시하지만 조건부 사랑은 자신이 선택한다는 점에서 특별하다고 생각해요. 조건부 사랑에는 의무가 따르지만, 매일 그 관계를 유지하겠다는 선택을 하는 것이고 그래서 특별해요. 시간이 갈수록 더 소중해지고 깊어지고요. 친구들의 짜증나는 습관이나 완벽하지 않은 모습마저도 현실적으로 느껴지고, 그래서 더 사랑스러워요. – 준

사랑을 계층화할 때 부모가 자식에게 느끼는 사랑과 연인 간의 사랑이 가장 높은 자리를 차지하는 건 당연한 일인지도 모른다. 무엇보다 이 두 관계는 유전학적인 생존의 원천이기 때문이다. 더 넓은 의미의 가족이 3위에 등극하는 것도 서로 유전자가 일치하는 부분이 있어서 가족과 협력하고 사랑할 때 생존 확률이 높아지고 유전학적으로 이득이 되기 때문일 것이다. 이러한 현상을 '친족 선택'이라고 한다. 그러나 친구와의 관계도 친밀함을 느끼는 수준을 넘어 더욱 중요한 의미를 갖거나 친구와의 관계에서 느끼는 편안한 상호작용이 친족에게 느끼는 것과 비등한 애정이 되는 경우도 있다. 이러한 사람들에게는 친구가 곧 가족이다.

스스로 선택한 가족

저한테 가족은 지금 함께 사는 친구들입니다. 제가 가장 가깝다고 느끼는 사람들이고, 가족의 정의를 초월하는 것 같아요. 그렇다고 가족이 하는 특정한 역할을 한다는 건 아닙니다. 형제자매와는 달라요. 그냥 제가 해줄 수 있는 건 다 해주고 싶을 만큼 가까운 사이라고 느껴요. 제 상황이 최악일 때도 연락할 수 있고, 그럴 때도 저를 얕보지 않을 사람들이에요. 생물학적인 가족은 그렇지 않거든요. 제가 바라는 조건을 갖춘 가족을 스스로 선택했다는 생각이 듭니다. 제 생물학적인 가족은 그 조건과 맞지 않아요.
— 알렉스

'선택한 가족'이라는 용어는 1970년대와 1980년대 미국에서 등장했다. 가족에게 거부당한 사람들, 또는 결혼을 하고 아이를 키우는 것을 비롯해 가족을 꾸리는 방식이 법적으로 허용된 범위를 벗어난다고 여겨진 사람들을 정서적으로 지지하고 보살펴주는 여러 친구들을 일컫는 말이다. 선택한 가족을 꾸리는 사람들은 자신이 속한 문화권에서 배제되거나 생물학적인 가족과 의절한 동성애자 남성과 여성들이 대부분을 차지했고, HIV 감염 확산으로 지역사회의 도움이 시급해진 것도 이러한 네트워크가 형성된 계기가되었다. 이들은 피를 나눈 사이는 아니지만 정체성이 같은 사람들이라는 점에서 인위적으로 형성된 친족과 같은 관계가 되었다. 지난 수십 년 동안 여성 동성애자와 남성 동성애자, 양성애자, 성전환자, 성소수자(LGBTQ+)의 권리가 어느 정도 인정되고 일부 국가에서는 동성애 커플도 결혼을 하고 아이를 가질 수 있게 되었지만소셜미디어에서 동성애 혐오를 드러내거나 성전환자의 권리를 두고 때때로 격렬한 논쟁이 벌어지는 것을 보면 아직까지 이들에 대한 보편적 수용은 갈 길이 먼 것 같다. 이들의 공동체에서 성적 취향, 사회적 성별과 상관없이 친구들로 꾸려진 선택한 가족의 필요성은 여전히 높은 상황이다.

심리학자 캐런 블레어Karen Blair와 캐럴라인 푸칼Caroline Pukall은 '가족도 중요하지만 때로는 선택한 가족이 더 중요하다'(2015)라는 제목의 논문에서 이성애자와 LGBTQ 집단에 속한 사람들을 대상으로 생물학적 가족과 선택한 가족으로부터 받는 지지를 어떻게 생각하는지 조사한 결과를 소개했다. 두 사람은 이 연구에서 동성애자는 이성애자와 달리 생물학적 가족보다 선택한 가족에게서 더 큰 지지를 받는다고 느끼며, 연인과의 관계와 관련된 선택을 비롯한 인생의 중요한 결정에 생물학적 친족보다 선택한 가족의 의견을 더 소중하게 여긴다는 사실을 확인했다.

1970년대에 '친구'들로 구성된 이 새로운 형태의 가족을 만드는 데 앞장선 사람들은 이 선택한 가족과의 단란한 삶 속에서 나이가 들었다. 최근 미국에서 젊은 세대가 꾸린 동일한 공동체를 조사한 결과를 보면, 그들에게 선택한 가족은 여전히 인생의 중요한 존재이며 안정감을 얻고 발전하는 데 큰 역할을 하는 것으로 나타났다. 특히 성장 과정에서 자신의 성적 취향을 고민하며 힘든 일을 겪은 경우 더욱 그러한 경향이 있다.

가족이라고 뭐든 다 말할 수 있는 건 아니에요. 제 성적 취향이나 살면서 겪는 문제들을 가족에게는 털어놓을 수 없어요. 편하다, 열려 있다고 느낀 적이 없거든요. 하지만 제일 친한 친구에게는 작년에 우리 부부가 아이를 가졌을 때 검사를 받은 날 바로 이야기를 할 수 있었어요. 누구에게든 꼭 알리고 싶었는데, 그 친구라면 다 들어주리라는 걸 알고 있었거든요. 제 가족에게 이야기했다면 그 친구만큼 축하해주거나 관심을 가졌을 것 같지 않아요. - 로버트

2013년에 일리노이 청소년 건강 회의(ICAH)는 청소년의 성 정체성과 건강, 권리에 선택한 가족과 생물학적 가족이 각각 어떤 역할을 하는지 조사했다. 약 500명의 청소년을 대상으로 개별 인터뷰와 온라인 조사를 통해 인생에서 이 힘들고 혼란스러운 단계를 어떻게 헤쳐 나가고 있는지 알아본 이 연구에서, 두 형태의 가족은 각각 수행하는 역할이 있지만 청소년들이 힘든 문제에 부딪

첬을 때 가장 먼저 의논하는 쪽은 선택한 가족인 것으로 나타났다. 조사 참가자의 80.7퍼센트는 선택한 가족이 있다고 밝혔고, 대부분 또래 친구들일 것이라는 추정과 달리 선택한 가족 중 33.5퍼센트에는 성인도 포함되어 있었다. 청소년에게 선택한 가족이 있다는 것이 무조건 어른의 생각을 거부하는 건 아니라는 의미다. 성생활과 성적 취향에 관한 고민이 있을 때 선택한 가족과 의논한다고 밝힌 청소년은 73.4퍼센트였고, 생물학적 가족과 이야기한다고 응답한 청소년은 52.8퍼센트였다. 그러나 그러한 주제로 이야기할 때 어느 쪽이 더 '편안하다'고 느끼는지 묻는 질문에 청소년의 63.2퍼센트가 선택한 가족이라고 답했다. 생물학적 가족과 이야기하는 것이 더 편하다고 답한 응답자는 9.7퍼센트에 그쳤다. 성경험 등 가족에게 말할 수 없는 주제가 있느냐는 질문에 대해 생물학적 가족과는 이야기할 수 없는 주제가 있는 것으로 나타났지만 선택한 가족이 있다고 답한 청소년의 약 4분의 3은 선택한 가족과 못할 이야기가 없다고 답했다. 그 이유는 무엇이었을까? 조사에 참가한 청소년들은 선택한 가족의 역할이 생물학적 가족과는 확연히 다르다고 생각했다. 이들에게 선택한 가족은 정서적·지적 지지와 조언을 얻는 존재인 반면, 생물학적 가족이 제공하는 것은 경제적 지원과 교육에 필요한 도움이 가장 크고 정서적 지지는 이 두 가지와 한참 떨어진 세 번째로 나타났다. 성 정체성을 찾고 싶은 성소수자 청소년들에게는 선택한 가족이 특히 중요한 존재였다. 자신이 성전환자, 사회적 성별에 순응하지 않는 사람 또는 이분법적 성별 구분에 반대하는 사람(젠더퀴어)이라고 밝힌 청소년은 생물학적 가족(59.1퍼센트)보다 선택한 가족(81퍼센트)에게 이러한 성적 취향에 관해 털어놓는 것으로 확인됐다. 무성애자 청소년은 이 차이가 20퍼센트와 80퍼센트로 더 크게 벌어졌다.

저는 신이 가족을 대신해서 사과하는 의미로 내려주신 존재가 바로 친구라고 굳게 믿어요. 저에게 친구들은 가족이고, 그래서 친구들을 마음 깊이 진심으로 사랑해요. 저는 좋은 가정에서 자라지 않았어요. 가족을 사랑하고 있는 그대로 받아들이지만 정말로 가족이라고 생각하는 건 친구들이에요. 다른 사람들은 모르는, 제 가장 어둡고 깊은 비밀도 다 알고… 최악일 때와 최상일 때의 내 모습을 전부 아는 사람들이에요. 저는 거의 모든 일을 혼자 해결하면서 살지만 같은 여자인 친구들이 정서적인 버팀목이 되어주고 가족이 거의 채워주지 못하는 제 인생의 물리적인 빈 공간도 늘 채워줘요. - 캐럴

모든 혹은 대부분의 생물학적 가족은 사랑으로 단단히 묶여 있다. 선택한 가족도 그런지는 어떻게 알 수 있을까? 사회학자 애나 무라코Anna Muraco는 이 의문을 풀기 위한 출발점으로 샌프란시스코 베이 지역에서 인위적인 친족 관계라 할 수 있는 동성애자 남성과 이성애자 여성, 또는 동성애자 여성과 이성애자 남성 23쌍의 인터뷰를 실시했다. 가족만큼 가까운 친구 사이인 이들을 인터뷰한 결과, 절반 정도는 생물학적 가족보다 훨씬 친밀한 사이인 것으로 나타났다. 인터뷰 대상자 중 3분의 1은 생물학적 가족과 관계가 소원한 상황이었고, 다수는 선택한 가족이 사회적 네트워크에서 가족의 빈자리를 채우지는 못하지만 그들에게 특별하고 깊은 애정을 느낀다고 답했다. 인위적인 친족이 선택한 가족 내에서 진짜 친

족의 역할을 수행하는 경우도 많았다. 즉 자신보다 나이가 어린 친구들에게 엄마나 아빠 같은 존재가 되어주거나 형제자매가 되는 경우도 있고, 친구의 아이들에게 소중한 삼촌이나 이모가 되어주는 사람들도 있었다. 또한 선택한 가족은 생물학적 가족보다 가족의 역할을 충족하는 경우가 더 많고 특히 경제적 지원에 있어서 그러한 경향이 나타났다. 무라코는 인터뷰한 사람들의 4분의 1은 서로 돈을 빌려주거나 빌려본 적이 있고 함께 집을 사서 직계 가족을 포함한 생물학적 친족과 인위적 친족이 대가족을 이루며 사는 경우도 있었다고 밝혔다. 또한 참가자들은 서로에 대해 평가를 하지 않고 정서적 지지를 받은 적이 있다고 말했다. 상당수는 나이가 들어도 함께 어울려 지낼 생각이며, 연애가 아닌 정신적 유대를 토대로 공동 육아를 할 의향도 있다고 밝혔다.

앞서 소개한 ICAH 조사에 참가한 청소년 중에는 선택한 가족이 힘든 세상에서 살아남을 수 있었던 '확실한' 이유라고 밝힌 경우도 있었다. 참가자의 말을 그대로 전하면 아래와 같다.

선택한 가족은 생존을 위해서 꾸려진 경우가 많아요. 저는 선택한 가족 덕분에 이렇게 살아 있다고 생각해요. 그래서 생물학적 가족보다는 그들을 먼저 찾곤 합니다. 굳이 설명하지 않아도 제가 문제를 이겨낼 수 있도록 도와줘요. ─ 카미

생존 게임에서 제 뒤를 든든히 받쳐주는 사람들이에요. 제가 '정상적인' 상자에서 빠져나와 최대한 빨리 달아나려고 하면 모두가 절 붙잡아서 그 상자에 집어넣으려고 하는데, 선택한 가족은 이 게임에서 제 편이 되어줍

니다. – 에리카

생존 게임에서 뒤를 든든히 받쳐주는 사람이라는 말보다 더 확실한 사랑 표현이 있을까?

다른 종과의 사랑

우리 개는 제가 어딜 가든 따라와요. 낮이고 밤이고 항상 그래요. 침대에 누우면 곁에 눕고, 일을 할 때도 곁에 누워 있어요. 개는 저에게 모든 걸 쏟고, 저도 반려견에게 모든 걸 쏟죠. 혼자 즐거운 시간을 보내다가도 반려견 생각이 나요. 그냥 우리 둘이 어딘가로 떠나서 살고 싶을 만큼 끈끈한 관계랍니다! 다른 누구보다 개와 함께 있을 때 가장 행복해요. – 제임스

우리는 연인, 자녀, 부모, 그리고 사람 친구와 강력한 애정을 바탕으로 유대 관계를 형성한다. 인간의 사랑이 놀라운 이유 중 하나는 이 사랑이 다양한 사람과 존재로 확대될 수 있다는 점이다. 심지어 종이 다른 존재도 포함된다. 10대 시절에 내가 너무 사랑했고 내 마음을 전부 나누었던 반려견 헨리가 세상을 떠났을 때 몇 달 동안 눈물로 지새웠던 시간들은 여전히 생생한 기억으로 남아 있다. 지금 키우고 있는 베어, 샘, 스크러피 세 마리의 반려견은 아이들, 남편과 더불어 내게 소중한 가족이다. 남편은 개들이 달려와 안기는 순서나 소파에서 자리를 차지하는 권한을 보면 아무래도 자신이 개들보다 서열이 낮은 것 같다고 이야기하곤 한다. 나는 우

리 개들을 사랑하고 가장 절친한 친구들이라고 분명하게 말할 수 있다. 그런데 우리 개들도 그럴까? 3장에서 설명한 애착과 비슷한 행동, 심리적 특성과 그러한 애착에 따르는 이점이 반려견과의 관계에도 존재할까?

> 정말 놀라워요. 저에게는 안전망이자 따뜻한 담요가 되어줍니다. 가장 친한 친구이기도 하고요. 산책을 갈 때면 저도 개와 거의 비슷하게 에너지를 얻어요. 밖에서 기분 전환하는 그 시간이 너무 좋고, 10킬로미터쯤 걸어도 행복합니다. 힘이 솟아나요. 지금은 장모님 댁에서 지내고 있는데, 제 팔다리 중 하나가 없어진 기분이 들어요. 계속 개를 찾게 돼요. 진짜 놀라운 존재입니다. 사진을 보여드리고 싶군요. 전 한 치의 의심도 없이 100퍼센트 우리 개를 사랑합니다. 우리 첫아이와 같아요. ─ 맷

2019년 영국, 미국, 독일, 오스트리아에서 활동하던 동물행동학자들이 한 팀이 되어 애착 연구의 표준으로 여겨지는 에인스워스의 '낯선 상황' 기법으로 개가 주인에게 애착 행동을 보이는지, 그리고 이 낯선 상황에서 아기가 양육자에게 보이는 네 가지 애착 특성 중 한 가지가 나타나는지 처음으로 조사했다. 연구진은 몸집이 중간 정도인 59마리의 개와 견주를 모집했다. 성별은 개와 견주 모두 절반씩 동일하게 구성됐다. 그리고 표준 방식대로 개가 '낯선 상황'에 처했을 때 보이는 반응을 분석한 결과 개는 분리될 때, 그리고 주인과 다시 만났을 때 다양한 행동을 보이며 주인에게 애착을 느끼는 것으로 확인됐다.

연구진은 각각의 개가 보이는 행동의 특징을 토대로 아기에게

적용되는 것과 비슷하게 애착의 종류를 네 가지로 구분했다. 안정형 애착을 보이는 개는 주인을 적극적으로 찾고 다시 만나면 점프를 하거나 주인의 몸에 주둥이나 발을 갖다 대고 꼬리를 흔드는 등 주인과 접촉하기 위해 가까이 다가간다. 이러한 개들은 주인과 분리되기 전에 방 안을 적극적으로 탐색하면서 장난감을 살펴보며, 주인이 방에서 나가면 주인을 찾지만 심하게 괴로워하지는 않는다. 회피형 애착을 보이는 개는 주인과 떨어졌다가 다시 만나도 몸을 맞대려고 하거나 가까이 가지 않는다. 주인과 분리되기 전에는 방 안을 탐색하지만 주인이 보이지 않아도 별로 괴로워하지 않는다. 양면형 애착을 보이는 개는 방 안을 탐색하지 않고 주인과 떨어지지 않으려고 한다. 주인과 분리되면 괴로워하는 듯한 소리를 내고 방 안을 돌아다니며 주인을 찾고 주인과 다시 만나도 쉽게 진정되지 않는다. 다시 만난 주인에게 가까이 다가가서 칭얼대고 주둥이와 발을 계속 갖다 대면서 관심을 끌려고 하며, 안정감을 찾지 못한다. 이런 결과를 보면 개가 인간에게 애착을 느끼는 건 분명해 보인다. 그렇다면 궁금증이 생긴다. 우리가 개를 사랑하는 것처럼 개도 우리를 사랑할까? 이제 뇌 스캔을 해볼 차례다(멍멍!).

개의 뇌 스캔

우리 개도 저를 사랑한다고 생각해요. 서로 눈을 바라보면 제 몸에서 도파민이 분비되는 기분을 느끼는데, 개도 그럴 것 같아요. 제가 안아주면 정말 좋아하니까요. 함께 붙어 있을 때 제 기분이 좋아지는 것처럼 개도 기개를 키우는 사람이라면 네 발 달린 털북숭이 친구에게 갖고 있는 간식을 다 주고 싶은 유혹을 느낀다. 내가 예전에 키웠던 무스라는 개는 산책하면서 하는 말이나 소파에서 좀 비켜달라고 하는 말은 하나도 못 알아듣는 것 같다가도 비스킷 통을 열면 멀리 다른 방에 있다가도, 심지어 문이 닫힌 곳에 있다가도 쏜살같이 달려와 귀여운 눈으로 쳐다본다. 개들은 인간을 사랑하는 것이 아니라 인간이 주는 음식을 사랑한다는 주장도 있다. 그래서 영국에서는 무언가를 얻으려고 보이는 애정을 '찬장 사랑'이라고 일컫기도 한다(주로 부엌 찬장에 간식을 보관한다는 의미다 - 옮긴이). 개가 주인을 사랑하는 것이 분명하다고 확신하는 사람들과 객관적으로 판단하려는 사람들의 이런 논쟁은 사그라질 줄 모른다. 과거에는 오랫동안 위에서 소개한 것과 같은 일화나 행동 연구에만 의존해야 했지만 이제는 개도 사랑을 경험한다고 봐도 좋을 만한 신경과학적 근거가 있다.

오, 우리 개들이 절 사랑하는 건 분명한 사실이에요. 특히 할리는 저에게 다가와서 코를 비비고, 박치기를 하고, 침대에 눕기만 하면 이불 속으로 파고 들어와요. 꽤 오래 떨어져 있다가 만나면 얼마나 핥아주는지 몰라요. 낮에도 그렇고요. 침실에 들어오는 걸 너무 좋아하는데 아내는 별로 좋아하지 않죠. 틈만 나면 들어와서 침대에 있으려고 해요. 말썽을 부리진 않아요. 그저 누워서 엉금엉금 기어 우리 쪽으로 다가와요. - 러스

fMRI를 촬영하는 환경은 결코 편안하지 않다. 환자, 또는 실험에 참가한 사람은 좁은 관처럼 생긴 곳에 누워 머리에 꽉 조이는 장치를 달고 기계 안에 들어가서 불협화음으로 시끄럽게 쏟아지는 소음과 이 스캐너의 가장 기본적인 구성 요소인 3개의 강력한 자석이 부딪히는 소리를 견뎌야 한다. 공격적으로 느껴지는 이 모든 감각을 견디다 못해 도중에 갑자기 그만두겠다고 하는 사람들도 있다. 이런 상황이니, 미국 에머리대학교의 한 교수가 개가 fMRI 스캐너 안에서 묶어놓지 않아도 얌전히 누워 있도록 훈련을 시켜서 반려견의 뇌 활성, 특히 인간과 교감할 때의 뇌 활성을 분석했다는 소식을 들었을 때 내가 얼마나 놀랐을지 여러분도 짐작할 수 있을 것이다.

그레그 번스Greg Berns 교수는 2016년에 반려견 15마리를 대상으로 먹을 것을 보상으로 줄 때와 사회적 보상을 제공했을 때 나타나는 뇌 활성을 비교한 fMRI 연구 결과를 발표했다. 이 연구에서 활용된 사회적 보상은 사람이 말로 해주는 칭찬이었다. 이 연구에 참가한 개들은 모두 뇌 스캔에 베테랑이 되었다. 실험을 시작하기 전, 특정 물체와 보상의 관계를 가르치는 훈련이 실시됐다. 즉 장난감 자동차가 나오면 핫도그 소시지가 보상으로 주어졌고, 장난감 말이 나오면 사람이 말로 하는 칭찬이 주어졌다. 결과를 대조하기 위해 빗이 나타나면 아무런 보상이 주어지지 않았다. 먼저 뇌 스캔 없이 이 훈련을 120회 실시하고, 개의 뇌를 스캔하는 동안 개의 시야에서는 보이지 않는 위치에서 막대기 끝에 이 세 가지 물체 중 하나를 매달아서 무작위로 보여주는 방식으로 실험이 진행됐다. 막대기로 물체를 제시한 이유는 보상이 주어졌을 때, 특히 먹을 것을 얻을 때 개와 사람의 사회적 관계가 영향을 주지 않도록 하기 위해서였다. 먹을 것이 주어질 것임을 예고하는 장난감 자동차를 보여준 다음에는 막대기 끝에 간식을 달아서 주고, 장난감 말이 나타난 뒤에는 개의 주인이 스캐너 끝에 나타나서 칭찬하는 사회적 보상을 제공했다. 빗을 보여준 뒤에는 아무것도 주지 않았다.

이 연구에서 그레그는 먹을 것이 보상으로 제공되거나 사회적 보상이 주어질 때 모두 뇌의 복측선조체가 활성화됐다고 밝혔다. 복측선조체는 중격의지핵과 미상핵이 자리한 곳으로, 인간의 뇌에서는 옥시토신 수용체와 도파민 수용체가 다량 존재하여 무의식적인 사랑을 관장하는 영역이다. 그런데 두 가지 보상이 주어졌을 때 나타난 활성을 비교하면, 사회적 보상이 주어졌을 때의 활성이 먹이가 보상으로 제공됐을 때 나타나는 활성과 동일하거나 '더 큰' 것으로 나타났다. 먹이보다 주인을 '더 사랑한다'는 의미다. 그레그 연구진은 이 실험에서 보상으로 제공된 먹이가 개들이 좋아하는 간식이라는 점을 강조했다. 핫도그를 안 좋아하는 개가 있을까? 사회적 보상은 딱 3초간 말로 칭찬하는 상당히 절제된 방식으로 제공되었다. 개를 쓰다듬어주거나, 쓰다듬는 '동시에' 칭찬을 해주면 활성이 얼마나 더 커질지 충분히 짐작할 수 있다. 소파에서 함께 뒹굴며 한참 동안 배를 문질러주는 보상은 어떨까? 사람과의 상호관계를 온전하게 즐기는 개의 뇌에서 확인된 이 결과를 보면, 개가 인간을 사랑하는 이유는 먹을 것을 주기 때문이 아니라 인간과 마찬가지로 상대를 사랑할 줄 알기 때문일지도 모른다는 생각에 큰 확신이 생긴다.

우리는 저녁마다 항상 하는 일이 있어요. 개가 침대에서 우리와 함께 누워 있다가 일어나서 우리 이마를 핥아주는 겁니다. 개가 이마며 귀를 핥는다고 하면 기겁하며 싫어하는 사람들도 있지만, 우리는 개가 우리를 보살펴주는구나, 이제 자러 갈 준비를 하는구나, 라고 생각해요. 우리 개는 꼭 밥 먹는 시간이 아니라도 저를 항상 쫓아다닌답니다! — **카트리오나**

　그러므로 개가 주인에게 애착을 느끼고 인간을 사랑하는 감정은 그저 찬장에 보관된 간식 때문만은 아님을 분명하게 알 수 있다. 그런데 애착은 반드시 쌍방이 주고받는 관계에서만 형성되는 것이 아니다. 그렇다면 개를 사랑한다, 개에게 애착을 느낀다고 주장하는 사람들이 개에게 느끼는 감정은 무엇일까? 개에 대한 인간의 사랑을 가장 명확히 보여주는 사례 중 하나는 노숙자와 그들이 키우는 개일 것이다. 노숙하는 사람들은 자기가 먹을 음식도 늘 부족하고 거리에서 생활하느라 극도로 불편하고 위험한 일이 많은데도 반려동물을 키우는 경우가 많다. 먹어야 하는 입이 하나 더 늘고, 몸을 누이는 곳에 안전한 보호 장치도 더 적극적으로 마련해야 하고, 처리해야 할 일이나 배워야 하는 것이 생길 수 있는데도 그런 선택을 한다. 반려동물과 노숙자의 관계는 서로를 사랑하는 다른 여러 관계와 마찬가지로 양쪽 모두가 누리는 이점이 있고, 이것이 노숙과 같은 열악한 환경에서 반려동물을 키울 때 발생하는 문제를 어느 정도 상쇄할 가능성이 있다.

　노숙자와 반려동물의 관계를 조사한 여러 연구 결과를 보면 이들의 관계는 우울증을 예방하며 주인이 가까이 지내고 사랑하는 유일한 존재로서 사회성을 촉진하고 다른 사람들과의 상호작용을 강화하는 역할을 한다는 내용이 많다. 노숙자에게 반려동물은 정서적인 밑거름이자 실질적인 힘이 되고 일상을 챙기는 계기가 되며, 다른 존재를 돌보는 행위를 통해 자부심과 자기 효능감이 커진다는 결과도 있다. 반려동물을 키우는 것은 이처럼 정신 건강에 긍정적인 영향을 미칠 뿐만 아니라 같은 환경에서 지내는 사람들로부터 받는 영향을 반려동물과의 친밀한 관계가 대체하므로 마약 의존을 낮춘다는 증거도 확인됐다. 건강의 측면에서도 반려동물과의 관계가 도움이 된다는 의미다.

2016년에 미셸 렘Michelle Lem은 동료 연구자들과 함께 반려동물이 젊은 노숙자의 우울증에 어떤 영향을 미치는지 조사했다. 그 결과 반려동물이 있으면 정신 건강이 악화될 위험성이 3분의 1까지 감소하고 물질 남용을 막는 효과가 있다고 밝혔다. 연구자들은 반려동물을 키우고 있는 노숙자 89명을 조사했다. 상당수가 16세 생일을 맞이하기 전에 집을 나왔고 반려동물이 가족이라고 밝혔다. 거리 생활을 하면서 '나보다 반려동물을 먼저' 생각하는 것은 이타주의의 실현이자 부모가 자식을 챙기는 것과 같은 형태의 사랑이며, 그만큼 인간과 동물 사이에는 강력한 애착이 형성된다. 인간과 그러한 관계를 맺을 수 있는 동물은 매우 다양하다. 미셸의 연구에 '참가'한 동물만 하더라도 개 52마리, 고양이 60마리, 래트 2마리, 토끼 3마리, 턱수염 도마뱀 2마리, 친칠라 1마리, 물고기 1마리였다!

개는 제 자식이에요. 물론 생물학적 DNA는 다르지만 발달 DNA는 공유한다고 생각합니다. 성격이 정말 잘 맞거든요. 저는 우울증과 불안증이 좀 있는데, 아침에 반려견 때문에 일어나게 돼요. 서로 의지한다는 기분이 들어요. 개가 저의 친구고, 일을 할 때도 함께하고, 항상 우리를 지켜보고 있다가 스트레스가 심한 상태가 되면 얼른 알아차려요. 우리가 인정하는 것보다 훨씬 더 많은 몫을 한다고 생각해요. 저는 우리 개를 사랑합니다.

— 카트리오나

이쯤 되면 여러분도 예상하겠지만 종을 넘어선 이 강력한 유대는 다른 형태의 사랑과 마찬가지로 생리학적·신경화학적 메커니즘에 의해 구축된다. 스웨덴의 과학자 린다 한들린Linda Handlin은 수컷 래브라도 10마리와 견주의 평상시 혈중 옥시토신 농도와 3분간 개를 쓰다듬고 개에게 말을 거는 방식으로 상호작용을 할 때의 농도를 비교했다. 다른 관계에서 관찰된 것과 비슷하게, 이러한 상호작용이 끝나고 50분이 지나도록 개와 주인의 심장 박동이 감소한 것으로 나타나 스트레스가 줄었음을 알 수 있었다. 스트레스 호르몬인 코르티솔의 경우 상호작용 후 사람의 몸에서는 평상시보다 낮아졌지만 개는 감소하지 않았는데, 이는 낯선 실험 환경 때문인 것으로 보인다. 인간은 실험이 진행되는 공간에 와 있는 이유를 알지만 개는 알 리 없고, 개를 키워본 사람은 다 알겠지만 낯선 환경에서 개는 숨을 헐떡이거나 낑낑대는 경우가 많다.

한들린보다 먼저 실시된 J. 오덴달J. Odendaal과 R. A. 마인체스R. A. Meintjes의 연구에서도 같은 결과가 나왔다. 두 사람의 연구에서는 개와 주인의 몸에서 옥시토신, 도파민을 포함한 신경화학물질이 유익한 수준으로 다량 분비되는 것으로 나타났으며, 흥미롭게도 베타엔도르핀도 분비되는 것으로 확인됐다. 개와 주인 사이에 장기적인 유대가 형성되었음을 의미한다. 그러므로 개와 주인 사이에도 사람 간의 관계와 비슷하게 복합적이고 장기적인 사랑이 형성될 가능성이 있다.

> 저는 우리 개를 정말로 사랑합니다. 제가 친구들에게서 느끼는 행복과 같아요. 개와 놀 때면 행복하거든요. — 샘

단정 짓기는 어렵지만, 나는 애착이 형성된 관계가 전부 동일하지는 않으며 서로에게 유독 큰 영향을 주거나 더 강력한 감정을 일으키는 관계가 있다고 생각한다. 반려동물을 키우는 사람들 중에는 동물에게 느끼는 사랑과 그 관계에서 느끼는 안정적인 애착이 모든 면에서 부모 자식 간의 사랑 못지않게 강하다고 주장하는 사람들도 있다. 실제로 최근 한 연구에서는 여성들이 자신의 개와 자녀의 사진을 볼 때 사랑과 관련된 뇌 활성이 동일하게 나타나는 것으로 확인됐다. 중요한 차이가 있다면, 불이 나면 그래도 자식을 먼저 구할 것이라고 밝혔다는 점이다. 아래에서는 지금까지 설명한 것과는 확연히 다른 종류의 애착을 살펴보려고 한다. 엄마들이 흔히 고함치는 말에서 힌트를 얻을 수 있다.

'휴대전화 내려놔!'

통계 자료부터 살펴보자. 휴대전화 이용자의 68퍼센트는 잠에서 깬 후 15분 이내로 전화기를 들여다보고, 10퍼센트는 잠에서 깨자

마자 전화기부터 본다. 또한 휴대전화 이용자의 79퍼센트는 하루에 깨어 있는 시간 중 휴대전화를 사용하는 시간이 대략 2시간이고, 3분의 2는 전화기와 분리되면 괴롭다고 밝혔다. 젊은 층에서 특히 이러한 경향이 나타난다. 휴대전화 이용자의 54퍼센트는 전화기 없이 이틀 이상 지낼 수 없다고 답했다. 미국인은 평균 10분 간격으로 휴대전화를 확인한다. 밀레니얼 세대의 13퍼센트는 하루 동안 휴대전화를 사용하는 시간이 12시간 이상이다.

이런 결과를 보면, 휴대전화와의 관계가 삶에서 가장 중요한 사람들이 참 많다는 생각이 든다.

과학자인 크리스 풀우드Chris Fullwood는 현대 사회에 딱 맞는 주제에 관심을 갖기 시작했다. 바로 사람들이 스마트폰과 맺는 관계다. 이러한 연구를 하는 사람들은 이름도 멋진 사이버심리학자cyberpsychologist라 불린다. 크리스는 특히 사람들이 새로운 기술과 어떻게 관계를 맺고, 그 관계가 젊은 층의 사회적 발달에 어떤 영향을 주는지에 관심이 많다. 내가 주목한 건 스마트폰 애착에 관한 연구였다. 앞서 소개한 통계 결과 중에 아무거나 하나 골라보라. 휴대전화와 붙어 있으려는 강한 욕구, 떨어지면 괴로운 것, 아침에 깨어나자마자 확인하고 틈만 나면 붙들고 있으려 하는 것, 전부 애착 행동의 특징 아닌가? 크리스의 연구에 참가한 사람들의 이야기를 들으면 열정이나 격분하는 반응 모두 영락없이 사랑에 빠진 사람들 같다.

어떤 관계든, 그러니까 사랑하든 싫어하든 어쨌든 내 거잖아요, 그렇죠? 내 일부고, 그래서 안 보이면 꼭 내 일부를 잃어버린 기분이 들어요. ─조부모가 자식에 관해 한 말이 아니라, 표적 집단으로 선정된 25세 참가자 한 명이 자신의 휴대전화를 두고 한 말이다. 크리스의 연구에서 실제로 휴대전화를 자신의 사회적 네트워크에 속한 구성원 중 하나로 여기는 사람들이 많은 것으로 나타났다. 엄마가 케이크 레시피를 좀 찾아보라고 하면 이제 자녀들은 구글에서 검색한다. 외식할 곳을 찾거나 철자가 맞는지 확인할 때도 시리가 새로운 베스트프렌드가 되어 도와준다. 한 참가자는 휴대전화 알림 음이 관심 좀 가져달라고 칭얼대는 소리로 들린다고 말했다.

그렇다면 우리가 애착을 느끼는 건 전화기일까, 아니면 휴대전화로 대표되는 다른 것일까? 전화기 종류와 상관없이 잃어버렸다가 찾고 나면 괴로웠던 마음이 단번에 사라진다는 연구 결과가 많은 것을 보면 기계 자체가 애착의 대상은 아닌 것 같다. 그보다는 아끼는 사람들, 친구나 가족 등 진짜 애착을 느끼는 대상과 계속해서 연결되는 핵심 수단으로서의 의미가 있다. 또한 행복했던 순간을 담은 사진이 저장되어 있고, 왓츠앱 같은 채팅 앱에는 오랜 시간 사람들과 나눈 대화가 남아 있을 뿐만 아니라 실시간으로 소통할 수 있다. 물리적으로 떨어져 지내는 경우 이러한 수단은 원할 때 언제든 연락할 수 있는 안정적인 기반이 된다. 휴대전화에 대한 애착의 핵심은 바로 거기에 있다.

깜박하고 놓고 나오면 너무 속상해요. 당황하게 되고요. 이제 연락은 어떻게 하나, 누구와도 연락할 방법이 없는데… 이런 생각이 들어요. 그래서 휴대전화를 가지러 집에 돌아갑니다. 그 때문에 지각할 때가 있어요. **— 세라**

나는 코로나 바이러스 유행이 한창인 2020년에 지금 이 내용을 쓰고 있다. 그동안 사랑과 관련된 모든 것은 직접적인 접촉이 가장 중요하다고 열심히 주장해왔지만, 이제는 나도 사랑하지만 함께할 수 없는 사람들과 연락을 유지하기 위해 늘 스마트폰을 들여다보고 있다. 소셜미디어와 현대에 등장한 소통 수단은 전부 도구일 뿐이라고 내내 주장해왔고 그러한 도구가 우리를 조종하게 두지 말고 우리가 통제해야 한다고 생각했지만, 지금처럼 대유행이 확산된 상황에서는 이와 같은 도구의 중요성에 새삼 놀라게 된다. 어떤 면에서는 생존 메커니즘의 한 부분을 차지한다고도 할 수 있다. 그러므로 기계 자체를 사랑하는 것이 아니라 내 인생에서 없으면 견디기 힘든 부모님, 친구들과 나를 이어주는 생명줄로서 정말 소중한 존재가 되었다고 할 수 있다. 아마 여러분도 그렇게 느끼리라 생각한다.

　　우리가 휴대전화에 느끼는 애정은 종간 사랑의 한 예로 볼 수 있지만 실제로 그런 사랑이 생겨날 가능성은 매우 희박하다. 설사 가능하더라도 스마트폰 기술에는 한계가 있으므로 일방적인 애정으로 그칠 것이다. 하지만 우리는 또 다른 혁신의 문턱에 가까이 다가가고 있다. 금속과 전선으로 이루어진 이 대상에 언젠가는 우정은 물론 연애 감정까지 느낄 수 있다고 주장하는 사람들도 있다. 그 주인공은 인공지능이다.

로봇 친구를 소개합니다

우리를 돌봐줄 수 있는 인간은 수적으로 부족합니다. 그래서 로봇은 원하건 원하지 않건 필요한 존재이지만 윤리적인 문제가 아주 많습니다. 로봇의 기능이 향상될수록 사람 간의 접촉도 줄어들 텐데, 경계를 어디로 잡아야 할까요? 완벽한 로봇이 있다면 크리스마스에도 할머니를 뵈러 가지 않아도 될까요? 로봇이 나와 똑같이 생긴 데다가 목소리까지 똑같은데 굳이?! 대신 다른 곳에서 다른 일을 할 수 있으니까요. 이건 '불쾌한 골짜기'로 불리는 불쾌감의 새로운 단계라 할 수 있습니다. **― 사회적 기능을 가진 로봇 연구자이자 개 연구자 마르타 가크시**Marta Gácsi **박사**

서구 사회는 수명 연장과 출산율 감소, 금욕 생활, 대가족과 지리적으로 떨어져 지내는 생활이 엎친 데 덮친 격으로 한꺼번에 작용하여 부양에 위기가 닥쳤다. 사회에서 가장 취약한 사람들을 적절히 돌봐줄 인력과 돈이 모두 부족한 상황이 된 것이다. 인공지능이 성큼 가까워지고 공상과학 소재에 지나지 않았던 인간과 유사한(휴머노이드) 로봇이 전 세계적으로 현실에서 접할 수 있는 존재가 될 가능성이 높아지자 이러한 새로운 기술로 위기를 해결할 수 있다고 주장하는 사람들도 있다. 인간을 돌보는 로봇 집단을 만들자는 의미다. 그러나 누군가를 돌보는 행동은 복잡한 인지적·생물생리학적 기능을 요구한다. 사람을 돌보는 일은 차를 한 잔 타주거나 약을 챙겨주고 세탁기를 돌리는 것처럼 간단한 일이 아니다. 문을 열고 들어가 마주했을 때 상대가 오늘 기분이 별로 좋지 않다는 사실을 아는 것, 살면서 쌓은 경험과 공감하는 마음, 타인을 이해하는 능력이 한데 어우러져서 지금 상대방에게 가장 필요한 것이 무엇인지 아는 것이다. 껴안아주거나 독한 술을 한 잔 건네는 것이 될 수도 있고, 멋진 농담으로 기분이 좋아지도록 만드는 것이 될 수도 있다. 사람과 사람의 마음이 만나 생물행동학적인 동시성이 생길 때 가능한 일이다. 그러므로 사람을 돌보는 로봇을 만들기 위해서는 공학적으로 엄청난 발전이 필요하다. 기술적으로 가능해진다고 하더라도 사랑의 기본 재료는 공감과 보살핌인데, 정말로 로봇과 친구가 될 수 있을까? 로봇에게 사랑을 느끼고 로봇도 우리에게 그런 감정을 느낄 수 있을까?

우리가 어떻게 누군가에게 사랑을 느끼며, 상대는 어떻게 우리에게 사랑을 느낄까? 사람 간의 사랑에서는 이 질문에 답을 찾기가 매우 어려울 수 있다. 행동, 인지 기능, 심리적·문화적·종교적 요소가 작용할 수 있고 그중에는 공통적인 요소도 있지만 상당수는 환경에 따라 독특하게 형성되며 선호도에도 차이가 있다. 그러나 로봇이 인간과 최소한 함께 지낼 수 있는 관계를 형성하도록 프로그램하려면 그런 요소들 중 어떤 것이 어우러져서 사랑이라는 결과가 나오는지 알아야 한다. 그리고 답을 찾기 위해서는 간단한 것부터 살펴보는 것이 최선일지도 모른다. 다시 개가 등장할 때가 됐다.

개는 말을 할 줄 모르는 데다 얼굴 생김새나 표정이 사람과 비슷하지도 않은데 소통이 정말 잘되잖아요. 그래서 우리는 개를 특별한 존재라고 주장합니다. 영화나 소설을 보면 기능이 고도로 발달한 로봇이 등장하고… 어쩌면 슈퍼로봇이 나올지도 모른다고 생각할 수 있지만 그건 굉장히 어려운 일입니다. 그렇게 되지도 않을 거고요. 노래하는 로봇도 있고 사람과 아주 비슷하게 생긴 로봇도 있죠. 심지어 걸을 수 있고 점프까지 가능한 로봇도 있어요. 하지만 그보다 지능이 훨씬 낮은 개와 함께하는 일상적인 상황을 대신할 수 있는 로봇은 없습니다. **– 마르타 가크시 박사**

개는 인간에 비하면 인지 기능이 덜 복잡한 생물임에도 불구하고 사회적 능력이 매우 뛰어나다. 위에서 설명한 것처럼 개는 감정을 표현하고 고유한 성격이 있다. 인간은 개와 강력하면서도 서로에게 유익한 애착관계를 형성하며, 그 관계에는 사랑이 가득 담겨 있다. '사회성 있는 로봇' 개발의 선두에 선 많은 사람들도 인간의 사회적 행동에서 나타나는 미세한 특징을 가진 로봇을 만들어 내야 한다는 사실을 잘 알고 있다. 그런 로봇을 만드는 건 불가능하거나, 가능하다고 해도 현 시점에서는 엄청난 비용 때문에 기술적인 실현이 불가능하다고 여겨진다. 이 연구자들은 개가 완벽한 연구 대상이라고 보고 개와 인간의 관계를 자세히 분석해서 우리가 왜 개를 사랑하는지 밝혀내려고 노력한다. 이들이 가장 먼저 해결해야 하는 문제는 로봇에 대한 인간의 자연스러운 거부감을 이겨내는 것이다. 일부의 경우 극도의 불편함을 느끼기도 한다. 위에서 인용한 마르타 가크시 박사의 설명에 등장하는 '불쾌한 골짜기uncanny valley'라는 용어는 바로 이러한 현상을 가리킨다. 우리와 굉장히 흡사하지만 동일하지는 않은 대상을 볼 때 느끼는 불편한 감정을 뜻한다. 호러 영화에서 관객들을 제대로 겁먹게 만드는 유용한 장치로 좀비가 등장하는 것도 이 때문이다. 행동 전문가인 동물행동학자 베로니카 코녹Veronika Konok이 발표한 '로봇을 사랑해야만 할까?'(2018)라는 논문에는 사회성 있는 로봇에 대한 대중의 태도를 연구한 결과가 담겨 있다. 이 연구에서는 집에서 함께 생활하는 로봇에 대한 생각을 조사했는데, 176명의 남녀 참가자 중 85명은 반려견을 키우고 있었다. 연구진은 참가자들에게 집안일을 도와주는 로봇과 반려 로봇에 관한 질문과 함께 그런 로봇이 있다면 덜 외로울 것 같은지, 또는 로봇이 위험하다고 느낄 것 같은지 물었다. 반려견이 있는 경우에는 반려견을 사랑하는지, 왜 사랑하는지 묻고 결정적으로 로봇도 반려견만큼 사랑할 수 있다고 생각하는지 물었다. 결과는 명확했다.

참가자의 64퍼센트는 집안일을 도와주는 로봇이라면 구입할 의향이 있다고 밝힌 반면, 반려 로봇을 들일 마음이 있다고 답한 사람은 13퍼센트에 그쳤다. 참가자의 70퍼센트는 로봇을 반려견만큼 사랑하는 건 불가능하다고 밝혔지만, 로봇이 있으면 덜 외로울 것 같다고 답한 사람은 40퍼센트였다. 외로움은 노인을 돌볼 사람이 필요한 이유 중 하나다. 개를 사랑하는 이유를 묻는 질문에는 충직성, 다정함, 사랑스러움, 귀여움, 친구처럼 느껴진다는 점, 함께 있으면 즐겁다는 점 등 열일곱 가지가 제시됐다. 개를 키우는 사람들은 전반적으로 개가 자신에게 애착을 보이고 헌신하기 때문에, 독특한 성격이나 개성이 있어서, 조건 없이 자신을 사랑해주므로 개를 좋아한다고 밝혔다. 안 좋은 점으로는 짖는 행동과 고집스러움을 가장 많이 언급했지만, 만약 지금 키우는 개와 모든 점이 동일하고 이러한 단점이 없는 완벽한 개가 있다면 바꾸겠느냐는 질문에 92퍼센트가 바꾸지 않겠다고 답했다. 개를 키우는 사람의 85퍼센트는 반려 로봇이 절대 반려견처럼 좋은 친구가 될 수 없다고 답했다. 그 이유로는 로봇은 감정이 없어서, 성격이나 개성이 없어서라고 답한 사람도 있었고, '영혼'이 없기 때문이라는 상당히 막연한 이유를 꼽은 사람도 있었다. 코녹은 이 논문의 결론에서 반려 로봇이 해결해야 하는 과제를 제시했다. 로봇이 튜링 테스트를 통과하기 위해서는, 즉 로봇에 적용된 인공지능이 로봇이 아닌 사람이 답을 한 것처럼 시험을 통과하려면 애착 시험을 통과해야 한다는 내용이다. 이는 굉장히 넘기 힘든 산이다.

그러나 헝가리 과학원 소속 학자인 마르타 가크시는 인터뷰에서 인간과 흡사한 로봇을 도우미로 만들려는 건 잘못된 목표라고 지적했다. 사람과 비슷하거나 반려견과 비슷한 로봇을 만들 경우 불쾌한 골짜기 현상이 발생할 가능성이 높기 때문에 로봇의 형태는 기능을 중심으로, 즉 필요한 과제를 수행할 수 있도록 만들어야 한다고 그는 주장한다. 다리 6개에 손 5개가 필요하다면 그렇게 만들어야 한다는 의미다. 또한 가크시는 인간이 로봇에게 어떻게 애착을 느끼도록 할 수 있는지를 집중적으로 연구해서 개와 주인 사이에 형성되는 종간 애착과 비슷한 관계가 형성되도록 해야 한다고 주장한다.

그러므로 미래의 반려 로봇 설계자는 우리에게 로봇을 사랑해야 할 필요성을 납득시키는 까다로운 숙제를 해결해야 할 것으로 보인다. 우리와 다른 모든 낯선 존재 중에서도 유독 로봇을 잘 구분하는 인간의 내재된 고집스러움 때문에 이 목표는 더욱 넘기 힘든 산이 된다.

신경과학자 티에리 샤미나드Thierry Chaminade는 인간의 뇌가 휴머노이드 로봇을 어떻게 인식하는지 파악하기 위해 여러 국적의 연구자들로 구성된 팀을 꾸려서 사람과 얼굴 생김새가 비슷하고 얼굴과 상체의 복잡한 움직임이 가능한 로봇을 개발했다. WE-4RII라고 이름 붙여진 이 로봇은(실제로 활용된다면 이름도 새로 지어주리라 생각한다) 눈썹, 눈, 눈꺼풀, 입술, 입, 목, 어깨, 상체를 움직일 수 있으며 분노, 즐거움, 역겨움의 표현, 말하기 등 감정이 담긴 네 가지 주요 행동을 할 수 있다. 티에리 연구진은 먼저 사람이 로봇의 이러한 움직임을 보고 그 네 가지 상태를 정확히 인지할 수 있는지 확인한 다음 13명의 실험 참가자를 모집했다. 그들에게 사람과 WE-4RII가 각각 다양한 감정을 표현한 모습이 담긴 짤막한 영상을 보여주면서 어떤 감정을 느꼈는지 물었다. 이 과정이 진행되는 동안 fMRI로 그들의 뇌를 촬영한 결과, 사람의 모습이 담긴 영상보다 로봇이 나오는 영상을 볼 때 일부 뇌 영역이 활성화된 것으로 나타났다. 특히 시각을 담당하는 영역에서 이러한 차이가 두드러지게 나타나서 로봇의 얼굴을 해석하기 위해 시각 정보의 처리량이 더 많아진 것을 알 수 있었다. '낯선' 존재로 보고 그 표정을 읽으려고 했다는 의미다. 로봇의 모습을 볼 때나 인간의 모습을 볼 때 활성이 크게 다르지 않은 영역도 있었다. 가장 주목할 만한 결과는 우리가 다른 사람의 움직임을 볼 때 활성화되는 거울 뉴런, 그리고 사회성과 관련된 영역인 안와전두피질이 로봇을 볼 때는 활성화되지 않았다는 점이다. 뇌가 로봇을 사람으로 인식하지 않으며 사회적 접촉 욕구를 느끼지 않는다는 것을 분명하게 보여준 결과다. 노인을 돌보거나 연인 같은 존재가 되어줄 로봇을 만들고 싶다면 반드시 해결해야 할 중요한 문제다.

로봇 개발에서 가장 중요한 부분이 애착입니다. '내 친구, 우리 엄마, 우리 친척이구나'라고 느낄 수 있도록 만들어야 해요. 이러한 사회적 상호작용이 가능하고, 그중에서도 애정 어린 상호작용이 가능한 동시에 물리적 도움을 줄 수 있는 로봇이 필요합니다. 저는 안내견이 있는 장애인들을 대상으로 신체적 제약 때문에 물 한 잔도 가져다줄 수 없는 안내견을 도우미 로봇보다 더 선호하는 이유를 밝히기 위한 연구를 진행한 적이 있습니다.

— 마르타 가크시

그렇다면 로봇과의 사랑은 어떻게 분류해야 할까? 종간 사랑과 같은 애정을 경험할 수는 있지만, 현 시점에서는 개에게 느끼는 강한 사랑을 로봇에게는 느낄 수 없는 것으로 보인다. 넘어야 할 문화적 한계도 있다. 마음 깊숙한 곳에서부터 느끼는 거부감은 하루아침에 사라질 수 없다. 사람들은 바닥을 청소하고 잔디를 깎는 로봇은 반기지만 손을 맞잡거나 지극히 사적이고 내밀한 순간을 공유하는 것처럼 인간이 우정을 느낄 때 하는 행동을 로봇이 하는 것은 썩 반기지 않는다. 내가 우려하는 문제는 휴머노이드 로봇이 최초로 개발된다면 돌봐줄 누군가가 필요한 사람들은 선택의 여지가 없을 수 있다는 것이다. 부양 위기가 닥쳤을 때 정부가 과로에 시달리는 인간 대신 로봇에게 그 일을 맡겨서 문제를 해결하려 한다면, 충분히 일어날 수 있는 일이다. 로봇을 개발하기까지 초기 비용이 드는 건 사실이지만 일단 개발이 끝나고 나면 유지 보수와 업그레이드 등 가동에 필요한 비용은 인간 도우미에게 지불하는 비용에 비하면 가볍다고 여겨질 수 있다. 게다가 로봇은 아프지도 않고 휴가를 내지도 않으며 이직도 하지 않는 데다 일주일 내내

24시간 일할 수 있다. 이런 이유로 사회에서 가장 취약한 사람들이 어느 정도 실질적인 도움을 받을 수는 있겠지만, 사람이 돌봐줄 때 따르는 건강과 행복, 삶의 질에 직접적으로 영향을 주는 이점은 전혀 누릴 수 없다. 사람과 마음을 주고받거나 생물행동학적 동시성을 경험할 기회는 사라진다. 그보다는 따분한 소일거리는 로봇에게 맡기고 사람은 돌봄이 필요한 이의 곁에 편히 앉아서 손을 잡아주고 이야기를 나누는 것이 가장 이상적이다. 꼭 필요한 친구가 되어주는 것이다. 하지만 절약을 중시하는 세상에서는 그런 기대가 실현되리라고 낙관할 수 없다. 그러므로 다양한 형태가 될 '미래의 사랑'에 윤리적 질문을 던져볼 필요가 있다. 내 할머니, 장애가 있는 형제, 갓 태어난 우리 아기를 로봇이 돌봐주기를 바라는가? 그렇지 않다면 우리가 가장 친밀한 관계를 맺는 영역까지 인공지능이 침투하지 않게 하려면 어떻게 해야 할까?

여러분을 불안하게 만들려고 하는 소리가 아니다. 이 글을 쓰고 있는 2020년 9월에 영국 베드퍼드셔대학교의 한 연구진이 영국과 일본의 요양 시설에 휴머노이드 로봇을 도입한 뒤 시설 거주자의 정신 건강이 개선되고 외로움이 감소했다는 연구 결과를 발표했다.• 언론에서도 굉장히 긍정적으로 소개하다가 내가 이 결과에 불같이 반발한 내용이 〈가디언〉에 실린 후 호의적인 분위기가 조금 누그러졌다. 대중의 반응도 별로 뜨겁지 않았다. 마르타 가크시의 연구 결과가 사실이라면, 사람을 효과적으로 돌보는 동시에 해

• 이 연구는 딱 2주 동안 진행됐음을 밝혀둔다. 로봇과의 상호작용이 다른 사람이나 개와 상호작용할 때처럼 정신 건강에 도움이 된다는 점을 정확히 보여주었다기보다는 새로운 존재이기 때문에 이런 긍정적인 결과가 나왔을 가능성이 있다.

가 되지 않는 로봇이 등장하기까지는 아직 갈 길이 아주 멀다. 로봇이 우리가 다른 사람이나 개와 교류할 때 얻는 건강한 사회적 상호작용의 기반인 애착이 형성될 수 있는 특징적 행동을 전혀 할 수 없는 상태로 요양 시설에 도입되는 것은 매우 우려되는 일이다. 인공지능이 사회적인 부양 기능을 절대 수행할 수 없다는 말이 아니다. 그건 밀려오는 파도를 막을 수 있다고 호언한 크누트 왕이나 할 법한 주장이다. 내가 하고 싶은 말은, 우리 사회에서 가장 취약한 사람들을 돌보는 일에 있어서 우리가 받아들여야 하는 것과 받아들이지 말아야 할 것이 무엇인지 신중하게 구별해야 한다는 것이다. 그러려면 지식이 완전한 상태에서 판단을 내려야 한다. 로봇 연구자들이 나름의 계획에 따라 빠르게 움직이고 있는 만큼 그런 일은 나중이 아니라 조만간 현실이 될 수 있고, 따라서 논의가 필요하다고 생각한다.

이번 장에서는 과소평가된 사랑, 즉 우리가 친구에게 느끼는 사랑을 살펴보았다. 세상이 변하고 연애나 자녀를 원하는 사람이 줄면서 교우 관계에서 느끼는 사랑이 우리 삶에서 점점 더 중요한 자리를 차지하고 있다. 친구는 우리를 위로해주고 잘잘못을 따지지 않고 힘이 되어주는 존재이자 함께 재미있게 지낼 수 있는 존재다. 이러한 관계의 밑바탕에는 서로의 비슷한 생각이 자리하고 있다. 선택한 가족의 개념과 인위적인 친족 관계가 생물학적 가족만큼 우리의 생존에 중요한 역할을 한다는 사실도 이번 장에서 확인했다. 개에게 느끼는 사랑의 재미있는(그렇게 느꼈기를 바란다) 특징과 우리가 사랑하는 만큼 개도 우리를 사랑하며 그 사랑이 비단 간식을 주기 때문만은 아니라는 사실도 배웠다. 인공지능이 등장할 미래에는 어쩌면 금속과 전선으로 이루어진 존재가 인간의 가장 가까운 친구가 될 수도 있다. 나는 이번 장의 이 모든 내용과 앞서 다른 장에서 살펴본 내용을 통해 여러분이 한 사람의 인생에서 사랑을 경험할 기회가 얼마나 방대한지 깨달았기를 바란다. 가끔은 고개를 들어 주위를 보는 것만으로도 사랑을 찾을 수 있다.

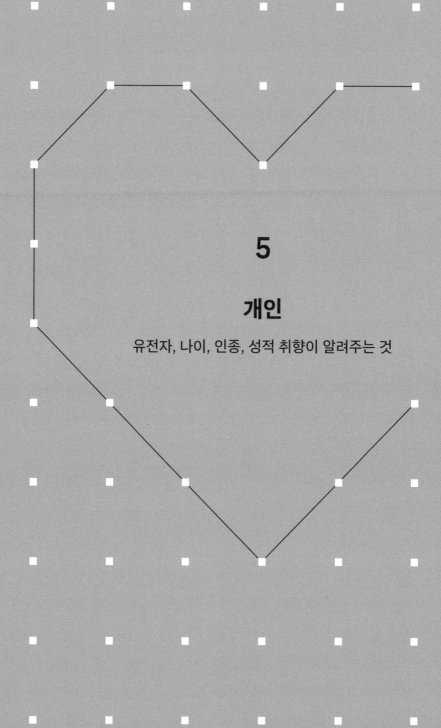

5

개인

유전자, 나이, 인종, 성적 취향이 알려주는 것

사랑이란 무엇일까? 옥스퍼드대학교에서 모은 답변을 몇 가지 살펴보자.

"누군가를 사랑한다는 건 그 사람을 소중하게 여기는 겁니다. 때로는 나보다 더 소중하게요."

"짐을 함께 짊어지는 것, 세상의 가장 힘든 순간을 함께 버티는 것, 그리고 세상의 즐거움을 나누는 것."

"우리 집 고양이 세 마리요."

"사랑은 따뜻하고, 편안하고, 행복하고, 신나고, 걱정 없고, 무조건적이고, 평화롭고, 말이 잘 통하고, 창의적인 것."

"사랑은 첫째, 생존 메커니즘이고 둘째, 클린턴 카드 회사(영국에서 카드와 선물을 판매하는 유명한 소매업체 – 옮긴이)의 발명품."

"머릿속을 어지럽히는 상상의 산물!"

"편안함이죠."

"이해할 수 없는 일—하지만 누구든 사랑할 사람이 있다면, 사랑 말고 인생에 다른 목표가 있을까요?"

"사랑은 두려움의 단짝."

"사랑은 번식이라는 원초적 본능에 따라 짝의 마음을 끄는 데 도움이 되는 다양한 화학 반응의 결과."

"우리 아이들이요."

"따스함과 관심, 열정, 멋진 사람이 다 들어 있는 상자."

그 밖에도 수많은 답변이 있다.

나는 2017년에 옥스퍼드대학교에서 열린 시민 참여 행사에 간 적이 있다. 그때의 경험이 이 책을 쓰는 계기가 되었다. 그 행사에서 나는 '사랑이란 무엇인가'라는 주제로 시민 참가자들의 토의를 이끌어달라는 요청을 받았다. 행사 하루 전날, 나는 300여 명의 참가자들에게 이 질문의 답을 종이에 익명으로 써달라고 했다. 위에서 제시한 답변은 그렇게 얻은 답변 중 극히 일부다. 나는 참가자들의 답변을 보면서 사랑이 얼마나 주관적인지 절실히 깨달았다. 사랑이라고 하면 연애 감정만 떠올리는 사람도 있는 반면 자녀, 반려동물, 물건까지 확장되는 사람도 있다. 또 강력한 감정이라고 묘사하는 사람도 있지만 상품을 팔기 위해 만들어낸 산물이라고 생각하는 사람도 있다. 사랑이란 무엇인지 다 쓰려면 에세이 한 편 분량은 나올 것 같다고 말하는 사람도 있고, 딱 한 단어로 답할 수 있다고 생각하는 사람도 있다. 사랑이 무엇인지는 알 수 없지만 인생에서 반드시 경험해야 한다고 보는 사람도 있다. 한 가지 분명한 사실은 옥스퍼드에서 열린 9월의 그 행사에 참석한 모든 사람이 제각기 자신만의 의견을 가지고 있었다는 점이다.

사랑의 뚜렷한 특징 중 하나는 주관성이다. 내가 사랑할 때 느끼는 감정이 여러분이 사랑할 때 느끼는 감정과 똑같은지는 알 수 없지만 사랑이 얼마나 복잡한 일인지 생각해보면 제각기 다를 가능성이 높다. 얼마나 다른지 정확히 정량화하는 건 불가능할지 모른다. 하지만 우리가 사랑에 빠졌을 때 나타나는 감정과 행동이 사람마다 고유하게 존재하는 수많은 요소가 혼합된 결과라는 사실은 알 수 있다. 유전학적·심리학적·생물학적 특징과 문화, 인생 경험, 그리고 여러분과 내가 각자 유일하게 가진 수수께끼 같은 요소 X가 뒤섞인 결과다.

내가 지금까지 수천 명을 상대로 관계를 연구했다고 하면 좋은 관계를 정확히 짚어내고 이제 막 연애를 시작한 사람들이 어떤 결과를 맞이할지도 예측할 수 있을 것이라 생각하는 사람도 있다. 하지만 그렇지 않다. 인간을 연구하는 일이 절망적인 동시에 재미있는 이유는 늘 변속구만 나온다는 점이다. 인간의 선택과 행동 방식은 절대 예측할 수 없다. 비슷한 가치관을 가진 사람들끼리 친해진다는 무수한 연구 결과에도 불구하고 헌신적인 환경운동가가 사냥에 심취한 사람과 절친한 친구가 되기도 하고, 함께하는 활동이 관계에 중요하다고 우리가 아무리 주장해도 아드레날린이 분출되는 활동을 좋아하는 사람이 집에 콕 박혀 지내는 걸 좋아하는 사람과 사랑에 빠지기도 한다. 그래도 사랑의 구성 요소를 꾸준히 연구하면서 사랑을 할 때 개개인이 느끼는 감각과 경험의 차이가 어디에서 비롯되는지 어느 정도 알게 된 부분도 있다.

사랑을 단순한 문장으로 설명할 순 없다고 생각해요. 내가 누군가에게 느끼는 감정이 다른 사람들이 느끼는 감정과 같을 거라고도 생각하지 않아요. 같은 사회, 국가, 문화권 사람이면 다 같을 거라고 생각하지도 않고요. 저에게 사랑은 꼭 집에 있는 것 같은 기분이에요. – **샬럿**

이번 장에서는 유전자와 생물학적인 성, 사회적 성, 나이, 인종, 성적 취향이 사랑의 경험에 어떻게 영향을 주는지 알아볼 것이다. 사랑을 주고받는 능력에 영향을 줄 수 있는 성장 과정의 악영향으로부터 총알도 막아내는 방패처럼 우리를 보호하는 유전자와 세심한 양육을 통해 아이들이 잘 자라는 것과 관련된 유전자도 살펴본다. 인종이 사랑과 관련된 유전자의 특징과 연관이 있는지, 서로 다른 인구 집단에서도 유전학적 차이가 나타나는지와 같은 민감한 주제도 다룰 예정이다. 또한 뜨거운 논란이 되고 있는 사회적 성과 더불어 남자와 여자의 성 역할에 관한 개념이 어린 시절에 어떻게 형성되는지 살펴보고, 남성과 여성이 경험하는 사랑에 차이가 있는지를 두고 지금도 이어지고 있는 논쟁에 관해서도 생각해 본다. 내가 인터뷰를 진행하면서 만난 사람들이 들려준 사랑에 관한 의견도 전달할 생각이다. 이번 장은 개인이 경험하는 사랑에 관한 내용으로 채워진다. 그전에 먼저 유전자의 기능부터 간단히 살펴보자.

유전학 입문

신뢰와 안정감, 편안함이 합쳐진 것이 사랑입니다. 스스로 인정하고 느끼는 감정일 뿐만 아니라 애정을 느끼는 상대의 마음도 같을 때 그 모든 사랑을 느끼게 됩니다. 상대에게 쏟는 사랑을 100퍼센트 그대로 돌려받는 것이 진정한 사랑이라고 믿어요. – **러스**

3장에서 개개인이 경험하는 사랑에 영향을 미치는 여러 요소 중 한 가지를 설명했다. 바로 애착의 종류다. 애착은 유전적인 영향도 조금 받지만 대부분 환경, 특히 발달 환경에 의해 결정된다는 사실을 우리 모두가 잘 알고 있다. 그러나 선천적인 영향과 양육의 영향의 범위 양극단에는 유전자가 있고, 나를 비롯한 옥스퍼드대학교 연구진이나 전 세계 다른 연구진이 실시한 연구 결과에서도 사랑의 방식에 유전학적 요소가 큰 영향을 미친다는 사실이 밝혀졌다. 유전학의 기초 지식을 쌓기 전에 먼저 분명히 밝혀둘 것이 있다. 유전자는 고정된 요소가 아니다. 우리는 유전자가 무언가의 '원인'이라고 이야기하지만 이는 굉장히 부정확한 설명이다. 정도의 차이는 있지만 유전자는 환경과 상호작용할 뿐만 아니라 다른 유전자와도 영향을 주고받는다. 그러므로 특정 유전자가 있으면 어떤 특징이나 행동이 나타날 확률이 높아진다는 것은 그 유전자가 발현될 가능성, 즉 표현형일 가능성이 높다는 의미다. 유전자 중에는 다른 유전자에 비해 영향력이 큰 종류도 있다. 예컨대 BRCA1이라는 유전자가 있으면 유방암 발병률이 50퍼센트에서 85퍼센트까지 높아진다. 그러나 특정한 결과를 절대적으로 좌우하는 유전자는 극히 드물다. 복잡한 특성이나 행동일수록 영향을 주는 유전자도 많고, 그중 어느 한 가지가 결과를 좌우할 만큼 강력한 영향을 발휘할 가능성은 낮아진다. 사랑과 유전적 요소의 관계도 이 경우에 해당하지만, 사랑의 게임에서 큰 역할을 하는 유전자가 있다. 바로 옥시토신 수용체(OXTR) 유전자다.

OXTR 유전자는 다양성이 굉장히 크다. 전문 용어로는 다형성이라고 한다. 유전자의 다형성이란 유전자를 구성하는 여러 부분이 사람마다 다양한 형태를 띠는 것을 의미한다. 이로 인해 사랑에 신경화학적인 영향을 주거나 사랑에 빠졌을 때 나타나는 감정과 행동에 영향을 주는 다른 유전자에 비해 OXTR 유전자의 영향은 사람마다 제각기 다르게 나타난다. 이러한 다형성 중에 연구가 가장 많이 이루어진 것은 단일염기 다형성(SNP)이다. OXTR 유전자는 SNP가 28가지로, '굉장히' 많은 축에 속한다. DNA의 구성 요소 중에 중요한 것은 뉴클레오티드(SNP라는 약어에서 'N[nucleotide]'에 해당하는 것)인데, 이 뉴클레오티드는 아데닌(A), 구아닌(G), 시토신(C), 티민(T) 네 종류가 있다(뉴클레오티드는 오탄당, 인산, 염기로 구성된다. 여기서 아데닌, 구아닌, 시토신, 티민은 뉴클레오티드를 구성하는 네 가지 염기다 - 옮긴이). 뉴클레오티드를 구성하는 염기가 사람마다 다른 현상이 SNP이고, 따라서 OXTR 유전자에 SNP가 28가지라는 것은 이 유전자의 최소 28곳에서 이러한 차이가 나타난다는 의미다. 그래서 같은 OXTR 유전자라도 제각기 다른 버전이 생긴다. 이런 SNP가 최소 28개이므로(아직 다 발견되지 않았으므로 최소라고 이야기한 것이다) 버전이 '굉장히' 많다는 것을 알 수 있다. SNP에 관해서는 뒤에서 다시 살펴보기로 하자.

그럼 유전자의 영향은 어떤 식으로 발생할까? OXTR과 같은 뇌의 수용체 유전자의 경우, 영향이 발생하는 방식을 몇 가지로 나눌 수 있다. 첫 번째는 뇌 특정 영역에 있는 수용체의 개수, 즉 밀도가 달라지는 것이다. 수용체가 많을수록 그 수용체를 통해 발생하는 신경화학적인 영향이 더 강해진다. 다른 방식은 수용체의 위치가 달라지는 것이다. 가령 끌리는 마음이 시작되는 뇌 영역인 변연계에 옥시토신 수용체가 많으면 더 개방적으로 상대에게 다가갈 수 있다. 수용체 유전자는 그 수용체와 결합하는 신경화학물질(OXTR의 경우 옥시토신)과의 친화력에도 영향을 줄 수 있다. 수용체와 신경화학물질은 자물쇠와 열쇠에 비유된다. 신경학적 반응 경로를 따라 특정한 메시지가 전달되려면 자물쇠, 즉 수용체와 결합하는 신경화학물질이 열쇠처럼 수용체와 꼭 맞게 결합해야 한다. 수용체와 신경화학물질의 결합 강도는 헐거운 수준부터 아주 강한 수준까지 다양하고, 결합력이 강할수록 메시지는 더 원활하고 더 효율적으로 전달되며 그만큼 신경화학물질의 영향이 더 신속하게 발휘되고 강력하게 나타날 수 있다. 수용체가 암호화된 유전자는 수용체와 신경화학물질이 잘 맞는 정도 또는 친화력에 부분적으로 영향을 준다. OXTR과 옥시토신도 마찬가지로, 이 친화력이 강해서 자물쇠가 쉽게 열리는 사람이 있는 반면 열쇠를 끼워서 이리저리 움직여야 겨우 열리는 사람도 있다는 의미다.

수용체 농도뿐만 아니라 신경화학물질의 기본 농도 역시 유전자의 영향을 받는다. 사랑과 관련된 신경화학물질의 농도는 사람마다 제각기 다르며, 이 때문에 사랑의 경험도 사람마다 다르게 나타난다. 예를 들어 옥시토신의 기본 농도가 낮은 사람은 새로운 관계를 선뜻 시작할 가능성이 낮다.

마지막으로, 유전자는 신경화학물질이 체내에서 전달되는 효율성에도 영향을 줄 수 있다. 신경화학물질이 필요한 곳에서 전부 만들어지는 것은 아니며, 옥시토신의 경우 만들어지는 곳은 뇌 시상하부의 변연계이지만 분비되는 곳은 시상하부의 뇌하수체다. 유전자는 옥시토신을 뇌의 특정 영역에서 다른 영역으로 전달하는 기능에 영향을 준다. 옥시토신이 원활히 전달되지 않으면 자신감이 커지는 효과도 지연될 수 있다.

다른 사람을 위해 희생하거나 힘든 일을 견디려고 하는 것이 사랑입니다. 상대를 위해 무엇이든 하려고 하는 마음이죠. 아무것도 따지지 않고요. 이런 마음에는 차이가 존재합니다. 친구들을 위해 내가 해줄 수 있는 일에는 한계가 있지만 우리 아들을 위해서라면 사실상 못할 일이 없으니까요. 사랑하면 나를 생각하지 않게 됩니다. - 맷

OXTR의 다형성은 연인, 부모와 자식, 친구, 공동체에 이르기까지 모든 관계에서 우리가 느끼는 사랑과 친사회적 행동에 광범위한 영향을 준다고 여겨져왔다. 또한 사회적 네트워크의 규모, 사회적 불안을 느끼고 괴로워할 가능성, 양육의 세심한 정도, 공감 능력, 신뢰할 수 있는 상대인지 판단하는 능력에도 영향을 주는 것으로 밝혀졌다. 내가 특히 흥미롭다고 느낀 것은 OXTR 관련 연구의 초창기에 실시된 SNP rs7632287에 관한 결과다. 이름이 길어서 나는 간단히 '끼어 있는' SNP라고 부른다. 앞에서 설명한 대로 SNP란 특정 유전자의 특정한 위치에 구아닌, 아데노신, 시토신, 티민

으로 나뉘는 뉴클레오티드 중 각기 다른 것이 자리하는 현상이다. SNP가 있으면 누구나 갖고 있는 같은 유전자에도 차이가 생긴다. 내가 끼어 있는 SNP라고 부르는 이 SNP rs7632287의 경우 중요한 위치에 구아닌(G) 염기가 있고 양쪽 유전자가 GG(염색체는 모두 한 쌍으로 존재하므로 유전자도 2개가 한 쌍이다)인 경우 상대방과 깊은 유대를 형성하고 서로에게 느끼는 만족감도 높을 가능성이 매우 높다. 같은 위치에 아데닌(A) 염기가 있는 사람(AG 또는 AA)은 유대가 전혀 형성되지 않거나 관계에 위기를 겪을 가능성이 높고 관계에서 느끼는 만족감도 낮다.

이 초기 연구 결과가 나오고 나서 시간이 흘러 연구 범위가 확장되고 기존의 결과를 재확인하는 연구가 수행되면서 OXTR의 28가지 SNP 중에 사랑에 이보다 더 큰 영향을 주는 SNP 두 가지가 밝혀졌다. rs53576과 rs2254298이다. 이제는 이 두 가지 SNP에 관해 밝혀진 여러 근거를 토대로 개개인이 연인, 자녀, 친구, 공동체와 경험하는 사랑에 이 다형성이 영향을 준다는 확실한 결론을 내릴 수 있다. 이와 같은 유전자의 영향은 나이가 들면 바뀌기도 하며, 인종도 유전자의 특정 버전을 보유할 확률에 영향을 줄 수 있다.

공감의 유전학적 특징

공감이 우리가 맺는 모든 관계의 기반이며 타인과의 상호작용, 특히 사랑에 필수라는 건 분명한 사실이다. 과거에는 사랑의 신경화학적 특징, 구체적으로는 약물유전학적 특징을 연구하던 사람들이

OXTR 유전자와 이 유전자의 SNP rs53576이 개개인의 공감 능력에 중요한 역할을 한다고 주장했다. 그러나 이러한 주장은 표본이 너무 작거나 실험 참가자들의 연령·성별·인종의 차이 등 변수가 너무 많은 연구에서 도출된 결과이므로 확신하기 힘들었다.

2017년에 중국의 생물학자 공핑위안龔平原 연구진이 이 논쟁을 끝내기 위해 총 2단계로 구성된 연구를 실시했다. 첫 단계 연구에는 대학생 1830명이 참가했다. 대부분 여성이고 참가자 전원이 나이가 어린(평균 연령이 20세) 한족 출신이었다. 연구진은 공감을 측정하기 위한 효과적인 방법으로 입증된 '대인관계 반응성 척도(IRI)' 검사를 실시하는 한편, 참가자의 OXTR 유전자형을 알아보기 위해 혈액을 채취해서 SNP rs53576을 확인했다. 분석 결과 IRI 점수로 SNP 염기가 A인지 G인지 예측할 수 있는 것으로 나타났다. 또한 SNP rs53576은 대립유전자에 G 염기가 많을수록(GG, AG 또는 AA 중에서) 공감 능력이 뛰어난 것으로 확인됐다. 표본이 충분히 크고 변수가 적절히 통제된 연구에서 나온 강력한 결과였다.

그러나 연구진은 여기에 만족하지 않고 같은 주제로 실시된 12건의 다른 연구에서 나온 결과와 이 결과를 종합적으로 분석하는 2단계 연구를 진행했다. 메타분석이라 불리는 이 과정은 다량의 데이터를 토대로 가설을 검증하는 방식으로, 단일 연구보다 혼란 변수를 더 확실하게 통제할 수 있다. 총 6631명의 데이터에서 나온 결과를 종합해서 분석한 결과, 연구진은 SNP rs53576 대립유전자가 개인의 공감 능력에 유의미한 영향을 미친다고 밝혔다. 특히 이 위치의 대립유전자가 동형 접합체인 GG인 경우 공감 능력이 가장 높은 것으로 나타났다. G의 개수에 따라 반응성이 커지는 용량 반응성의 특징이 있다는 뜻이다. 즉 갖고 있는 개수에 따라 용량(이 경우 공감 능력)이 달라지는 관계인데, 이 연구에서는 대립 유전자에 있는 G의 양이 중요하며 GG일 때 영향도 커진다는 의미다. 아시아와 유럽에서 실시된 연구 데이터를 종합한 이 메타분석에서는 SNP rs53576의 종류가 인종과 상관없이 공감 능력에 동일한 영향을 미치지만, 이 위치에 대립유전자 G가 있을 가능성은 태어난 곳에 따라 차이가 있는 것으로 확인됐다. 즉 유럽인이 이 위치에 G가 나타나는 빈도가 아시아인보다 유의미한 수준으로 더 높았다. 연구진은 정도의 차이는 있지만 유럽인이 아시아 사람보다 관계 유지를 위해 공감 능력을 더 많이 활용하는 경향이 있다고 밝힌 심리학 연구 문헌을 인용하며 이러한 결론을 뒷받침한다고 설명했다. 이러한 차이가 나타나는 이유는 사회학적으로도 설명할 수 있다. 아시아인은 공동의 이익을 중시하는 집단주의가 강한 편이고 유럽인은 개인주의가 강한 편이므로, 아시아인보다 유럽인에게 타인의 정서적 상태를 파악하고 맞추는 것이 훨씬 중요한 능력이 된다. 이번 장 뒷부분에서 인종에 따라 사랑의 경험이 어떻게 달라지는지 다시 설명한다.

갑옷 유전자

사랑은 다른 존재와의 독특하고 말로 표현할 수 없는 연결이라고 생각합니다. 다른 연결로는 불가능한 방식으로 마음과 영혼을 채워주죠. — **젬마**

내가 청중들 앞에서 유전자 이야기를 꺼내면 불편한 기색을 비치거나 경계하는 반응이 느껴질 때가 있다. 극히 작은 비중일지 언정 우리가 생물학적 요소에 좌지우지될 수 있다는 생각이 영 탐탁지 않기 때문일 것이다. 인간은 엄청나게 큰 뇌를 가지고 있고 본능을 억제할 줄도 알지만, 그럼에도 마음대로 할 수 없는 부분이 여전히 존재한다. 바로 인간도 동물의 한 종류라는 사실이다. 그렇게 볼 수도 있겠지만, 모든 이야기에는 다른 면이 있는 것처럼 인간의 유전학적 특징에도 다른 면이 있다. 우리의 인생에 건강이나 만족스러움과는 거리가 먼 영향을 주는 유전자도 있을 수 있고, 아마도 중독과 관련된 유전자를 가장 강력한 후보로 꼽을 수 있을 것이다.

그러나 이와 정반대로 환경으로부터 받을 수 있는 큰 피해에서 우리를 철갑 방패를 두른 것처럼 보호하는 유전자도 존재한다. 어린 시절에 겪는 학대나 방치로 인한 영향도 한 예다. 3장에서 살펴본 대로 뇌 구조는 어린 시절에 어떤 돌봄을 받았는지, 또는 어떻게 양육되었는지에 영향을 받는다. 특히 사회적 인지능력, 그리고 사랑의 인지적 특성과 관련된 전전두피질의 구조가 그렇다. 지금까지 수년 동안 연구를 진행하면서 참가자로부터 할 말을 잃게 만드는 어린 시절 이야기를 들은 적이 많다. 정서적·신체적·성적 학대와 방치가 극단적인 수준에 이른 경우도 많았다. 통계 자료를 보면 이러한 환경에 노출될 경우 정신병리학적 문제나 중독, 사회적 기능에 문제가 생길 확률이 높아진다는 것을 알 수 있지만, 날아오는 총알을 피하듯 그 영향을 피한 사람들이 분명히 존재한다. 그러한 환경에서도 어떤 사람들은 건강하게, 사회적 능력도 뛰어나고 행복한 사람으로 성장한다. 그 이유가 무엇이라고 생각하는지 물으면, 나는 아직 검증되지 않은 다소 비전문적인 견해를 제시한다. 바로 강철 갑옷 기능을 하는 유전자다. 그런 사람들은 열악한 발달 환경에서도 남들보다 뛰어난 회복력을 발휘하는 내재된 능력을 갖고 있다. 아주 최근에 이러한 유전학적 갑옷이 하나 발견됐다. 앞에서도 소개했던 옥시토신 수용체 유전자의 rs53576 SNP다.

학대는 성적·신체적·정서적 형태로 발생한다. 이 가운데 성적 학대와 신체적 학대는 비교적 쉽게 구분할 수 있지만 정서적 학대는 정의하기도 힘들고 그런 학대가 일어나고 있다는 사실을 알아채기도 힘들다. 그러나 사회적·정서적 발달에 가장 막대한 영향을 미치는 것이 바로 이 정서적 학대로 알려져 있다. 정서적 학대를 경험한 아이들은 성인이 되었을 때 다른 사람과 관계를 맺고 유지하는 능력이 떨어지며, 사회적 게임에 적용되는 규칙을 잘 알고 필요한 기술을 드러내야 성공적으로 이루어질 수 있는 사회적 상호작용 능력도 떨어진다. 또한 가까운 관계를 위안과 힘을 얻을 수 있는 원천으로 보지 않고 부정적으로 받아들인다. 파괴적인 행동을 겉으로 표출하거나 내면화할 가능성도 높고, 정신 건강이나 정서 기능에 문제가 생기는 경우도 많다. 이로 인해 연인과 관계를 맺는 능력에도 문제가 생길 수 있다. 그러나 아무 문제가 없는 사람들도 있다.

심리학자 애슐리 에버트Ashley Ebbert와 프랭크 인푸르나Frank Infurna, 수니야 루서Suniya Luthar, 캐스린 레메리-찰펀트Kathryn Lemery-Chalfant, 윌리엄 코빈William Corbin이 2019년 학술지 〈아동 학대와 방치Child Abuse and Neglect〉에 발표한 논문에는 아동기에 겪은 정서적 학대가 평생 동안 친밀한 관계에 부정적인 영향을 주는 사람도 있지만 그러한 통계를 비켜가는 사람도 있는 이유가 무엇인지를 조사한 결과가 담겨 있다. 연구진은 이와 함께 가족, 연인, 친구와의 관계에 있어서 생애 초기에 겪은 학대가 다른 관계보다 유독 큰 영향을 주는 종류가 있는지도 조사했다.

연구진은 중년기의 회복력을 조사한 '애즈유 리브 프로젝트ASU Live Project'라는 장기 연구에 참여한 614명을 대상으로 먼저 아동기에 겪은 트라우마에 관한 설문조사를 실시했다. 설문에는 정서적 학대와 현재 친구, 가족, 연인과 맺고 있는 관계의 질적인 측면에 관한 질문이 포함됐다. 그리고 참가자의 혈액 검체를 채취해서 옥시토신 수용체 유전자의 rs53576 SNP를 분석했다. 그 결과 279명은 GG(G 동형접합), 265명은 AG(이형접합), 69명은 AA(A 동형접합)로 나타났다. rs53576의 유전자형과 어린 시절에 학대를 경험할 가능성은 무관한 것으로 확인됐다. 즉 학대 경험은 이 세 가지 대립유전자를 가진 각 그룹에 고르게 분포되어 있었다. G 동형접합인 GG의 경우 어릴 때 정서적 학대를 겪어도 성인기에 가족, 친구, 연인과의 관계에 만족하고 그들로부터 힘을 얻는다고 답한 비율이 유의미하게 높았다. 반면 A 대립유전자가 포함된 AG나 AA인 사람들은 성인기에 이러한 관계가 원만하지 않다고 답한 비율이 더 높았다. 기존의 다른 연구들에서 rs53576 SNP의 유전자형이 GG인 사람들은 심리적 적응과 사회적 정보 처리 능력이 더 뛰어나며 서로를 신뢰하고 지지하는 관계를 맺는 경우가 많았던 것과 일치하는 결과다.

옥시토신 수용체 유전자의 rs53576 SNP가 GG인 사람은 어떻게 생애 초기에 큰 어려움을 겪었는데도 다른 사람들보다 더 잘 살아갈 수 있을까? 연구진은 A 대립유전자를 가진 사람들은 유전자형이 GG인 사람들보다 사회적인 도움을 부정적으로 바라보는 경향이 있으며, GG인 사람들은 A 대립유전자를 가진 사람보다 사회적 상호작용에서 신경화학적인 보상을 더 크게 얻으므로 생존에 중요한 관계를 구축하고 유지하기 위해 더 많이 노력할 가능성이 있다고 설명했다.

놀라운 후생학적 변화

모든 논리를 무너뜨리는 게 사랑입니다. - 짐

애슐리 에버트의 연구는 인생의 여정을 한참 지나온 사람들을 대상으로 실시되었으므로 아동기의 경험이 사회적 기능과 건강하게 사랑하는 능력에 영향을 미쳤더라도 나이가 들고 경험이 쌓이면서, 또한 행복하고 건강한 인생에 도움이 안 되는 행동을 스스로 깨닫고 그러한 행동을 하지 않으려고 노력하면서 유전자형과 상관없이 자연히 약화됐을 가능성이 있다. 나이는 개개인이 경험하는 사랑에 영향을 미치는 요소 중 하나가 될 수 있다.

내 개인적인 경험만 하더라도 첫눈에 반하는 일이 비일비재했던 10대 시절과 처음으로 사랑을 탐구해본 대학생 시절을 지나 애착 문제를 겪었던 결혼 초기, 부모로서 아이들에게 느끼는 강렬한 사랑, 간간히 열정이 피어나는 동반자로 함께 지낸 20년의 결혼생활, 그리고 두 아이들과 총 11마리의 반려동물에게 느끼는 사랑에 이르기까지 사랑은 계속 변화해왔다. 나이가 어릴수록 애착관계에 불안을 느끼는 경우가 많다는 사실은 통계 결과로도 뒷받침된다. 이는 중·고등학교 시절을 지나 대학생이 되면서 대인관계와 사회적 네트워크가 불안정해지고 애착을 느끼는 대상이 부모에서 친구로, 궁극적으로는 장기적으로 관계를 맺을 연인이나 자녀에게로 옮겨가는 것과 관련이 있을 것이다. 또한 유전자와 유전자의 기능 및 발현을 조절하는 인체 메커니즘도 영향을 준다.

내가 학교에서 처음 유전자와 유전을 접했을 때는 기본적으로 정자와 난자가 만나 두 쌍의 염색체가 합쳐진 단일 세포가 형성되고, 이때 정해진 유전자가 평생 유지되며 자식에게 그대로 전달된다고 배웠다. 일생을 살면서 환경을 포함한 어떤 것도 유전자를 바꿀 수 없으므로 어떤 삶을 살든 자식에게 전달되는 유전자는 영향을 받지 않는다고 여겨졌다. 그러나 최근 몇 년 동안 이런 생각은 바뀌기 시작했다. 유전자가 고정불변하지 않을 가능성은 스웨덴의 역사에서 맨 처음 드러났다.

19세기에 스웨덴 북부 지역에 살던 사람들은 그해 농사가 흉작인지 풍작인지에 따라 생활이 크게 좌우됐다. 농사가 잘된 해는 다들 심각할 정도로 과식하는 경우가 많았는데, 두 세대가 지나면, 즉 이 시기에 과식한 사람들의 손자들은 전체 인구의 평균 수준보다 당뇨와 관련된 원인이나 심장 질환으로 사망할 위험성이 훨씬 높은 것으로 밝혀졌다. 정작 손자 자신은 전혀 과식하지 않았는데 내내 그렇게 살아온 것 같은 영향이 발생한 것이다. 비만인 사람에게서 주로 발생하는 당뇨가 왜 이 세대에 그렇게 만연했을까? 그

답은 수십 년을 거슬러 올라가야 찾을 수 있다. 조부모가 단기적으로 즐긴 풍족한 생활이 두 세대가 지나 손자 세대의 건강에 영향을 미친 것이다. 과식 생활로 조부모의 유전자 발현에 변화가 생겼고, 이것이 자식을 거쳐 손자 세대로 전달됐다. 이러한 영향을 후생적 영향이라고 한다.

후생학(후생유전학)은 유전암호인 DNA의 변화가 아닌 유전자가 발현되는 방식의 변화에 관한 학문이다. DNA가 하드웨어라면 후생적 영향은 유전자의 발현 방식을 변화시키는 소프트웨어라 할 수 있다. 유전자 자체가 변하는 것이 아니라 DNA가 세포에서 핵 내부 공간에 꼭 맞게 들어갈 수 있도록 압축하는 염색질이나 DNA 주변을 감싼 단백질인 히스톤, 특정 유전자의 '온오프'(활성 또는 비활성) 여부와 같은 요소가 바뀌는 것을 의미한다. 하드웨어가 아닌 소프트웨어가 바뀌는 것이다. 옥시토신 수용체 유전자의 후생적 변화가 사랑의 방식에 영향을 주는 메커니즘 중 하나라는 것은 점차 명확한 사실로 입증되고 있으며, 사랑하고 사랑받는 것을 포함한 사회적 기능이 다음 세대로 전달되는 것과도 관련 가능성이 있다.

DNA와 유전자의 궁극적인 기능은 모든 생명체의 기반이 되는 단백질을 암호화하고 그 암호대로 단백질이 만들어지도록 하는 것이다. DNA에 메틸기(CH3)가 추가되는 DNA 메틸화 과정이 일어나면 유전자의 기능이나 발현에 변화가 생긴다. 사람마다 메틸화는 다양하게 나타나므로, 개개인의 메틸화 정도는 후생적 변화에 영향을 주는 요소 중 하나다. 최근에 엘린 크라이엔반거Eline Kraaijenvanger의 주도로 심리학자, 정신의학자들이 한 팀이 되어 옥시토신 수용체 유전자의 메틸화가 심리, 신경, 행동에 미치는 영향을 확인하기 위해 총 30편의 관련 연구 결과를 메타분석한 결과 메틸화는 사회적 기능에 분명히 영향을 주는 것으로 나타났다. 특히 이 수용체 유전자의 발현을 억제하고 사회적 기능과 연관이 있는 것으로 알려진 특정 부분의 메틸화는 사회적 기능, 사회적 행동 장애, 정신 건강에 발생하는 악영향 등 행동과 경험, 친밀한 관계를 포함한 수많은 결과와 연관성이 있는 것으로 확인됐다.

더 구체적인 내용을 알고 싶은 사람들을 위해 자세히 설명하면, 뇌 스캔 결과 CpG(시토신-구아닌) 934 부위로 명명된 이 부분에 메틸화 수준이 높은 사람은 전전두피질의 활성도가 높은 것으로 나타나 메틸화 수준이 그보다 낮은 사람보다 사회적 상호작용에 더 많은 노력을 기울여야 한다는 것을 알 수 있었다. 그러나 우리 모두가 경험으로 알고 있듯이 나이가 들면 관계를 맺는 일이 더욱 수월해지고 혼란스러웠던 어린 날의 일들은 다 지나간 일이 된다. 그러므로 DNA 메틸화의 영향도 나이가 들면 약화되어 좀 더 안정적인 애착관계를 맺게 될 가능성이 있다.

생애 전반을 아우르는 사랑

대학교에서 근무하다 보면 학점을 따려는 열의로 연구에 적극 참여하는 스무 살짜리 학생들이 끊이지 않으므로 자연히 거의 모든 연구에 이런 학생들이 활용된다. 이들과 함께 연구할 수 있다는 건 물론 좋은 일이지만, 연구에서 다루는 가설이 성인기 발달에 관한 내용인 경우 나이가 더 많은 집단에서는 연구 결과와 다른 특징이 나타날 수 있다. 2019년에 미국 플로리다대학교의 심리학자 내털리 에브너Natalie Ebner 연구진은 이러한 한계를 벗어나서 옥시토신 수용체 유전자의 메틸화와 옥시토신 농도가 생애 전반에 나타나는 애착과 어떤 관련성이 있는지 탐구해보기로 했다. 이를 위해 연구진은 평균 연령이 22세인 젊은 참가자 22명과 평균 연령이 71세인 노년층 참가자 34명을 모집했다. 참가자는 모두 백인으로, 성별은 절반씩 구성했다. 연구진은 모든 참가자에게 성인기 애착에 관한 설문지를 작성하게 해서 3장에서 소개한 '친밀한 관계 경험 척도'를 평가했다. 그리고 혈액 검체를 채취해서 옥시토신 수용체 유전자 중 후생유전학적 영향을 확인할 수 있는 CpG 934 부위의 메틸화 수준과 체내 옥시토신 기본 농도를 분석했다. 그 결과, 두 연령군 모두 옥시토신 수용체 유전자의 메틸화 수준이나 기본 옥시토신 농도는 비슷했지만 청년층에서만 이것이 애착의 유형과 관련성이 있는 것으로 나타났다. 즉 청년층은 메틸화 수준이 낮고 옥시토신 농도가 높을수록 애착관계의 불안도가 낮았다. 이와 달리 노년층은 메틸화 수준이 애착의 유형에 아무런 영향도 주지 않았다. 이에 연구진은 우리가 일생을 사는 동안 인류의 선조가 남긴 영향이라 할 수 있는 후생적 영향, 즉 DNA 메틸화가 우리의 감정과 행동에 미치는 영향이 약화된다는 결론을 내렸다. 나이가 들면 그보다는 개개인이 겪은 환경의 영향이 두드러지게 나타난다. 그러나 유전자 발현에 발생하는 후생적 변화도 유전될 수 있으므로, 노년층에서 후생적 영향이 나타나지 않았다고 해서 그 자손도 옥시토신 수용체 유전자의 메틸화가 사랑의 경험에 주는 영향을 받지 않는다고 할 수는 없다. 앞서 소개한 스웨덴 연구에서 밝혀진 대로 조부모가 풍족한 식생활을 누리면 손자 세대에 그 영향이 나타나는 것처럼 자손이 젊은 나이일 때는 더욱 그럴 가능성이 있다. 이러한 결과는 단지 우리가 나이를 먹고 경험과 자신감이 쌓이면 유전자의 영향이 어느 정도 약화될 수 있음을 보여준다.

엄마와 아빠의 유전학적 특성

상대에게 일어난 일인데 마치 내 존재가 확장된 것처럼 나에게도 중요한 일이 되는 것, 나보다 상대방을 훨씬 더 신경 쓰게 되는 것이 사랑이에요.
— 손

나는 태어나 처음으로 부모가 된 남성과 여성을 조사하는 특권을 누려왔다. 곧 아기의 부모가 될 생각에 들떠 있는 사람들, 어떤 부모가 될 것인지 생각하고 어떤 아이가 태어날지 상상하느라 여념이 없는 사람들과의 만남은 아기가 태어나고 몇 주 뒤에 다시 이어진다. 그리고 자동차 헤드라이트 불빛과 정면으로 마주한 토끼처럼 잔뜩 긴장한 모습이 역력한 이 시기를 지나 아이가 첫돌을 맞이하고 이제는 롤러코스터라도 탄 것처럼 변화무쌍한 양육의 첫 단계를 헤쳐 나가고 있을 때 또다시 만난다. 이 초보 부모들의 주된 관심사는 아이에게 완벽한 발달 환경을 조성해주는 것이고, 아이가 보육 시설에서 반쯤 독립된 생활을 시작하는 생애 초기의 몇 년 동안 아이에 대한 거의 모든 책임이 부모인 자신에게 있다는 사실을 잘 알고 있다. 그러나 부모가 세심하게 구축한 환경이 아이의 사회적 발달에 얼마나 영향을 주는지는 아이의 유전자에 따라 달라진다. 앞서 설명한 대로 갑옷을 두른 것처럼 환경의 악영향을 덜받는 유전자도 있다. 그러므로 부모의 양육 방식과 그에 따라 아이를 위해 구축하는 환경의 영향은 아이의 유전자에 어느 정도 좌우된다고 볼 수 있다. 옥시토신 수용체 유전자에서 나타나는 단일염기 다형성(SNP) 중 rs1042778과 rs2254298, 그리고 시상하부에서 옥시토신이 만들어진 후 분비될 때 작용하는 CD38 유전자의 rs3796863 SNP가 이러한 영향과 관련이 있다. 이 세 가지 SNP 모두 양육 방식, 부모와 아이 사이에 애정을 기반으로 형성되는 유대감의 강도, 그리고 최종적으로는 아이가 태어나 처음으로 단짝 친구가 생겼을 때 느끼는 사랑에 영향을 준다.

가족을 연구해본 사람들은 어렸을 때 어떤 사랑과 보살핌을 받았는지가 나중에 부모가 됐을 때 자식과 유대관계를 얼마나 잘 형성하는가에 영향을 미친다는 사실을 알고 있다. 특히 방치는 세대를 초월한 영향력을 발휘하며 이 악순환을 벗어나기가 힘들다. 그 이유를 알기 위해서는 이 현상의 기반이 되는 메커니즘부터 파악해야 하므로, 아이의 현재 삶을 부분적으로 들여다보거나 가정생활의 단편적인 모습을 보는 수준에 그치지 않고 아이가 발달 과정을 거치는 동안 아이와 부모를 모두 꾸준히 추적해야 한다.

2013년에 이스라엘 바르일란대학교의 루스 펠드먼 연구진은 부모의 행동 중에 유전자가 부분적으로 영향을 주는 특정 행동이 자녀가 유치원에 다니기 시작했을 때 구축되는 사회적 세계에 어떤 영향을 주는지를 바로 그와 같은 방식으로 연구했다. 연구진은 먼저 생후 1개월 된 아기를 키우는 백인 이성애자 커플 50쌍을 모집했다. 이 종단 연구에서는 아기가 생후 1개월일 때와 6개월일 때, 그리고 세 살이 되어 보육 시설에 다닐 때 참가자들과 만났다. 아기가 생후 1개월일 때는 아기 부모의 혈액을 채취하여 옥시토신의 기본 농도를 측정하고 앞서 언급한 옥시토신 수용체 유전자의 SNP rs1042778과 rs2254298, CD38 유전자의 rs3796863 SNP 유전자형을 분석했다. 그리고 부모에게 평소처럼 아이와 놀게 하고 그 모습을 영상으로 촬영했다. 아기가 생후 6개월일 때는 아이가 엄마 아빠와 각각 노는 모습을 촬영했다. 그리고 아이가 세 살일 때 이들과 다시 만나서 더욱 광범위한 연구를 실시했다. 의학적 목적의 연구가 아닌 이상 어린이의 혈액 채취는 윤리적으로 금지되어 있기 때문에 연구진은 아이의 침을 채취해서 옥시토신 농도를 측정했다. 먼저 기본 농도를 측정한 뒤 엄마 아빠와 즐겁게 논다음에 다시 채취해서 농도를 비교했다. 더불어 동물 농장을 활용한 체계화된 환경을 제공하고, 보육 시설에서 만난 가장 친한 친구와 10분간 함께 놀게 했다.

연구진은 이 모든 과정을 영상으로 촬영해 행동을 세부적으로 분석했다. 영아기에 두 차례 만났을 때는 부모의 행동을 네 가지로 나누어서 평가했다. 첫 번째는 아이와 눈을 맞추는지 피하는지를 살펴보는 응시. 두 번째 요소는 긍정, 부정, 중성으로 구분한 애정의 유형. 세 번째 요소는 '모성어'와 일반적인 말, 말을 하지 않는 것으로 구분한 부모의 말. 네 번째 평가 요소는 접촉으로 애정이 담긴 접촉과 기능적 접촉, 자극성 접촉, 접촉하지 않음으로 나뉘었다. 아이가 세 살일 때는 부모와 아이에게서 관찰되는 행동이 더 복잡해지는 만큼 행동 분석도 더욱 복합적으로 실시됐다. 세부적으로는 서로 주고받는 말이나 비언어적 신호의 세심함, 상대가 원하는 것을 잘 알아차리는지의 여부, 함께할 수 있는 활동에 참여하는지의 여부 등을 평가했다.

펠드먼 연구진은 CD38 유전자의 rs3796863 SNP 대립유전자가 위험 변이종으로 알려진 CC인 부모는 A 대립유전자를 가진 부모보다 옥시토신 농도가 낮고 아이를 돌보는 방식이 덜 세심하다는 것을 발견했다. 이들은 아이에게 보이는 애정이 부정적이거나 중성적이고, 아이와 눈을 맞추고 유지하는 시간이 짧거나 눈 맞춤을 적극적으로 피하고 접촉이 덜 세심했다. 또한 아이에게 하는 말이 덜 긍정적이고 직접 말을 하는 경우도 적었다. 엄마의 경우 옥시토신 수용체 유전자의 rs1042778, rs2254298 대립유전자가 위험 변이종(각각 TT, GG)인 경우 그러한 특징을 보이는 것으로 확인됐다. 부모의 유전자는 양육의 세심함에 영향을 주고 결과적으로 부모와 자녀 사이에 형성되는 애착관계의 안정성에도 영향을 준다는 것을 분명하게 보여주는 결과다.

앞에서도 설명했듯이 애착은 사랑의 객관적인 척도다. 아이가 보육 시설에 다니는 나이가 되었을 때 실시한 조사에서는 아이의 옥시토신 기본 농도가 엄마 아빠와 상호작용한 후의 농도와 상관관계가 있는 것으로 나타났고, 이는 생물행동학적 동시성에 따른 결과로 보인다. 그러나 가장 친한 친구와의 관계에서 나타나는 상호성은 영아기 엄마의 양육 행동에만 영향을 받고, 특히 친구와의 상호작용이 얼마나 긍정적인가에 영향을 주는 것으로 확인됐다. 그러므로 CD38 유전자의 여러 버전에 따라 달라지는 엄마 아빠의 체내 옥시토신 농도는 아이가 가족의 테두리를 벗어나 세상을 접했을 때 영향을 주며, 엄마의 사랑은 아이가 친구와 처음 경험하는 사랑인 우정에 영향을 준다는 것을 알 수 있다.

펠드먼은 결론에서 유전자가 개개인의 양육 방식에 미치는 영향과 더불어 후생적 변화와 함께 세대를 넘어 우리가 사랑을 표현하고 경험하는 데 영향을 주는 또 하나의 메커니즘이 있다고 밝혔다. 바로 부모의 유전학적 구성에 의해 조성되는 아이의 발달 환경이다. 3장에서 설명한 대로 부모의 뇌 구조는 자녀의 사회적 기능에 직접적인 영향을 주는 것으로 밝혀졌는데, 펠드먼의 연구는 부모의 유전자, 특히 엄마의 유전자가 아이가 생애 최초로 사귄 친구와의 특별한 관계에 직접적인 영향을 미친다는 것을 보여준다. 또한 아이가 친사회적 기술을 습득하는 데 중요한 시기가 있다는 사실도 알 수 있다. 즉 생후 첫 6개월은 아이의 체내 옥시토신 농도가 높아지는 데 중요한 시기로 보인다. 이 시기에 옥시토신 농도가 높아지면 생애 전반에 걸쳐 기능적인 관계를 잘 맺을 수 있게 된다. 이와 함께 태어나 처음 사귄 베스트프렌드를 통해 경험하는 사랑도 부모의 방치가 낳는 세대를 초월한 영향까지 뒤집을 수 있을 만큼 강력한 힘을 발휘할 수 있다.

사랑과 인종

사랑은 우리가 다른 사람들과 맺는 전반적인 유대라고 생각합니다. 그 빛깔과 형태는 매우 다양한데, 우리는 사랑을 연인과의 사랑, 가족 간의 사랑, 정신적 사랑 등으로 나누려고 애를 쓰죠. 하지만 그런 분류가 썩 잘 맞진 않는 것 같아요. 사랑이 천천히 다가올 때도 있고, 만나자마자 '와, 정말 멋진 사람들이야. 너무 좋아'라고 느낄 때도 있어요. 같은 공간에 모순이 존재할 수도 있는 것이 사랑입니다. – 빌

지금까지 우리는 유전자가 일반적인 유전 과정을 거쳐서, 그리고 최근에 밝혀진 후생학적 영향의 메커니즘을 통해 개개인이 경험하는 사랑의 여러 측면에 영향을 준다는 사실을 살펴보았다. 유전자는 연인, 가족, 부모 자식 간의 사랑과 정신적인 사랑에 이르기까지 우리가 경험하는 사랑의 모든 영역에 영향을 미친다. 더불어 발달 과정에서 부정적인 환경에 노출되더라도 사랑의 기능을 온전히 발휘하도록 우리를 보호하는 갑옷의 역할을 하기도 한다. 그런데 유전자의 발현 여부, 심지어 특정 버전의 유전자를 보유할 확률은 나이와 인종에 좌우된다. 앞에서 중국의 생물학자 공핑위안이 유럽인과 아시아인을 대상으로 메타분석한 공감 능력의 유전학적인 특성에 관해 설명하면서 인종의 영향을 처음 언급했다. 공핑위안은 해당 연구에서 아시아인보다 유럽인 중에 옥시토신 수용체 유전자의 SNP rs53576에 G 대립유전자를 가진 비율이 훨씬 더 높다고 밝혔고, 이는 유럽인의 사회심리학적 특징과도 일치한다. 앞서 설명한 대로 아시아인은 개인보다 집단을 더 중시하는 경향이 있으며 공감 능력은 전체를 중시하는 사회보다는 개인주의를 중시하는 사회에서 더 큰 의미가 있으므로 개인주의적 성향을 가진 유럽인들에게 더 크게 활용된다고 볼 수 있다.

최근에 러시아의 한 연구진은 연구 대상을 아시아, 아프리카, 유럽인으로 확대해 옥시토신 수용체 유전자의 rs53576과 rs2254298

SNP의 발생 빈도를 조사했다. 이 두 가지 SNP는 각각 공감 능력, 양육 행동과 관련이 있는 것으로 여겨진다. 유전학자 폴리나 부토프스카야Polina Butovskaya가 실시한 이 연구에서는 시베리아 지역의 오브 위구르족(353명), 탄자니아의 하자족(135명)과 다토가족(196명), 바르셀로나에 사는 카탈루냐인(659명), 이렇게 네 인구 집단에서 타액 검체를 채취해 해당 SNP의 유전자형을 분석했다. 그리고 분석 결과를 아프리카, 남미, 아시아, 북유럽의 15개 다른 인구군의 유전체 데이터베이스에 저장된 유전자형 정보와 광범위하게 비교했다. 그 결과 세심한 양육 능력, 더 넓게는 공감 능력과 관련이 있는 rs2254298 SNP의 경우 그러한 기능이 떨어지는 것으로 알려진 A 대립유전자가 가장 적은 인구 집단은 유럽인인 것으로 나타났다. 이 대립유전자의 발생 빈도가 가장 높은 인구 집단은 아시아인이었고, 아프리카인은 그 중간 수준이었다. rs53576 SNP는 위험성이 높은 A 대립유전자를 보유한 아프리카와 유럽인이 아시아인보다 훨씬 적은 것으로 확인됐다. 매우 광범위한 의미로 해석하면, 유럽인과 아프리카인이 아시아인보다 공감 능력이 뛰어나며 유전학적인 양육 행동의 세심함은 유럽인, 아프리카인, 아시아인 순으로 더 높은 경향이 있음을 의미한다.

이 말이 큰 논란을 일으킬 수 있다는 것을 나도 안다. 사랑에 필요한 능력이나 아끼는 사람을 대하는 행동 방식이 인종에 따라 달라진다고 할 수 있을까? 일단 듣기에도 너무나 거북한 이야기인데다, 인종 갈등을 일으키지 못해 안달이 난 사람들이 혐오 발언에 써먹을 법한 내용이다. 또한 더 자세히 들여다보면 인종별 차이를 그와 같이 단언할 수 없음을 알 수 있다. A 대립유전자가 위험성이 높다는 것, 즉 생존에 불리하다는 해석이 사실이라면 이 대립유전자의 발생 빈도가 높은 인구 집단이 왜 존재할까? 크게 두 가지 이유를 생각할 수 있다. 첫 번째는 문화적 관습이 선택적인 번식이나 투자로 결정되는 자연의 질서보다 더 막강한 영향력을 발휘한 것이고, 두 번째는 아직 밝혀지지 않았지만 A 대립유전자에 특정한 이점이 있고 이것이 공감 능력이나 세심한 양육 행동에 나타나는 영향을 상쇄한다는 것이다.

한편 공감과 양육 행동에 있어서 '유리하다'고 여겨지는 G 대립유전자를 가진 사람들이 우울 장애를 겪을 확률이 더 높다는 연구 결과도 있다. 이러한 장애도 사랑을 경험하고 표현하는 능력에 영향을 준다는 점을 고려하면, 사랑에 있어서 무엇이 위험성이 높은 대립유전자이고 무엇이 유리한 대립유전자인지 양분할 수 없음을 알 수 있다. 게다가 유전자는 고정된 요소가 아니라 다른 유전자 및 환경과 복잡한 상호작용을 하므로 유전자형과 표현형이 반드시 일치하지는 않는다는 점도 잊지 말아야 한다.

유전자의 영향이 명확하지 않다는 것은 그리 놀라운 일이 아니다. 사랑에는 너무나 많은 측면이 있으며, 공감 능력이나 정신 건강, 양육 과정, 유전자, 나이, 성별, 체내 옥시토신 농도, 허리둘레와 엉덩이둘레의 비율 같은 요소 중 어느 한 가지가 사랑의 경험을 좌지우지하지 않는다는 사실을 여러분도 분명하게 이해했으면 좋겠다. 수많은 유전자가 공감 능력에 영향을 주고, 부모가 자식에게 사랑을 표현하는 방식도 다양하다. 세심한 양육 행동을 촉진하는 유전자를 가진 경우 서구 사회의 환경에서는 아이의 발달에 유리할 수 있지만 하루하루 생존을 걱정해야 하는 환경에서는 큰 도움이 되지 않을 수 있다. 당장 눈앞에 사자가 나타난 상황이라면 아이를 얼른 안아 어깨 위에 앉히고 달아나는 것이 아이와 눈을 맞추고 다정하게 쓰다듬으면서 지금 무슨 일이 벌어지고 있는지 설명해주는 것보다 더 강력한 사랑의 표현일 것이다. 사랑에 있어서 가장 중요한 건 배경이 되는 상황이며, 특정한 능력이나 감정이 부족하거나 넘치더라도 우리가 경험하는 사랑, 그리고 사랑에 필요한 능력을 좌우하는 건 결국 전체적인 균형이다. 그리고 그 균형점은 개인마다 차이가 있다.

사회적 성과 사랑

> 사랑은 수수께끼인 동시에 일종의 광기인 것 같아요. 어떤 사람, 또는 무언가에 강렬히 사로잡히는 것이 사랑이라고 생각해요. 강하게 끌리는 감정, 매혹되는 느낌, 그냥 흘려보낼 수 없는 것, 내면이 사로잡히는 기분을 표현할 때 사랑이라는 단어를 사용하게 됩니다. 사랑은 일종의 정신병이에요. – 벤저민

폴리나 부토프스카야의 연구는 넓은 차원에서 생각할 거리가 많지만 한 가지 놀라운 특징이 있다. 대립유전자의 발생 빈도는 남녀 차이가 없었다는 점이다. 앞에서 친구를 통해 경험하는 사랑에는 남녀 간에 차이가 있다고 설명했다. 남성은 같이 웃고 편하게 쉴 수 있는 친구를 여러 명씩 사귀는 반면, 여성은 내밀한 대화를 나눌 수 있는 한 명의 절친한 친구를 중시한다. 자식에게 느끼

는 애착도 성별에 따라 다르다. 아빠는 아이에게 도전 과제를 제시하고, 엄마는 아이를 보살핀다. 최근에는 남성과 여성의 감정 처리 방식이 어떻게 다른지 fMRI와 PET로 분석한 32건의 조사 결과를 분석한 연구도 발표됐다. 이 분석에서는 여성이 남성보다 정서적 인지능력이 더 뛰어나고 정서적 자극에 더 큰 반응을 보인다는 강력한 근거가 확인됐다. 개인의 경험을 직접 진술하게 했을 때 여성이 사랑과 같은 감정을 남성보다 더 강하게 느끼며 감정 조절 능력은 남성이 더 뛰어나다는 주장과도 일치하는 결과다. 그러나 남자는 이성적이고 여자는 감정적이라고 명확하게 선을 긋는 주장은 사회적 성별에 대한 고정관념이라는 논란을 낳고 있다. 아래에서 다시 살펴보겠지만, 연인과의 사랑을 생각할 때 활성화되는 뇌의 영역과 수준은 남녀 간에 차이가 있었다.

중국의 심리학자 잉지에䁖爵 연구진은 연애 중인 남성과 여성 각 16명씩 총 32명을 모집해서 연인이 손을 잡고 석양을 바라보는 모습, 슈퍼마켓에서 함께 장을 보는 모습 등 연인의 다양한 모습이 담긴 사진을 보여주고 fMRI를 촬영했다. 어떤 결과가 나왔을까? 우리는 남자와 여자가 사랑에 접근하는 방식이 다르다고 생각한다. 이 실험의 목적은 뇌의 생물학적 기능 수준에서 이러한 생각을 뒷받침하는 차이가 있는지 확인하는 것이었다. 참가자들은 남녀 모두 슈퍼마켓에서 장 보는 모습보다는 석양을 바라보는 모습처럼 더 로맨틱한 사진을 볼 때 감정을 담당하는 뇌 영역이 더 크게 활성화되었다. 남성과 여성 모두 로맨틱한 사진을 볼 때 정서적 반응이 더 강하게 나타난 것이다. 연구진은 참가자들에게 각 사진에 정서적 만족도를 평가하게 했는데 이번에도 남녀 차이는 없었다. 그러나 뇌에서 감정을 담당하는 핵심 영역, 그리고 신피질 내에서 감정과 관련된 영역은 성별에 따라 차이가 있었다. 남성의 경우 미상핵과 섬, 그리고 정신화 기능을 포함한 사회적 인지능력과 관련이 있는 전전두피질과 안와전두피질의 영역이 더 크게 활성화되었다. 이는 로맨틱한 상황을 평가하고 생각하는 것이 여성에게는 다소 본능적인 일인 데 비해, 남성은 더 큰 노력이 필요하다는 것을 의미한다.

내가 남편에게 이런 결론을 알려주자, 남편은 남자가 여자보다 정서적 능력이 떨어진다는 소리는 남자를 '크게 무시하는' 말이라고 대꾸했다. 뇌 연구에서 남녀의 차이가 확인됐다는 이러한 결과가 나오면 실제로 반발하는 사람이 많다. 마치 남자와 여자에 대한 고정관념이 사실이고 그러한 차이가 지난 수백 년 동안 인간이 진화하면서 고착화되었다는 소리처럼 들리기 때문이다. 다시 말해 사회가 규정한 남녀의 성 역할을 깨뜨리고 싶어도 다 소용없고 고정관념대로 따라야 한다는 소리 같다. 그러나 뇌가 연인과의 사랑을 처리하는 방식에서 남성과 여성이 다르다는 것이 꼭 진화의 결과라고 할 수 없으며, 남자가 여자만큼 사랑을 강하게 '느끼지' 못한다는 의미도 아니다(이번 장 뒷부분에서 이 주장을 뒷받침하는 몇 가지 근거를 제시할 것이다). 위의 연구에서도 사진을 평가해보라고 했을 때 남성과 여성이 밝힌 감정의 강도는 동일했다. 또한 앞에서 설명한 대로 인간의 뇌는 굉장히 유연하고 특히 출생 후 몇 년간 더욱 그러하며 환경이 뇌의 구조와 기능에 중대한 영향을 미친다. 그러므로 남자는 이성적이고 여자는 감정적이라고 여기는 문화가 뇌 활성의 차이로 나타났을 가능성도 있다.

다른 여러 감정과 마찬가지로 사랑도 사회적 성별에 의한 구분이 뚜렷하게 드러나는 감정이다. 6세부터 10세까지, 아동부터 초기 청소년기에 해당하는 남녀 아이들에게 사랑에 빠진 사람의 모습을 그려보라고 하면 이러한 사회적 성별의 차이가 명확히 드러난다. 프랑스의 심리학자 클레어 브르셰Claire Brechet가 실시한 연구에서는 나이가 들면 성별과 상관없이 연인과의 사랑에 대한 이해도가 깊어지면서 하트 모양처럼 사랑을 의미하는 상징을 많이 쓰는 것으로 나타났다. 그러나 아이들이 그린 그림을 살펴보면 여섯 살에는 성별의 차이가 전혀 나타나지 않다가 여덟 살, 열 살이 되면 사회적 성별의 차이가 점점 뚜렷해진다. 남자아이들은 사랑에 빠진 남자를 강하고 튼튼한 모습으로 그리고, 여자아이들은 사랑에 빠진 여자를 다정하게 누군가를 돌보는 모습으로 그리며 대부분 예쁘고 매력적인 드레스를 입고 있다. 아이들이 자라면서 사회가 여성과 남성에게 기대하는 사랑의 모습을 인지하고 사랑에 빠진 남자는 강인한 존재, 여자는 약하고 감정적인 존재로 표현하는 것이다.

뇌 활성의 차이가 정말로 진화나 문화적 영향에 따른 결과인지 제대로 확인하려면 전 세계 다양한 문화권에 사는 사람들의 뇌 스캔 연구가 필요하다. 다음 장에서 일부 문화권의 결과를 소개하겠지만, 현재까지 내가 직접 진행한 연구 중에 가장 비슷한 연구는 남성 동성애자 부모를 대상으로 한 연구였다. 이성애자 부부의 경우 엄마가 아이의 주 양육자일 때 엄마와 아빠의 뇌 활성이 최고조에 달하는 영역은 서로 다르다. 즉 엄마의 뇌에서는 감정을 담당하는 영역이 가장 크게 활성화되고, 아빠의 뇌에서는 연인 간의 사랑을 분석한 중국의 잉지에 연구진이 얻은 결과와 비슷하게 신피질이 가장 활성화되었다. 그런데 남성 동성애자 부부 중 한 사람이 아이의 주 양육자인 경우 양육 문화에 당연히 차이가 생기고, 주 양육자인 아빠의 뇌는 이성애자 부부인 엄마와 아빠의 뇌에서 각각 가장 활성화된 영역 중 일부분이 전부 활성화된다. 아빠는 주로 자원을 제공하고 엄마는 아이를 보살피는 역할을 한다는 고정관념을 깨뜨리는 결과인 것이다. 다시 말해 동성애자 아빠의 뇌는 엄마 아빠의 역할을 '전부' 할 수 있고 생물학적 성별과 상관없이 사회적 성별에 따른 양육 방식의 경계를 얼마든지 벗어날 수 있음을 보여준다. 남자도 여자처럼 감정을 자유롭게 표출할 수 있는 사회에 사는 남자들의 뇌 스캔 결과는 여성의 뇌 활성과 차이가 없을 수도 있다. 또는 그렇지 않을 수도 있다. 뇌가 특정한 행동을 유발할까, 아니면 행동이 뇌의 특정한 활성을 유도할까? 이 인과관계를 밝혀내기는 너무나 어렵지만, 우리가 평생을 사는 동안 피드백 메커니즘에 따라 뇌와 행동이 서로 영향을 주고받을 가능성이 높다.

비혼과 유전학

제가 생각하는 사랑은 서로를 존중하고 각자 한 개인으로 남을 수 있는 여유를 주는 거예요. 사랑한다면 그 사람을 존중하고, 신경 쓰고, 그 사람을 위하게 되고 상대방도 저를 위하게 되죠. 상대방이 한 개인으로서 살아가고 자기 생각에 따라 자신의 인생을 살도록 두고, 평가하지 않아요. 이렇게 될 수 있다, 저렇게 되어야만 한다고 생각하지 않고 있는 그대로 받아

들이는 거죠. 그게 사랑입니다. 받아들이는 것, 그건 세상에서 가장 어려운 일 같아요. **- 플로라**

이번 장에서는 여러 유전자를 살펴보았다. 특히 옥시토신 수용체 유전자를 집중적으로 설명했다. 옥시토신 수용체가 개개인이 경험하는 사랑에 영향을 준다는 게 과학적 사실로 밝혀질 수 있었던 것은 체내 옥시토신은 분석하기가 용이해서 연구가 상당히 많이 진행됐기 때문이다. 2장에서 설명했듯이 사랑에 영향을 주는 다른 신경화학물질은 혈관-뇌 장벽을 통과하지 못하므로 접근하기가 어렵고 이 때문에 유전자와 신경화학물질의 연관 관계를 조사하는 연구도 쉽지 않다. 그럼에도 힘들게 노력해서 그러한 연구를 진행하는 경우, 흥미진진하고 큰 뉴스거리가 될 만한 결과를 얻게 된다.

2014년에 영국의 일간지마다 '싱글로 사는 원인 유전자 발견!'이라는 기사가 1면을 장식한 적이 있었다. 영국의 싱글들은 자신이 죽을 때까지 포장된 음식을 전자레인지에 데워서 먹고 화분과 대화하며 살아야 할 운명인지 궁금한 마음에 심호흡을 가다듬으며 기사를 다급히 읽었을 것이다. 하지만 늘 그렇듯 막상 다 읽고 나면 제목만큼 흥미롭거나 대단한 내용은 아니다. 그 기사는 중국 베이징대학교의 한 연구진이 성격이나 사회경제적 지위, 인구통계학적 특징, 외모 외에 유전자도 싱글이 될 가능성에 영향을 주는지를 연구한 내용이었다. 그들이 주목한 것은 세로토닌 1A 수용체의 유전 암호가 담긴 5-HT1A 유전자였다. 이 유전자에는 rs6295로 명명된 단일염기 다형성이 존재한다. 연구진은 먼저 한족 학생 579명을 모집했다. 이 가운데 70퍼센트는 여성이었다. 그리고 참가자들의 5-HT1A 유전자(세로토닌 수용체 유전자)의 rs6295 SNP 유전자형을 확인하는 한편 '현재 (연애 중인) 사랑하는 사람이 있습니까?'라는 직설적인 질문을 던졌다. 정말 신선하다고 생각될 만큼 간단한 접근 방식이다. 결과에 생물학적 성별에 따른 차이가 없었기에, 연구진은 모든 데이터를 하나로 합칠 수 있었다. 사회경제적 지위, 인구통계학적 특징, 외모, 부모의 양육 방식에 이르기까지 참가자가 싱글로 사는 것과 관련 가능성이 있는 모든 조건을 통제해 분석한 결과, 5-HT1A 유전자의 rs6295 SNP에 G 대립유전자가 있는 GG 또는 CG의 경우 C 동형접합(CC)인 사람보다 싱글로 살아갈 가능성이 높다는 사실을 확인했다. 유전학적 특징이 영향을 미친다는 의미였다. 그러나 사랑과 관련된 다른 요소와 마찬가지로 이 영향도 그리 '크지 않았다'. 즉 5-HT1A 유전자의 버전에 따른 차이는 1.4퍼센트였다. 흥미로운 기사 제목과 달리, 평생 싱글로 살지 말지 예측할 수 있는 유전자라고 보기 어렵다. 그것도 다른 모든 조건이 동일하다고 가정할 때 영향을 줄 수 있는 유전자 중 하나일 뿐인 데다 이 유전자가 실제로 발현되는 표현형일 경우에만 그러한 영향이 나타난다. 그러니 전 세계에 사는 싱글들은 안심해도 된다.

하지만 궁금증이 남는다. 왜 하필 이 유전자가 싱글일 가능성에 영향을 미칠까? 연구를 진행한 류진팅刘金婷과 공핑위안, 저우샤오린周晓林은 논문에서 5-HT1A 유전자의 rs6295 SNP에 G 대립유전자를 가진 사람은 친밀한 관계를 덜 편안하게 느끼고 신경증적이며 정신 건강에 문제가 생길 가능성이 더 높다고 한 이전 연구 결과를 언급했다. 모두 장기적인 관계를 유지할 가능성에 영향을 줄 수 있는 요소다. 관계를 유지하기 위해 노력하려면 자신의 파트너가 될 수 있는 후보에게 깊이 빠져야 하는데, 5-HT1A 유전자에 그러한 특징이 나타나는 사람은 그렇지 않은 경향이 있다고 생각한다. 세로토닌이 강박 장애에 영향을 미친다는 사실도 염두에 둘 필요가 있다. 체내 세로토닌 농도가 낮으면 강박 행동이 촉진되는데, 대상이 연인이건 새로 태어난 아기건 친구건 사랑에 빠지면 세로토닌 농도가 낮아지면서 그 새로운 사랑에 집착하게 되는 것으로 추정된다. 그러므로 5-HT1A 유전자의 rs6295 SNP에 G 대립유전자를 가진 사람은 세로토닌 1A 수용체의 밀도가 더 높거나 수용체와 세로토닌의 친화력이 더 높아서 세로토닌의 활성이 더 클 가능성이 있다. 연인과의 유대를 지키고 인생을 함께 꾸려가기 위해서는 사랑의 특징인 집착적인 면도 있어야 하는데, 세로토닌 활성이 크면 그런 면이 없을 가능성이 있다.

사랑과 성적 취향

사랑은 상대가 자신의 모습대로 살도록 두고, 상대도 내가 있는 그대로의 나로 살아가도록 두는 것입니다. 함께 있을 때 편안하고, 연기를 하지 않는 것이에요. 다르게 표현하자면 문을 열고 용변을 봐도 좋은 사이랄까요.
― 제임스

이번 장에서는 유전자, 나이, 인종, 성별 등 생물학적인 요소가 개인이 경험하는 사랑에 영향을 줄 수 있는지 살펴보았다. 우리가 아직 살펴보지 않은 중요한 요소 중 하나가 성적 취향이다. 강연을 할 때 청중의 질문을 받는 시간이 되면 많은 사람들이 연인과의 사랑 경험에 성적 취향이 영향을 주는지 무척 궁금해하는 인상을 받는다. 성별에 따라 사랑의 경험도 다를까? 동성 간의 사랑에 관한 학술적인 연구는 사랑의 경험을 탐구하겠다고 주장하면서도 실제로는 섹스나 성적 끌림에 사람마다 어떤 차이가 있는지에 집중한다는 아쉬움이 있다. 분명한 것은 정신적 사랑, 연인과의 사랑, 부모 자식 간의 사랑 등을 포함한 모든 사랑이 동일한 신경화학물질의 영향을 받는다는 사실이다. 부모가 자식에게 느끼는 사랑, 친구 간에 느끼는 정신적인 사랑, 연인 간의 사랑에서 나타나는 뇌 활성은 다르지만 그 이유는 우정을 유지하는 일이 부모가 자식에게, 또는 연인에게 느끼는 사랑을 유지하는 것보다 더 큰 인지 능력을 요구한다는 간단한 사실로 설명할 수 있다. 또한 연인 간의 사랑에는 성적 끌림, 성욕이 포함되는데 내가 가장 최근에 살펴본 자료들로 미루어 볼 때 이런 요소는 사랑할 때 성적 취향과 상관없이 경험하는 것들이다.

2010년에 이러한 결론을 뒷받침하는 근거가 확인됐다. 사랑의 신경학적 기반을 꾸준히 연구해온 세미르 제키는 존 로마야John Romaya와 함께 동성애자 남성 6명과 동성애자 여성 6명, 이성애자 남성 6명과 이성애자 여성 6명, 총 24명을 대상으로 연인 간의 사랑과 뇌 활성 패턴의 관계를 조사했다. 세미르는 이전에 진행했던 사랑 연구와 마찬가지로 참가자들의 뇌를 fMRI 촬영하면서 연인 사진을 여러 장 보여주고 사이사이에 연인과 동성이고 참가자와 정신적으로 가까운 친구 사진을 섞어서 보여주었다. 분석 결과, 참가자의 나이나 연애 기간, '열정적 사랑 척도'를 통해 참가자가 직접 밝힌 사랑의 강도는 뇌에서 활성이 나타나는 부위나 활성 강도와 무관했으며 참가자의 생물학적 성별이나 성적 지향에 따른 차이도 없는 것으로 나타났다. 전체적으로 모든 참가자에서 이미 10년 전 연구에서 최초로 확인된, 연인과의 사랑을 의미하는 '지문'과도 같은 활성 패턴이 그대로 나타났다. 다른 연구진들이 동일한 연구를 해서 결과가 재차 확인되지는 않았다는 점, 표본이 굉장히 작다는 점, 참가자의 연령 범위와 인종이 다양하다는 점을 감안해야 하지만 아직 이와 정반대로 나온 결과도 없다. 따라서 나는 이 결과가 연인과의 사랑 경험이 사람마다 다른 것은 성적 취향보다 문화, 유전학적 특징, 생애 초기의 경험이 더 큰 영향을 미친다는 것을 보여준다고 생각한다. 단, 동성애를 대하는 사회의 태도는 예외적으로 개인의 사랑 경험에 영향을 주는 요소일 것이다. 다음 장에서 바로 이 영향을 자세히 살펴보기로 하자.

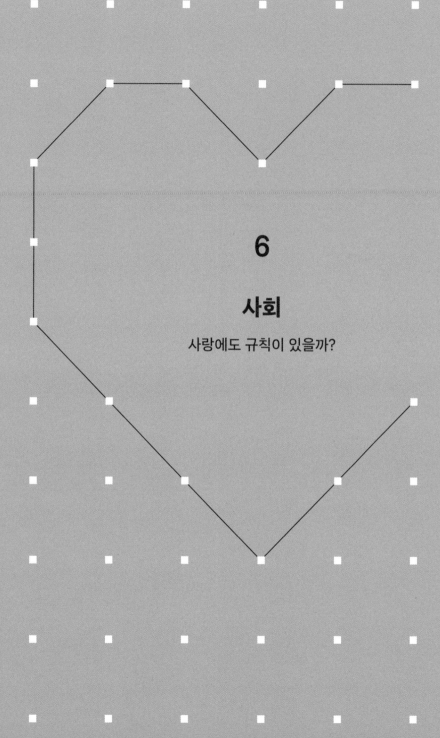

6

사회

사랑에도 규칙이 있을까?

1950년대에 큰 인기를 끈 전설적인 가수 프랭크 시나트라가 부른 곡 중에 사랑과 결혼의 관계를 말과 마차에 비유한 유명한 노래가 있다. 말과 마차처럼 어느 하나만 존재할 수는 없다는 이 노래의 주장은 다소 과장된 면이 있지만, 어느 사회에서나 사랑이 공공의 관심사가 된다는 건 분명한 사실이다. 실제로 사랑을 시작하면 갑자기 사방에서 온갖 훈수가 쏟아진다. 상대의 성격이나 외모, 받아들일 수 있는 사람인지 여부는 물론 다른 여러 가지 특성, 둘의 결합을 정식으로 축하하는 의식을 치르기 전에 얼마 동안 지켜봐야 적당한지에 관한 사회적 기준에 이르기까지 각종 의견을 듣게 된다. 결혼을 서두르거나, 사랑의 도피 행각을 벌이거나, 가족의 반대를 무릅쓰는 사람은 사회적 걱정거리가 되거나 못마땅한 존재가 된다. 이러한 일은 비단 연애뿐만 아니라 더 넓은 범위로 확장된다. 이를테면 대중에게 널리 알려진 사람이 부모가 되면 그들의 가정생활이 마치 공공 자산인 양 끈질기게 관심을 갖는 사람들이 생긴다. 유명인이 부모 역할을 유모에게 너무 많이 떠넘기거나, 반대로 아이를 위해서는 부모가 자식에게 애착을 가져야 한다고 너무 떠들어대면 흥분한 여론의 뭇매를 맞기 십상이다.

인간의 뇌는 다른 사람의 연애나 대인관계에 쉽게 매혹된다. 우리는 뇌가 가진 인지능력의 상당 부분을 다른 사람의 사회적인 삶을 관찰하고, 분석하고, 기억하는 데 할애하도록 진화했다. 유니버시티칼리지 런던에서 석사 과정을 공부하던 시절, 나는 캐시 키Cathy Key 교수가 인지 기능의 진화에 관한 수업에서 낸 두 가지 문제를 풀면서 그런 사실을 깨달았다. 첫 번째는 중등교육을 마친 사람이라면 누구나 풀 것으로 여겨지는 기초 기하학 문제였고, 두 번째는 내가 청소년일 때 인기가 높았던 드라마 〈이스트엔더스EastEnders〉에 나왔던 등장인물들에 관한 문제였다. 놀랍게도 나를 비롯한 학생들 모두 기초 기하학 문제는 낑낑대며 겨우 풀었고, 두 번째 문제는 아주 쉽게 풀었다. 2주 간격으로 방영됐던 이 드라마에서 누가 누구와 결혼을 했고 누가 누구와 싸웠으며, 아무개와 팔촌 관계인 사람이 누구였는지까지 또렷하게 기억해냈던 것이다. 다들 사회적 회상 능력이 그야말로 완벽한 수준이었다. TV 드라마의 사소한 정보는 그렇게 시시콜콜 기억하면서 수학 실력은 기대에 한참 못 미친 이유는 무엇일까?

뇌의 신피질 기능이 대부분 사회적 인식에 쏠려 있다는 것이 그 이유 중 하나다. 실제로 생물의 신피질 크기와 그 생물의 사회적 집단 규모는 비례한다. 그렇다면 뇌의 기능과 에너지가 왜 이런 기능에 그토록 대거 할애될까? 1장에서 설명한 것처럼 사회적 네트워크는 생존과 직결되기 때문이다. 같은 집단에 속한 모든 구성원의 관계를 알면 짝짓기 경쟁에서 누가 더 우위에 있는지 알 수 있고 집단 내에서 서열이 높아질 수 있는 타이밍이나 누가 내 서열을 떨어뜨릴 계획을 세울 가능성이 있는지도 파악할 수 있다. 또한 누구와 친구가 되는 것이 유리한지, 손재주가 뛰어나서 나중에 혹시라도 싱크대에 누수가 생기거나 선반을 달아야 할 때 도움을 받을 수 있는 친구는 누구인지도 짐작할 수 있다. 그러므로 누구에게 관심을 기울여야 하는지 판단하고 누가 무슨 일을 하는지 기억하는 일에 의식적인 뇌 기능의 상당 부분을 쓰게 된 것이다. 이에 비하면 각 변의 길이를 3, 4, 5센티미터로 잡고 삼각형을 정확한 모양으로 그리는 능력은 생존과 성공에 덜 중요하다. 그래서 친구, 가족, 연인에 이르기까지 사랑하는 대상을 선택하는 일은 공공의 관심사가 될 수밖에 없다.

우리는 2년 사귀고 스물세 살에 헤어졌어요. 1년 동안은 서로 안 보고 지내다가 다시 만나기 시작했는데, 그때 '다들 뭐라고 할까?' 걱정했죠. 친구들은 제 여자친구를 악마라고 불렀고 여자친구의 친구들은 제가 너무 매달린다고 생각했거든요. 다들 우리가 헤어진 것에 안 좋은 감정을 갖고 있는 것 같아서, 다시 사귀기로 했지만 누구에게도 말을 할 수 없었어요. 다시 만나는 걸 숨긴 가장 큰 이유는 인정받지 못할 것 같아서였죠. 그것만은 피하고 싶었거든요. **– 제이크**

이번 장에서는 인간이 만든 문화 속에서 발전한 사랑의 경험에 관한 규범과 의례, 연인에 대한 사랑과 부모가 자식에게 느끼는 사랑의 정의, 사회마다 허용 가능하다고 보거나 심지어 합법적이라고 판단하는 범위에 관해 살펴보려고 한다. 사랑은 크게 생물학적 사랑과 사회적 사랑으로 나눌 수 있고, 둘 다 우리가 사랑을 인지하고 경험하는 방식에 영향을 준다.

1990년대 초까지는 생식 활동을 함께할 수 있는 파트너와의 사랑을 뜻하는 '연애'가 인간의 보편적인 특징인지도 명확하지 않았다. 이제는 한물간 유럽 중심적인 민족지학적 관점에서는 서구 사회의 경우 연구 문헌과 예술이 연인 간 사랑에 관한 생각에 영향을 주었고, 그러한 영향이 없는 비서구 문화권에서는 연애가 수용되지 않은 경험이라고 보았다. 사랑을 생리학적·신경학적 현상으로 보는 과학적 관점에서는 그러한 해석이 터무니없을 뿐만 아니라 오랜 세월 입에서 입으로 전해진 풍성한 문화를 인정하지 않는 소리로 들렸다. 그러다 사회인류학자인 윌리엄 얀코비아크William Jankowiak와 에드워드 피셔Edward Fischer가 추정이 아닌 관찰을 토대로 실시한 혁신적인 민족지학 연구를 통해 모든 문화권에 연인 간의 사랑이 존재한다는 사실을 밝혀냈다.

두 사람은 1992년에 북미와 남미, 지중해 연안 지역, 사하라 사막 북쪽, 유라시아 동쪽, 태평양 섬을 포함하여 총 166개국을 대상으로 이 같은 연구를 수행했다. 그들은 특정 문화권에 연인 간의 사랑이 존재하지 않을 것이라고 추정한 과거 연구의 결론은 비논리적인 가정이며, 민족지학을 연구하던 사람들이 근거가 없어서가 아니라 호기심이 부족해서 그런 결론을 내린 것이라고 주장했다. 의문점을 해결하려고 하지 않고 다른 문화권에는 연인 간의 사랑이 존재하지 않았다고 단정했던 것이다. 그러나 모든 사회에는 성적 파트너를 향한 사랑이 일관되게 존재한다. 그 파트너는 사회적으로 금지된 배우자나 연인이 될 수도 있다.

사랑의 상태

제가 케이트와 다자간 연애를 한다는 사실이 다소 부끄럽고 민망한 일로 여겨질 수도 있다고 생각해요. 케이트는 가족과 사이가 완전히 틀어졌어요. 그래서 마음이 좀 불편해요. 제 누나도 다르지 않을 것 같아서요. 누나가 둘인데, 둘 다 저를 이해해줄 것 같지 않아요. **– 제러미**

과거의 민족지학 연구자들이 내린 결론이 틀렸고 연인 간의 사랑은 인류의 보편적인 특징이라는 점은 명확한 사실이다. 왜 그런 오해가 생겼는지 너그럽게 이해해보자면, 연애 감정은 모두가 느끼지만 그 사랑을 표현하는 '방식'에는 문화적 제약이 존재하므로 그것이 혼란을 주었을 가능성이 있다. 분노, 행복, 슬픔, 두려움, 자부심, 사랑 등 모든 감정을 통틀어 문화적 특이성이 가장 큰 감정은 사랑이다. 문화권과 상관없이 얼굴 표정과 몸짓, 목소리 톤으로 애정을 표현하는 건 동일하고 상대방의 그러한 표현도 정확히 이해할 수 있지만, 사랑은 그보다 까다로운 문제다.

2017년에 UCLA에서 활동하던 미국의 심리학자 캐럴린 파킨슨Carolyn Parkinson은 연구 팀을 꾸려 캄보디아의 오지 지역인 라타나키리주로 향했다. 이들은 그곳의 낮은 산악 지대에 사는 크룽족을 대상으로 미국인이 분노, 행복, 슬픔, 두려움, 자부심, 사랑까지 여섯 가지 감정을 '포즈'로 취해 몸짓으로만 표현할 때 그들이 정확히 이해하는지 확인하는 연구를 진행했다. 이들이 만난 크룽족은 외부 세계와 오랫동안 단절된 락 L'ak이라는 마을에 살고 있었으며, 크메르어를 쓰는 캄보디아인이 알아듣지 못하는 방언을 쓰고 자급자족 생활을 하므로 외부 집단과는 거의 접촉할 일이 없었다. 그래서 사랑에 대한 인식이 서구 문화권의 영향을 받았을 가능성도 매우 낮았다. 연구진은 포즈를 취하기로 한 미국인에게 위의 여섯 가지 감정을 몸짓으로 표현해달라고 한 뒤 그 모습이 담긴 영상을 26명(여성 11명 포함)의 크룽족에게 보여주었다. 크룽족은 나이를 세지 않으므로 참가자의 나이를 파악하기는 어려웠지만 대체로 청소년기 말부터 그보다 나이가 많은 성인이었다. 연구진은 이들에게 각각의 감정을 몸짓으로 표현한 짤막한 영상을 15초간 보여주고 참고가 될 수 있는 단어는 전혀 제시하지 않은 채 어떤 감정이 느껴지는지 물었다.

분노를 표현할 때는 몸을 빠르게 움직이거나 잔뜩 힘이 들어간 불규칙하고 일정하지 않은 움직임을 보였다. 그러자 크룽족 참가자 전원이 분노의 감정이라고 정확히 인식했다. 행복의 감정은 팔다리와 어깨에 힘을 빼고 적당한 속도로 팔을 좌우로 흔드는 몸짓으로 표현했는데, 크룽족 참가자 26명 중 24명이 행복한 감정이라고 알아맞혔다. 그러나 사랑의 감정은 적중률이 높지 않았다. 팔과 어깨의 긴장을 풀고 양팔을 옆으로 흔들다가 양손을 심장 쪽에 모아서 그 주변에서 손을 둥글게 돌리는 동작을 하자, 단 3명만 사랑의 감정이라고 답했고 더 많은 사람이 행복이라고 답해서 분노나 슬픈 감정보다 적중률이 떨어졌다. 어떤 전통과 문화 속에서 성장했는지가 사랑의 표현 방식에 큰 영향을 준다는 사실을 분명하게 보여주는 결과였다.

> 아내와 처음 만났을 때 힘들었어요. 아내의 주변 사람들이나 제 친구들 중에 안 좋게 본 사람은 아무도 없었는데, 전 그런 반응이 나올 수 있다고 생각했거든요. 뭔가 잘못될 것 같다는 생각을 계속 했던 것 같아요. 처음 몇 년 동안은 어쩔 줄 모르는 상태로 지냈어요. 너무 오랜 시간 제 상황을 비밀로 숨긴 채 주변 사람들이 우리의 관계를 알면 좋게 볼 리가 없다고 생각했어요. 그래서 스트레스를 받았죠. 익숙해지기까지 시간이 한참 걸렸어요. - 릴리

사랑에 빠졌을 때 하는 행동뿐만 아니라 사랑의 정의도 문화적 제약이 존재한다. 잘 알려진 대로 그리스인들은 사랑을 일곱 가지(성적인 사랑인 '에로스', 친구와의 우정과 같은 정신적 사랑인 '필라', 구속하지 않고 즐거움을 위한 유희적 사랑인 '루두스', 부모와 자식 간의 사랑인 '스토르케', 자기애를 의미하는 '필라우티아', 의무가 담긴 실용적 사랑인 '프라그마', 신과 자연 또는 인류 전체를 향한 조건 없는 사랑을 뜻하는 '아가페'-옮긴이)로 나누었고, 아랍어에서는 사랑을 이시크ishq(두 사람 사이의 사랑), 하얌hayam(땅을 향한 경이로운 사랑), 티흐teeh(자기애), 왈라흐wlaah(슬픔이 담긴 사랑)로 다양하게 표현한다. 반면 영어에서는 어찌 보면 좀 우습게도 러브love라는 단어 하나가 이 모든 감정과 경험, 관계를 아우르는 의미로 사용된다. 여성은 생식력, 남성은 자원이 상대에게 매력을 끄는 요소가 되게끔 진화해왔지만 실제로 사람들에게 상대의 어떤 점에 매력을 느끼는지 물어보면 문화적

다양성이 나타난다.

중국에서 연애 상대의 선호도에 관한 매우 흥미로운 연구가 실시된 적이 있다. 엄격한 공산주의 체제가 사회주의 시장경제로 바뀌고 서구권의 영향이 점차 커지면서 35년이 지나는 사이에 중국의 경제와 문화는 급격히 변화했다. 그리고 이러한 환경은 문화의 영향이 사랑의 경험에 어떤 영향을 주는지 조사하기에 최적의 조건이라는 사실이 입증됐다. 심리학자 창레이張雷와 왕안Yan Wang, 토드 새컬퍼드Todd Shackelford, 데이비드 버스David Buss는 연인이 갖추었으면 하는 특성이 2008년과 1983년에 어떻게 달라졌는지 조사했다. 2008년에는 총 1060명의 참가자를 모집했다. 이 중 남성은 475명, 여성은 585명이었으며 다양한 지역에 위치한 사업체와 공장, 대학에 소속된 사람들로 구성됐다. 1983년의 연구는 데이비드 버스가 37개 문화권에서 사랑에 관해 조사한 혁신적인 연구에서 수집한 데이터를 활용했다. 연인 간의 사랑이 그저 서구 사회의 경험에서 비롯된 결과라는 잘못된 믿음이 확산되는 데 큰 역할을 한 이 연구에서 중국인 남성 265명과 중국인 여성 535명으로부터 얻은 데이터였다.

분석 결과, 1983년에는 잠재적인 연애 상대를 선택할 때 가장 덜 중요하게 고려했던 요소인 종교가 2000년대에는 중요도 순위에서 2단계 상승한 것으로 나타났다. 이는 중국에서 종교가 이전보다 더 많이 용인되는 분위기라는 사실이 반영된 결과일 수도 있고, 2008년에 조사한 사람들이 남녀 모두 실제로 같은 종교를 갖는 것을 중요하게 생각한다는 의미일 수도 있다. 대학을 졸업한 젊은 사람들은 경제적 능력과 의지할 수 있는 성격을 중요한 조건으로 꼽았다. 성관계 경험의 유무는 과거에 비해 순위가 내려갔다. 1983년에는 남녀 모두 혼전 순결을 중시했던 반면 2008년에는 중요도 순위가 크게 하락했다. 왜 이러한 변화가 생겼을까? 중국의 국가 경제 모델이 바뀌고 부의 계층화가 일어났다는 점은 명확히 입증된 사실이고, 이 계층화로 인해 중국인들, 특히 여성은 상대의 경제적 잠재력을 중시하게 되었다. 또한 중국이 서구의 영향을 점점 더 많이 받으면서 혼전 성경험에도 좀 더 여유로운 태도를 갖게 된 것으로 보인다.

문화권에 따른 사랑의 의미

> 친한 친구들과 제 직계가족은 제가 연애 감정을 느끼지 않는다는 걸 알아요. 가족이 어떤 반응을 보일지 몰라서 사실 오랫동안 말하지 않았어요. 가까운 가족 외에 다른 가족들이나 동료들에겐 밝히지 않았어요. 이해하지 못하거나 받아들이지 않을 수도 있으니까요. – 세라

문화는 우리가 다른 사람에게 느끼는 끌림에 영향을 주는 수준을 넘어 사랑의 정의에도 중대한 영향을 미친다. 부분적으로는 자신이 사는 지역에서 사랑을 얼마나 자유롭게 표현하는지와 관련이 있다. 인류학자 빅터 카란다셰브Victor Karandashev는《연애와 문화적 배경Romantic Love in Cultural Contexts》이라는 저서에서 문화권마다 다른 사랑의 해석 방식과 사랑에 적용되는 규칙을 밝히기 위해 여러 나라에서 진행된 연구 결과를 검토했다. 예를 들어 아랍의 무슬림

문화권에서는 남자가 사랑에 빠지면 위험을 감수하려고 하는 통제 불능 상태가 된다고 본다. 또 여자는 남자를 홀릴 수 있고 힘의 균형이 남성 중심에서 여성 중심으로 바뀔 수 있으므로 사랑을 모든 악의 근원으로 여긴다. 모로코의 경우 남자는 자신이 느끼는 사랑의 감정에 따라 파트너를 자유롭게 선택할 수 있지만 여자는 그럴수 없다. 또한 사랑은 랄라 아이샤Lalla Aisha라 불리는 영혼이 가진 일종의 마법과 같은 힘이며, 이 영혼이 남성의 꿈에 나타나 무력하게 만든다고 여긴다. 따라서 남자가 사랑에 빠지면 그 감정에 사로잡혀 이성을 잃고 충동적으로 행동한다고 본다. 남녀 관계에서 이성적인 균형을 잡는 역할을 하는 것은 여성이다. 여자아이들에게는 어릴 때부터 실용적인 면, 즉 안정적인 결혼생활을 할 수 있는 남자인지, 또는 그 남자와 결혼하면 훌륭한 집안의 일원이 될 수 있는지를 보고 배우자로 선택해야 한다는 사회화가 이루어진다. 여자는 가슴이 아닌 머리로 사고해야 한다는 점이 강조되므로 사랑을 얼마나 뜨겁게 느끼는지 물으면 (실제로 느끼는 수준과 상관없이) 그리 뜨겁지 않다고 이야기하는 경향이 나타난다. 그래서 가장 절친한 동성 친구가 아닌 다른 사람에게 연애 감정의 가능성을 이야기했다가는 순수성을 의심받게 된다.

한편 아랍의 베두인족 문화에서 인정하는 사랑은 두 가지다. 열정적이고 목숨이 위태로워질 수도 있는 일종의 질병에 비유되기도 하며 모두가 추구하고 원하는 사랑인 일허브ilhub와 가족·배우자·친구에 대한 우애인 랄리아ralya다. 랄리아라는 단어에는 '소중한', '아끼는'의 뜻이 들어 있다. 이처럼 위험하고 통제가 안 되는 사랑과 평온하고 든든한 사랑을 구분하는 이유는 무엇일까? 베두

인족의 문화에서 결혼은 개인의 일이 아닌 가부장제 사회를 유지하는 수단이다. 따라서 열정에 빠지면 부부의 파트너 관계가 위태로워지고 통제 불능 상태가 될 위험이 있으므로 그러한 감정은 일말의 기미도 없어야 한다고 여겨진다.

사랑에 대한 문화적 태도는 부모가 아이에게 느끼는 사랑을 얼마나 개방적으로 표출하는지에도 영향을 미친다. 남인도의 타밀 사람들은 엄마가 느끼는 사랑을 숨기는 아다캄Adakkam(억제)이 필요하다고 생각한다. 이들은 무한한 사랑이 아이와 엄마 모두에게 해롭다고 생각하기 때문에 엄마가 아이에게 애정 표현을 하면 눈살을 찌푸린다. 다른 집 아이들에게는 애정 어린 말이나 행동을 해도 되지만 자기 아이의 잠든 모습을 볼 때조차 애정 어린 시선을 주어선 안 된다. 그러한 눈길에 사악한 저주가 따를 위험이 있다고 믿기 때문이다. 타밀 문화에서는 자식을 사랑한다면 애정을 일부러 감추어야 하며, 당장 지붕 위에라도 올라가서 사랑한다고 외치고 싶은 자연스러운 본능을 억누를 수 있는 자기희생을 감수해야 한다.

1990년대 엄격한 공산주의 사회였던 중국에서는 사랑을 행복과 애정, 열정, 보살핌과 연결 짓는 서구 사회와 달리 사랑이 슬픔, 짝사랑, 열병, 향수, 비애와 같은 감정으로 정의됐다. 이 시기에 중국인들은 사랑을 닿을 수 없는 것으로 느꼈고, 따라서 슬픔의 원천이라 여겼던 것으로 보인다.

사랑이라는 이름으로 제가 해본 가장 위험한 일은 다자간 연애를 해본 겁니다. 규범에 어긋나는 행동이라 '정상적인' 일로 여겨지지 않으니까요. 그리고 다른 사람들이 알면 어쩌나, 사회 규범을 어겼다는 이유로 나를 싫어하면 어쩌나 걱정해야 하죠. — 케이트

중국의 사례에서도 볼 수 있듯이 세계화로 국가 간의 문화 장벽이 무너지면서 사랑의 정의도 서구 사회의 정의에 좀 더 가까워지는 경향이 있다. 그러나 최근 러시아의 한 연구진이 브라질, 러시아, 중앙아프리카 사람들의 사랑 표현을 조사한 결과를 보면 민족지학적인 다양성이 여전히 남아 있다는 사실을 알 수 있다. 이 연구는 문화적 유사성과 차이가 사랑에 대한 인식에 영향을 주는지 확인하는 것과 더불어, 문화권이 다른 사람들 사이에 불화가 발생하는 부분적인 이유는 사랑의 정의가 일치하지 않기 때문이라고 보고 이를 중재할 방법을 찾기 위해 실시되었다. 우리의 관점에서는 사는 곳에 따라 사랑에 대한 인식과 경험이 얼마나 달라지는지 흥미로운 통찰을 얻을 수 있는 연구다.

연구를 진행한 타티아나 필리시빌리Tatiana Pilishvili와 유지니 코야논고Eugenie Koyanongo는 위의 세 지역에서 남성 25명, 여성 25명 총 50명을 모집했다. 첫 번째로 참가자들에게 '사랑'이라는 단어를 들었을 때 가장 먼저 떠오르는 단어 3개를 묻고, 두 번째 단계에서는 '고전문학의 사랑: 수용도와 격차' 평가를 실시했다. 셰익스피어, 볼테르, 톨스토이와 같은 작가가 남긴 사랑에 관한 말이나 글 26가지를 참가자들에게 제시한 후 개인적으로 생각하는 사랑과 얼마나 일치하는지 점수로 매기게 했다.

분석 결과는 놀라웠다. 세 문화권 사람들 모두 사랑을 기쁨의 원천으로 생각하며 개개인의 특별한 면이나 장점이 사랑을 통

해 드러난다고 보았다. 문화권마다 다른 답변도 있었다. 브라질 사람들은 사랑이라는 단어를 들었을 때 '정직'을 가장 많이 떠올렸고 사랑의 기반은 감정과 도덕성, 가족이라고 보았다. 이와 달리 러시아인들은 사랑을 '고통'과 가장 많이 연결 짓고 사랑은 신뢰, 자기희생, 희망과 관련이 있다고 보았다. 또한 브라질 사람들과 마찬가지로 감정 및 가족과 관련이 있다고 여겼다. 중앙아프리카 사람들은 사랑과 '다정함'을 함께 떠올리고 사랑의 개념은 영적인 것에 뿌리가 있다고 보았다. 즉 신이 곧 사랑이며 신의 존재가 지상에서 확장된 것이 사랑의 경험이므로 사랑은 순수한 것이자 다른 사람을 섬기고 돕는 행위, 신뢰, 타인에게 나를 온전히 내어주고 애착을 갖는 행위라고 보았다. 브라질 사람들에게 사랑의 경험은 열정적이고 정직하며 직관적인 것이었고, 러시아인들은 사랑을 가족을 지속시키는 요소로 보는 동시에 사랑을 하면 힘든 일이 생길 수 있다고 생각했다. 중앙아프리카 사람들은 사랑을 신성하고 고귀한 것으로 여기고 다른 사람을 지탱하는 행위를 통해 스스로 고양되는 경험이라고 밝혔다.

사회성의 범위

영국에서 처음 직장을 구했을 때 제 성적 취향을 밝히지 않았어요. 구직하면서 그런 이야기까지 할 필요는 없다고 생각했거든요. 그곳에서 일한 지 6개월이 됐을 때 애인이 생겼고, 회사 사람 중 누군가가 알게 됐어요. 이런저런 말이 나돌기 시작했고 저는 인사부서에 가서 해명을 해야 했죠. 그

쪽에선 제가 명백히 거짓말을 했다고 했어요. 전 그런 적이 없는데 말이에요. 제 애인은 저 때문에 마음이 불편하다고 하더군요. 그 후로 저는 직장을 구할 때 면접 자리에서 제 성적 취향을 은근한 방식으로 밝히기 시작했어요. 더 이상 그런 일을 겪은 적이 없고요. – **릴리**

필리시빌리와 코야논고가 연구한 세 지역과 중국, 그리고 아랍의 여러 무슬림 사회는 집단주의 사회로 묘사된다. 개인의 필요보다 집단의 필요가 더 중시된다는 의미다. 이러한 환경에서 사랑은 보다 광범위한 집단의 개념으로 여겨지는 경우가 많고, 사랑이 다른 사람들에게 유익한 점이 많이 언급되며, 열정적인 사랑보다는 우애에 기초한 사랑이 강조된다. 반면 개인주의가 중시되는 서구 사회에서는 사랑이 개인적인 경험으로 묘사되는 경우가 많고 사랑이 더 큰 공동체에 가져다줄 수 있는 유익한 점은 거의 언급되지 않는다. 집단주의 사회와 개인주의 사회에서 나타나는 이 이분법적인 특징은 사랑에 기대하는 것, 사랑에 대한 인식, 사랑에 빠졌을 때 하는 행동과 경험하는 감정에 영향을 미치는 사회적 환경 요소 중 하나다. 집단주의 사회에서 열정적인 사랑은 부정적이고 위험한 것으로 인식될 때가 많다. 사랑을 하면 개인이 자신에게 가장 유리한 것을 택하고 마음 가는 대로 하게 되는데 이는 집단주의 사회에 가장 유익한 방향이라고 여겨지는 것, 즉 계층이나 인종, 종교가 같은 사람끼리 결혼을 해서 현 상태를 유지하려는 것과 정면으로 충돌하기 때문이다. 개인주의가 강한 서구 사회에서는 그러한 시도를 터무니없는 통제라고 생각하며 사랑은 자유로운 것, 개인의 궁극적인 표현이라고 본다. 따라서 열정 없는 사랑은 장기적으로 행복에 심각한 위협이 되고 연애를 경험하지 않는 건 인생을 절반만 사는 것이라고 여긴다.

여자친구와 다시 만나기 시작했을 때 한 친구가 이런 문자 메시지를 보냈어요. "이렇게 될까 봐 내가 여러 번 경고했는데 넌 결국 멍청한 짓을 했구나. 이제 너하고는 말도 하기 싫으니까 네 인생에서 그 여자가 사라지면 그때 연락해." – 제이크

집단주의와 개인주의 외에도, 열정적인 사랑이 장기적인 관계의 토대가 될 수 있다는 생각에는 사회가 얼마나 개방적인지에 영향을 주는 다른 요인들이 작용한다(우애에 기초한 사랑은 이런 개방성과 무관하다). 그리고 이 영향력에 따라 사회에서 연인 간의 열정적인 사랑을 공개적으로 표현하고 이야기하는 일이 얼마나 수용되는지가 좌우된다. 사랑과 결혼이 별개여서는 안 된다고 보는 사회에서는 사랑을 개인과 더 큰 범위의 사회에 위험한 요소라고 여기기 때문에 적극적으로 억제하려 한다. 진화심리학자 빅터 드 문크Victor de Munck와 안드레 코로타예프Andre Korortayev, 제니퍼 맥그리비Jennifer McGreevey는 '연애와 가족 조직: 생물사회적 보편적 행위로서의 연애 사례'(2016)라는 제목의 논문에서 연인 간의 사랑이 사회에서 가시적으로 드러나는지 여부, 그리고 허용 가능한 일이자 가치 있는 일로 여겨지는지 여부에는 여성의 지위와 가족 구조의 특징이 중요한 변수로 작용한다고 주장했다. 이들은 전 세계 모든 대륙의 74개 사회에서 수집한 데이터를 분석한 결과 여성의 지위가 높을수록, 즉 여성의 지위가 최소한 남성과 동등하고 핵가족이

일반적인 사회일수록 연인 간의 사랑이 결혼의 기본 요소로 여겨지며 사회적으로 널리 수용되고 가치 있는 일로 간주된다고 밝혔다. 반면 여성의 지위가 낮고 가족의 범위에 먼 친족까지 포함되는 사회에서는 연인 간의 사랑이 적극적으로 억압되고 결혼의 기반으로 수용되지 않으며 심지어 위험한 일로 여겨진다고 설명했다.

왜 그럴까? 연애는 두 사람이 각기 고유한 존재라는 전제에서 출발하며 동등한 두 사람의 만남이 사랑의 특징이기 때문이다. 여성이 남성보다 열등하다고 여기는 사회에서는 그런 인식이 존재할 수 없다. 마찬가지로 핵가족 사회에서는 부부가 함께 잠을 자고, 함께 밥을 먹고 함께 사회적 활동을 하는 친밀함이 가족의 중심이 되고 자녀를 부부의 힘만으로 키우려면 강한 사랑으로 형성된 두 사람의 유대가 필요하지만, 대가족이 일반적인 사회에서는 그러한 친밀함의 가치나 유대의 필요성이 줄어든다. 친족이 양육에 큰 역할을 하는 경우 엄마아빠의 유대감이 덜 중요해지고 아이 아빠가 떠나더라도 엄마가 아이 키우는 일을 도와줄 사람들이 많이 있다. 나아가 대가족이 표준인 사회에서는 구성원들이 자식 키우는 일에 많은 시간과 자원을 투자하므로 나중에 그 아이가 커서 배우자를 고를 때도 당연히 관여해야 한다고 생각한다. 이러한 상황에서는 연애가 억제된다. 그렇다고 해서 이런 사회에 초기 민족지학 연구자들의 주장처럼 연인 간의 사랑이라는 개념이 아예 존재하지 않는다는 의미는 아니며 혼외 관계의 경우 그러한 사랑이 분명하게 드러난다. 다만 연애가 결혼의 기반으로 수용되지 않고 연인 간의 사랑은 일반적인 대화 주제가 아니며 공개적으로 드러나지도 않는다.

사랑의 규칙

20대 초반에 첫 직장이 생겼어요. 저와 좀 떨어진 자리에서 일하는 남자가 있었는데, 꽤 재밌는 사람이었죠. 사내 메일로 농담을 주고받기 시작했고… 이런저런 일이 이어지다가 사귀기로 했지만 회사 사람들에게는 비밀에 부쳤어요. 그래서 사무실에 있을 때와 집에 있을 때 다르게 행동해야 했어요. 우리 일을 아는 사람과 모르는 사람을 잘 기억해서 누구와 있느냐에 따라 행동을 조심하려고 노력했고요. 힘든 일이었지만 다 털어놓고 싶진 않았어요. 그러다 같이 상한 요구르트를 먹는 일이 생기고, 〈데일리 미러〉 신문 1면에 나오고, 저녁 뉴스에도 나왔어요! 이렇게 희한하게 공개되어서인지, 너무 터무니없는 상황에서 드러나서인지 우리 관계를 크게 신경 쓰는 사람은 아무도 없었습니다. – 준

우리가 태어나서 성장하고 살아가는 곳이 사랑을 인식하고 정의하고 표현하는 방식에 지대한 영향을 준다는 건 분명한 사실이다. 사회마다 사랑의 규칙이 있고, 이 규칙은 시간이 흘러 정치적·종교적·경제적 환경이 바뀌면 함께 바뀐다. 서구 사회는 누구를 사랑하든, 어떤 식으로 사랑하든 자유롭다는 인식이 있지만 그래도 나름의 규칙이 존재한다.

사회학자 에바 일루즈Eva Illouz는 《사랑은 왜 아픈가》라는 책에서 영국의 소설가 제인 오스틴이 살던 시대를 언급하며 사랑의 규칙에 관해 설명한다. 제인 오스틴은 18세기 영국을 배경으로 중산층과 상류층의 사랑과 결혼, 그리고 사교계의 모습을 세세하게 묘사한 작가로 잘 알려져 있다. 그 시대를 살던 여성에게 사랑은 개

인사가 아닌 집단의 일이었다. 젊은 여성이 혼자서 남자를 만나는 건 허용되지 않았다. 온 가족이 두 사람의 만남을 지켜보고 여자 집에서는 남자의 행동과 감정 표현이 적절한지 철저히 뜯어보았다. 교제 과정은 엄격한 절차에 따라 진행됐다. 남자가 에둘러서 마음을 표현하면 의도가 무엇인지, 진실한 감정이 맞는지 의심을 받았다. 교제의 첫 시작은 여성이 허락할 때만 가능했고, 이 허락은 잠재적 구혼자에게 집에 '들러달라'고 초대하는 방식으로 이루어졌다. 처음에는 대화를 나눈 후 함께 나가서 산책을 했는데, 이때 여성의 보호자가 뒤에서 조심스럽게 따라왔다. 둘 사이에 '강렬한 감정'이 확실하게 생긴 경우에만 따로 만날 수 있었다. 에바 일루즈는 이러한 의식 절차를 '감정 수행성 체제'라 칭하고, 두 사람의 만남에 서로의 감정이 필수적인 전제 조건이 되는 것이 아니라 의례적인 구애 행동을 수행함으로써 서로 간에 감정이 유도된다고 보았다.

현대 영국인에게는 듣기만 해도 숨이 턱 막힐 정도로 갑갑하게 느껴지는 일인 데다 시간과 에너지 낭비라는 생각이 든다. 서로 사랑하게 되리라는 보장도 없는데, 왜 이런 의례적인 절차를 다 밟아야 한단 말인가? 인정하긴 싫겠지만 영국인이 경험하는 사랑은 지금도 규칙에 얽매여 있다. 그 규칙은 의례적인 절차가 아닌 에바의 표현을 빌리자면 감정의 진실성에 기초한다. 감정, 즉 사랑이 행동의 동기가 되어야 하며 이 감정을 얼마나 강하게 느끼느냐에 따라 미래가 달린 결정을 해야 한다고 여겨진다. 다른 사람의 의견을 듣고 참고할 수는 있어도 궁극적으로는 당사자의 필요와 생각이 가장 우선시된다. 자신의 감정을 바탕으로 지금 경험 중인 사랑이 적절한지 분석하고, 사랑 외에 다른 동기가 있는 것으로 보이는 관계에는 의혹을 갖는다. 연인 관계는 반드시 사랑으로 시작해서 사랑으로 끝나야 한다는 것이 사회적으로 용인된 규칙이기 때문이다. 사랑이 아닌 돈을 보고 결혼하는 사람을 골드디거gold-digger(금 캐러 다니는 사람)라고 경멸적으로 부르는 것도 그러한 관계에 사람들이 반감을 느낀다는 뜻이다. 사회적으로 용인되는 테두리 내에 머무르려면 사랑이 관계의 주된 동력이 아닌 경우에도 그렇다고 주장해야 한다. 반대로 돈과 지위가 가장 중요한 결혼 조건으로 여겨지는 사회에서는 누군가 사랑해서 결혼한다고 하면 의혹이 제기된다.

이렇듯 사랑은 사회가 정한 규칙에 묶여 있다. 이러한 규칙의 특징을 잘 살펴보면 사랑을 표현하는 적절한 방식이나 사랑의 가치 또는 필요성에 관한 규칙도 있고 나이, 성별, 인종, 계급 등 인구통계학적 요소와 관련된 규칙도 많다는 것을 알 수 있다. 인도에서는 잘 알려진 대로 카스트 제도와 종교에 따라 결혼이 이루어진다. 인도 문학과 영화는 굉장히 로맨틱한데, 연인 간의 사랑이 가족과 더 광범위한 사회에서 숨겨야 하는 일로 그려진다는 것은 놀라운 일이다. 그래서 종교와 계급을 넘어 파국으로 치달을 수밖에 없는 관계를 지키려는 인물들의 이야기가 많고, 연인들은 사랑을 방해하는 사람들의 시선을 피할 수 있는, 마법 같은 은밀한 공간에서 만나곤 한다. 결혼 상대는 가족과 종교 지도자로부터 철저히 조사를 받아야 하는 사회적 관습과 개인이 품는 환상의 격차가 인도 문학이나 영화의 단골 소재다. 서구 문화가 인도 사람들의 생활 곳곳에 침투했음에도 불구하고 같은 종교나 계급끼리 결혼해야 한다는 규칙이 여전히 통용되고 있다는 건 흥미로운 일이다. 부를 기반으로 한 계층화가 점점 심화되면서 신분 상승을 목적으로 배우자를 선택하는 젊은이들, 신분이 높아지려면 최소한 자신과 계급이 비슷하거나 더 높은 사람과 결혼해야 한다고 생각하는 사람들이 생겨나고 큰 비난을 받게 된 것이 부분적인 이유일 수 있다. 또한 힌두교와 이슬람교의 종교적 갈등이 다시 시작되면서 종교는 개인의 정체성을 보여주는 더 중요한 요소가 되었다. 이 경계를 뛰어넘는 사랑은 자신이 속한 문화와 정체성을 배신하는 행위로 간주된다.

분열을 넘어선 사랑

엄마는 제가 시리아 난민과 사귀는 것을 반대해요. 인종이나 종교 때문이 아니라 난민이라는 지위가 마음에 안 드는 거예요. 믿음직하고 생각이 반듯한 사람이라는 것만으로는 충분치 않다는 거죠. 엄마 앞에서는 그 사람에 대해 아예 이야기하지 않아요. 소셜미디어에도 공유하지 않고요. 엄마한테 사귀는 사람에 대해서 말했을 때 엄마는 입에 올리는 것조차 질색했죠. 그리고 외출 금지를 당했어요. 정말 상상도 못한 끔찍한 일이었죠. 8시간이나 이야기를 나누었지만 엄마는 제 얼굴에 온갖 물건을 집어던졌어요. 그 뒤로는 엄마와 연애 이야기는 하지 않아요. 남자친구에게도 미안하고, 제 인생에서 정말 중요한 이야기를 엄마와 나눌 수 없다는 것도 아쉬워요. 일상적인 대화는 계속 나누고 있지만, 정말 중요한 부분은 빠져 있으니까요. — 샬럿 종교와 문화적 정체성을 지켜야 한다는 위협을 받거나 그러한 환경이 종교를 초월한 사랑의 수용 가능성에 영향을 준다는 사실은 이스라엘과 요르단강 서안지구의 젊은이들이 다른 민족과의 사랑에 대해 보이는 태도에 비하면 별로 놀랍지 않다. 2016년 "'안타깝게도 모든 연애가 당연하게 여겨지진 않아요…' 종교를 초월한 관계에 대한 분쟁 지역의 태도'라는 제목으로 발표된 연구에서, 심리학자와 갈등 해결 전문가들로 구성된 연구진은 시함 야히야Siham Yahya의 주도로 팔레스타인과 이스라엘의 성인 젊은이들이 종교를 초월한 관계에 어떤 태도를 보이는지 조사했다. 반구조화semi-structured 인터뷰 형식으로 진행된 이 연구에 참여한 사람은 총 18명으로 여성이 14명, 남성이 4명이었다. 종교별로는 유대교 7명, 기독교 6명, 이슬람교 5명이었다. 모두 이스라엘 국민이었고 유대인은 7명, 팔레스타인 사람은 11명이었다. 정도의 차이는 있지만 이세 종교 모두 이교도와의 결혼을 금지한다. 이스라엘과 팔레스타인은 전쟁 중이므로 이교도와 결혼할 경우 국가 범죄 행위로 간주되어 시민권을 잃거나 징역형을 받을 수도 있다.

인터뷰 결과 크게 네 가지 특징이 드러났다. 첫 번째, 종교를 초월한 관계는 종교가 정한 규칙을 무시하는 행위이므로 부도덕한 일로 여겨지며 이 때문에 젊은이들이 그러한 관계를 피하려고 한다는 것이다. 한 참가자는 다음과 같이 답변했다.

제가 언젠가 사랑에 빠질 수도 있다는 상상은 해본 적이 없어요. 같은 종교와 문화를 가진 사람이 아니라면 절대로 사랑에 빠지거나, 마음에 두지 않으려고 합니다. 사랑을 위해서라면 뭐든 희생할 수 있지만, 정말로 사랑을 하게 된다면 아마도 초반에 종교기관의 높은 분들에게 상의할 것 같아요. 안타깝게도 모든 연애가 당연하게 여겨지진 않으니까요. **— 라니아**(이슬람교를 믿는 팔레스타인 여성)

다른 참가자들도 라니아와 마찬가지로 자신이 사랑의 대상을 통제할 수 있다고 믿었다. 머리가 마음을 지배할 수 있다는 것이다.

두 번째 특징은 가족의 허락을 받는 것을 중요하게 여긴다는 점이었다. 참가자 다수가 가족의 뜻을 거스를 경우 가족을 잃을 수 있으므로 그런 상황을 꺼리는 것으로 나타났다. 한 참가자는 종교가 다른 사람과 사랑에 빠질 경우 아버지가 자살할지도 모른다고 말했다.

세 번째로 떠오른 특징은 이스라엘과 팔레스타인의 갈등으로 종교가 같은 사람들끼리 만나야 한다는 생각이 더욱 강해졌다는 점이다. 많은 참가자가 민족과 종교적 정체성을 저버리면 안 되고 '적'을 구분해야 한다는 사회적 압박을 강하게 느낀다고 답했으며, 더 나아가 현재와 같은 상황에서 이를 지키지 않는 것은 반역이라고까지 말했다. 종교나 민족이 다른 사람은 물리적으로 분리되어 있으므로 만날 가능성이 거의 없다고 지적한 사람도 많았지만 문화적으로도 크게 분리되어 있었다. 이 지역의 아이들은 어릴 때부터 종교가 같은 사람과 결혼해야 한다고 배운다. 두 지역의 갈등은 분열을 넘어선 사랑에 대한 생각에도 중대한 영향을 미쳤다. 참가자 중 한 명은 "증오와 정치, 의견, 극단적 이데올로기가 팽배한 상황에서 어떻게 사랑이 싹틀 수 있느냐"라고 반문했다.

이 연구에서 드러난 네 번째 특징은 참가자들이 밝힌 문화적 정체성이 앞으로도 지속될 것이라는 점이다. 즉 참가자 자신이 다른 종교를 믿는 사람과 사랑에 빠지지 않도록 적극적으로 노력하는 데 그치지 않고 태어날 아이들에게도 그렇게 하도록 가르칠 것으로 보인다. 참가자들은 미래의 아이들이 종교가 다른 사람을 만나 이런 일로 문제를 겪게 된다면 종교와 문화가 어떻게 유지되겠느냐고 물었다.

혼돈과 통제

저는 이성애를 표준으로 여기고 동성애를 혐오하는 프랑스의 어느 시골에서 자랐습니다. 자라면서 나 자신이 굉장히 이상한 사람이라고 생각했고, 남들과 다르다고 느꼈어요. 저를 둘러싼 모든 것이 제가 아닌 다른 모습인 척해야 한다고 느끼게 만들었죠. 그러다 혹시 내가 동성애자일지도 모른다는 생각을 했어요. 그런데 제 주변에는 '동성애자는 모조리 없애버려야 해'라고 말하는 사람들뿐이었어요. 부모님도 '동성애자들한테는 절대 아이를 믿고 맡길 수 없다'라고 말하는 분들이었고요. 그래서 아동기와 청소년기 거의 내내 제가 어떤 사람인지 숨겨야 했습니다. **– 릴리**

사랑에 대한 사회적·종교적·문화적 규칙은 결국 통제를 위한 것이다. 모든 인간 집단에서 다른 사람과 구별되는 나를 정의하는 것은 중요한 일이므로, 문화적 정체성이 유지되어야 특정 집단이나 가문이 계속 힘을 갖게 되고 많은 구성원이나 사회 전체가 아닌 소수가 부를 통제할 수 있다. 이러한 사회는 대체로 안정적이고 예측 가능하다. 사랑은 너무나 강력하고 예측 불가능해서 이러한 현상유지에 위협이 된다. 10장에서 다시 설명하겠지만, 사랑은 어떤 고난과 시험도 이겨내고 싶은 의욕을 불어넣고 사랑하는 사람과 함께하기 위해서라면 거의 불가능에 가까운 장애물도 극복하게 만든다. 힘을 가진 사람들은 그런 의욕을 두려워하고, 사랑에 빠진 사람들이 자진해서 헌신하는 것과 국가가 아닌 사랑하는 사람에게 복종하고 그 사람이 궁극적인 주인이 되는 것을 두려워한다.

그런데 바로 이런 생각은 사랑에 대한 오해에서 비롯한 것이다. 사랑은 이성을 잃게 만드는 광기가 아니다. 그럼에도 사람들은 그렇게 될 수 있다는 두려움 때문에 아무도 정해진 틀을 벗어나지 못하도록 엄격한 규칙을 만든다. 진화의 관점에서는 그런 규칙을 만드는 것이 효율적이다. 사회적 관계를 맺는 다른 모든 동물과 마찬가지로 인간도 계층에 따라 짝짓기 대상과 권력의 범위, 자원 접근성, 자손의 성공이 좌우된다. 모두 정해진 자리가 있다고 여겨진다. 사랑에 관한 규칙을 만들면 사람들이 이 규칙을 이해하고 위협과 무력을 써서 규칙을 잘 지키도록 '독려'함으로써 공동체에서 함께 살아가는 다른 구성원을 감시하는 일에 인지적 에너지를 덜 쓸 수 있다. 아무 때나, 아무에게나 성욕을 느끼고 아이를 낳고 친구가 될 수 있다면 체계적으로 나뉜 계층은 어떻게 될까? 인간의 뇌는 사회에 적응하는 능력이 굉장히 뛰어나지만 그런 상황에서는 대처하기가 어려울 것이다.

하지만 이러한 설명에는 사랑에 관한 규칙을 다소 부정적으로 보는 시각이 담겨 있다. 규칙이라고 해서 전부 제한하는 것은 아니다. 자유를 선사하는 규칙도 있고, 지금처럼 겁이 날 만큼 너무 복잡한 세상에서 누군가와 데이트를 하고 사랑을 경험하려고 할 때 꼭 필요한 체계와 지침이 되는 규칙도 있다. 다른 사람에게 내 의도가 무엇인지 명확하게 전달하고 납득시키는 데 도움이 되는 규칙도 있다. 사회학자 에바 일루즈도 이와 같이 주장하면서 사랑에 관한 규칙이나 의식 절차는 다음에는 뭘 해야 하나, 어떻게 느껴야 하나, 다른 사람들은 뭐라고 할까 등등 사랑에 동반되는 불확실성에 대처하는 데 도움이 된다고 이야기한다. 나와 사랑의 과학적인 특징에 관해 이야기를 나눈 사람들의 상당수가 그 말에 동의했다. 데이트를 한번 하려면 수많은 앱을 뒤져야 하고 무수한 연애 후보들과 맞닥뜨려야 하는 오늘날의 상황에 혼란을 느끼고 스트레스를 받는 사람들이 많았다. 그들은 과학이 궁금한 점을 해소해주기를, 자신이 느끼는 감정을 어느 정도 설명해주고 어떻게 행동해야 할지 알려주면 좋겠다고 이야기했다. 절대 부담은 느끼지 말라는 말과 함께.

금지된 사랑

영국의 몇 가지 상황을 살펴보자.

- LGB(여성 동성애자, 남성 동성애자, 양성애자) 중 자신의 성적 취향을 가족에게 공개할 수 있다고 생각하는 사람은 46퍼센트에 불과하다.
- 종교가 있는 LGB의 3분의 1은 함께 종교 생활을 하는 사람들에

게 자신의 성적 취향을 공개할 수 없다고 밝혔다.

- LGBT(여성 동성애자, 남성 동성애자, 양성애자, 성전환자)의 35퍼센트는 차별을 받을 수 있다는 두려움 때문에 직장에서 성 정체성을 숨긴다고 답했다. 약 5분의 1은 동료의 부정적인 말이나 행동을 경험한 적이 있다고 말했다.

- LGBT인 대학생의 28퍼센트는 성 정체성 때문에 다른 학생들로부터 배척당한 적이 있다.

- LGBT 중 2013년 이후 증오 범죄를 경험해본 사람의 비율은 78퍼센트까지 증가했다.

— 영국의 LGBT 시민단체 스톤월Stonewall, 2018

여러분이 이런 상황에 있다고 가정한다면(또는 실제로 이런 상황에 있다면) 자신의 연애에 관해 아무렇지 않게 공개할 수 있을까? 72개 국가가 동성애를 법적으로 금지하고 있다. 대부분 아프리카와 근동 지역, 중동 지역에 있는 이들 국가에서는 국민을 보호하고 질서를 유지해야 할 임무를 가진 정부가 LGBTQ+인 사람들에게 가해지는 공격을 알면서도 모른 척하는 경우가 많다. 전 세계에서 발생하는 불공정하고 불평등한 문제에 맞서 인권을 보호하기 위한 운동을 벌여온 단체인 국제 앰네스티의 보고서에 따르면 체첸공화국에서는 정부가 남성 동성애자를 표적으로 한 캠페인을 후원했고 이 일로 일부 남성 동성애자가 납치와 고문을 당했을 뿐만 아니라 살해됐다. 방글라데시에서는 LGBTQ+ 시민운동가들이 마체테라 불리는 정글도로 공격을 당해 사망하는 사건이 벌어졌지만 경찰은 가해자 처벌에 별 관심을 보이지 않았다. 파키스탄, 카타르, 아랍에미리트, 나이지리아, 소말리아, 이란을 포함한 9개 국가에서는 동성과 섹스를 한 사람에게 사형을 선고한다. 적발될 경우 무조건 사형이 집행되는 것은 아니지만 이러한 법률이 존재한다는 사실만으로도 LGBTQ+인 사람들은 언제 괴롭힘과 협박을 당할지 모르는 두려움 속에서 살아간다. 이러한 사회에 사는 사람들이 자신의 사랑을 공개적으로 밝히는 것은 너무 큰 위험을 감수해야 하는 일이다.

동성애가 불법으로 간주되지 않는 곳에서도 LGBTQ+라는 이유로 큰 장벽과 마주하는 경우가 있다. 러시아에서는 2013년에 동성애를 공개적인 선전, 특히 아동이 볼 수 있는 선전을 법으로 금지했다. 사실상 젊은 LGBTQ+가 어떠한 지원도 받지 못하게 만든 조치였다. 푸틴 대통령은 동성애자에 대한 편견이 없다고 주장하면서도 동성애는 러시아 전통이나 문화와 맞지 않는다는 뜻을 밝혔다. 따라서 러시아에서 동성 결혼이 합법화되거나 동성애자가 수용될 가능성은 희박할 것으로 전망된다. 동성애도 받아들일 수 있다는 입장을 공공연하게 표명하는 나라에서 나온, 전혀 어울리지 않는 조치다. 심지어 동성애가 수용될 수 있도록 오랫동안 노력해온 서구 사회(현재까지 27개국이 동성 결혼을 합법으로 인정하고 있다)도 예외가 아니다. 최근 영국에서 수집된 자료를 보면 LGBT 5명 중 1명은 성적 취향 때문에 신체 폭력이나 언어폭력을 겪은 적이 있다. 다양한 성적 취향을 진정으로 수용하는 사회가 되려면 아직 갈 길이 멀다는 것을 보여주는 결과다.

가족에게 커밍아웃을 하고 나서 무척 힘들었습니다. 그 때문에 사이가 멀어졌어요. 엄마는 제가 동성애자라는 사실을 알고 있었지만, 다른 사람들에게는 숨겼어요. 제가 창피했던 거죠. 아내를 만나서 결혼을 하기까지 정말 끔찍한 과정을 거쳐야 했어요. 부모님은 결혼식장에 와서야 아내를 처음 만났어요. 그전에 먼저 만나자고 했지만 거절하더군요. 그리고 결혼식에는 참석하겠지만 대신 다른 가족들에게는 절대 알리지 말라는 조건을 붙였죠. 결혼식 날 부모님이 오셨고 저는 이걸로 됐다고 생각했지만 제 착각이었어요. 엄마는 실내에 있을 때는 멀쩡히 있다가도 밖에서 우리 부부와 함께 이동할 때는 10미터쯤 멀찍이 떨어져서 따라왔죠. ― 릴리

LGBTQ+인 사람은 자신의 사랑을 공개적으로 드러낼 경우 최소한 가족으로부터, 더 넓게는 지역사회로부터 거부당할 위험이 있고 극단적인 경우 징역을 살거나 죽음에 이를 수도 있다. 이러한 환경에서는 사랑을 아무도 눈치채지 못하게 하는 것이 매우 중요하다. 연애하면서 생기는 즐거운 일이나 속상한 일을 가족이나 친구, 동료에게 말할 수도 없다. 사랑의 또 다른 형태인 부모가 자식에게 느끼는 사랑을 경험하게 될 확률도 낮다. 이들의 사랑도 다른 사람들이 하는 사랑만큼 뜨겁고 소중하지만 공개된 자리에서는 자신의 진짜 모습을 드러내지 말아야 하므로 사랑의 경험이 그들과는 확연히 다를 수밖에 없다. 동성애가 비교적 잘 수용되는 곳에서도 동성애자나 양성애자는 성적 취향이나 연애 사실을 언제, 어떻게 공개해야 할지 고민하는 경우가 많다.

미국의 심리학자 존 래서Jon Lasser와 데버라 타링거Deborah Tharinger는 LGB 청소년 20명을 대상으로 인터뷰를 실시하고 2003년에 그 결과를 발표했다. 이 연구에서 밝혀낸 핵심 결과는 이들이 자신

의 가시성을 관리한다는 사실이었다. 즉 인터뷰에 참여한 사람들은 자신의 성적 취향을 드러내는 것에 대해 끊임없이 판단하고 재평가한다. 성적 취향을 공개해야만 한다면 누구에게 어떻게 공개해야 할까? 환경의 변화는 이 결정에 어떤 영향을 줄까? 어디까지 공개할 것인지에 관한 판단은 매 순간마다 바뀔 수도 있는 것으로 나타났다. 이성애자는 자신의 사랑이 수용될 것인지 이렇게 끊임없이 의식적으로 고민하거나 사랑을 공개적으로 드러내지 않기 위해서 계속 노력해야 하는 경우가 극히 드물다.

이번 장에서는 문화가 사람들이 사랑을 인식하고 표현하는 것에 어떤 영향을 미치는지 살펴보고, 사회가 현 상태를 유지하기 위해 구성원들에게 요구하는 '사랑'의 규칙에 관해 설명했다. 수많은 감정 중에서도 유독 사랑은 표현 방식이 문화마다 다르다는 사실도 배웠다. 그 사회의 문화가 사랑에 대한 인식과 정의에 미치는 영향에도 불구하고, 세계화로 인해 서구 사회에 형성된 사랑의 개념이 점차 확산되고 있다. 사랑에 관한 규칙은 사회마다 다르고, 우리를 얽매기도 하지만 자유롭게 만들기도 한다. 그러나 궁극적으로는 통제와 관련이 있다. 어떤 사랑은 법에 어긋나는 행위로 간주되고, 이로 인해 사랑을 공개하는 건 꿈에서나 가능한 사람들도 있다. 그런데 아직 언급하지 않은 사회적 규칙이 하나 더 있다. 전세계 대부분의 나라에서 사회적으로 용인되는 연애의 형태는 일대일 연애다. 연애 감정은 정말 한 번에 한 사람에게만 생길까? 다음 장에서 자세히 알아보자.

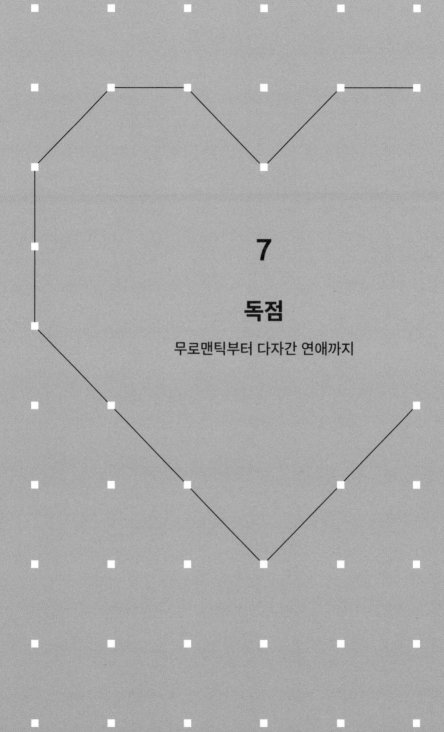

7

독점

무로맨틱부터 다자간 연애까지

이 여성을 아내로 맞아들여, 하느님의 법령에 따라 아내가 있는 몸
으로 살 것을 약속합니까? 아플 때나 건강할 때나 아내를 사랑하
고, 위안을 주고, 존중하고, 보살피고, 두 사람이 살아 있는 동안 다
른 사람은 모두 저버리고 오직 아내를 지키며 살 것을 약속합니까?
— 혼인성사, 《성공회 기도서》(1662) 중에서

전통적으로 서구 사회에서는 사랑의 개념에 독점성과 단 한
명의 진정한 사랑을 찾아야 한다는 인식이 공존한다. 정글과도 같
은 뉴욕의 데이트 현장에서 실제로 관계가 형성되는 중대한 전환
점은 '대화'다. 대화를 한다는 건 다른 사람은 전부 거부하고 두 사
람만 따로 있고 싶다는 신호와 같다. 온라인으로 사랑을 찾는 경
우, 둘 다 틴더 앱을 삭제하는 의식을 치르는 것으로 상호간에 독
점적 관계가 형성되었음을 공식화한다. 모든 아이들이 알고 있는

동화의 결말은 남녀가 결혼해서 '오래오래 행복하게 살았습니다' 일 뿐 호시탐탐 기회를 노리는 또 다른 인물은 절대로 존재하지 않는다.

그런데 의문이 생긴다. 인간은 일대일로만 연애를 하도록 진화한 것일까? 아니면 미국 남성의 25퍼센트와 미국 여성의 15퍼센트가 바람을 피우고 미국 전체 인구의 5퍼센트가 다자간 연애polyamory를 해본 적이 있다고 밝힌 것으로도 입증되듯이 '단 한 사람'을 찾으려는 집착은 사회적으로 형성된 목표일 뿐일까? 사람들의 연애를 통제하고 싶었던 이들이 옛날 옛적에 세운 계획이 훌륭하게 실현된 결과는 아닐까?

이번 장에서는 연애란 곧 독점성, 즉 '단 한 사람'을 찾고 나면 (정말 로맨틱한 선전 문구 아닌가) 다른 사람을 전부 거부하고 오직 그 사람만을 사랑하는 것이라는 생각에 대해 자세히 살펴본다. 이 개념이 어디에서 시작됐는지 찾아보고, 이와는 다른 방식으로 연애 생활을 하기로 결심하고 다자간 연애를 실행 중인 사람들을 만나 본다. 이들이 전하는 실제 경험과 이것이 일반적으로 사회가 다자간 연애와 연결 짓는 사랑의 분열이나 부도덕함, 난잡함과 어떤 차이가 있는지 비교해본다. 물론 이번에도 과학을 끌어들여 일대일 연애와 다자간 연애를 하는 사람들의 뇌 스캔도 비교해본다. 그리고 이 스펙트럼의 반대쪽 끝에 있는, 연애 감정을 느끼지 않는 사람들에 관해서도 살펴본다. 아마도 접할 기회가 별로 없는 이들의 이야기와 경험을 끝으로 이번 장을 마무리한다.

일대일 연애의 길

서구 사회는 대부분 일부일처제를 따른다. 시민법과 종교 규율에서 허용하는 연애의 형태도 일대일 연애이며 간통과 중혼은 금지된다. 영국을 비롯한 여러 나라가 간통을 이혼 소송을 진행할 수 있는 사유로 인정한다. 한국의 경우 2008년부터 간통죄가 폐지된 2015년까지 배우자 몰래 바람을 피웠다가 소송에서 이혼이 성립된 사람이 5500명으로 집계됐다. 일부 이슬람 국가에서는 샤리아법(이슬람 법)에 따라 결혼한 사람이 배우자 외에 다른 사람과 성관계를 하면 돌팔매질로 사형을 당한다.

왜 사람들은 상대를 독점하지 못하는 것을 이렇게까지 두려워할까? 동물학자들이 영장류에서 발견한 '짝 지키기' 행동에 담긴 두려움과 인간의 질투심에서 그 답을 찾을 수 있다. 파트너와 관계를 맺음으로써 얻을 수 있는 자원을 다른 사람과 나눠야 할 때 생기는 이러한 감정은 망토원숭이 수컷이 새끼를 낳을 수 있는 암컷 짝을 공격적으로 지키는 행동이나 남성이 애정을 느끼는 여성과 독점적인 관계를 맺는 것과 관련이 있다는 뜻이다. 영장류 동물은 가임기의 암컷이 대부분 배란기에 생식기가 밝은 적색을 띠지만 인간은 생식기가 겉으로 드러나지 않아 배란기인지 아닌지 확실하게 알 수가 없다. 이 때문에 남성의 입장에서는 여성의 임신 가능성이 가장 높을 때 짝짓기를 하고 태어날 자식이 앞으로 계속 투자해도 될 자신의 아이가 되게 하려면 망토원숭이 수컷이 며칠 동안 암컷 옆에 찰싹 붙어서 떨어지지 않는 것과는 다른, 여성을 영구히 '지킬 수 있는' 방법이 필요하다. 아이가 자기 아이라는 사실을 당연히 아는 여성이 상대와 일대일 관계를 맺고 독점성을 유지하는 것이 중요한 이유는 음식, 보호, 교육 등 남성에게서 얻을 수 있는 모든 자원이 아이에게 제공되고 아이와 자신의 생존을 지키는 데 쓰일 수 있도록 해야 하기 때문이다.

이러한 독점성의 필요로 인해, 인간의 문화에서는 성적 부정을 저지른 사람을 굉장히 극단적이고 모욕적인 언어로 지칭한다. 그런데 이러한 표현을 전부 찾아서 쭉 나열해보면 부정한 남성을 비난하는 말보다 부정한 여성을 비난하는 말이 더 많다. 영어에서 몇 가지만 예로 들면 whore(매춘부), slut(난잡한 여자), ho(창녀), trol-lop(행실이 더러운 여자), tramp(행실이 지저분한 여자) 등이 있다. 남성의 경우 셰익스피어의 글에도 나오는 cuckold(계집질) 정도로 한정되는데, 이 정도 표현을 듣고 기겁할 사람이 과연 있을까 싶다.

왜 이런 차이가 날까? 여성이 다른 남자의 아이를 임신했다면 파트너는 최소 아홉 달 동안 자기 아이가 생길 기회를 잃게 된다. 남편이 바람을 피우더라도 아내는 남편의 아이를 가질 기회가 있지만 남편에게서 아이를 위해 얻을 수 있는 귀중한 자원을 다른 사람과 나눠야 할 위험이 있다. 이런 문제와 더불어, 6장에서 설명한 대로 결혼 제도 자체가 사랑에 아무런 제한이 없을 경우 사회가 엉망진창이 될 수 있으므로 그럴 가능성을 제한하기 위해, 그리고 특권을 가진 소수가 부와 권력을 계속 쥐고 있기 위해서 만들어졌다. 여기서 '소수'는 대부분 남성이고, 이는 거의 모든 인간 사회에서 압도적으로 높은 비율을 차지하는 가부장제의 결과다. 이 때문에 부정한 여성은 더 크게 비난받고 더욱 악의적으로 묘사된다. 이러한 인식이 발전해서 결혼은 신성한 제도가 되고 일부일처제가 확립된 것이므로 이를 어기는 것은 법적으로나 도덕적으로나 위반 행위로 간주된다.

시간이 지나면서 로맨스를 조금 섞어서 그럴싸하게 만들긴 했지만, 우리는 이 메시지를 상당히 포괄적으로 받아들인 것 같다. 연인을 찾을 때나 연인에게 느끼는 사랑을 묘사하는 표현을 떠올려보라. 싱글들은 '단 한 사람'을 열망하는 경우가 많다. 과연 이 사람이 진짜 운명의 상대가 맞는지 평생 동안 따라다니는 의문에서 벗어나 생의 다음 단계로 함께 나아갈 수 있을 것만 같은 사람이 바로 그런 사람이다. 또 연인들은 오직 서로만을 위해 존재하는 고유한 관계라는 뜻으로 상대방을 영혼의 단짝(소울메이트)이라고 부른다(여기에서도 운명적인 사람이라는 개념이 포함되는 경우가 많다). 사랑은 여러 사람이 아닌 그 '단 한 사람'을 위한 것이라고 믿는다. 이러한 시각에서는 연애에 높은 상품 가치를 매기고 이 사랑을 누군가와 나눈다면 애정을 갖는 대상의 가치가 사라진다고 본다. 연인과의 관계를 제로섬 게임으로 바라보는 것이다. 최근 연구에서는 이 같은 믿음이 우리 사회 깊숙이 각인된 것으로 밝혀졌다.

사랑과 제로섬 게임

미국의 심리학자 타일러 버레이Tyler Bureigh와 알리시아 루브Alicia Rube, 대니얼 미건Daniel Meegan은 '통째로 전부 원하는 마음'(2017)이라는 제목의 논문에서 일대일 연애와 한 번에 여러 명과 하는 연애를 가리키는 다자간 연애에 대한 사람들의 태도를 조사했다. 이 연구를 위해 여성 59명, 남성 76명, 이분법적 성별에 속하지 않는 사람(젠더퀴어) 1명까지 미국인 총 136명을 모집했다. 그들 중 대다수가 자신은 일대일 연애를 한다고 밝혔다. 연구진은 이들에게 2년간 연애한 댄과 수지라는 가상 커플의 이야기를 일련의 단편으로 제시했다. 댄과 수지가 둘 다 다자간 연애를 추구해서 각자 연애 상대가 한 명 이상이라는 이야기도 있었고, 둘 다 일대일 관계를 추구하는 사람들로 그려진 이야기도 있었다. 두 사람이 다자간 연애를 하는 시나리오의 경우 둘 다 개방적인 관계가 되기로 동의했다는 설명이 제시되었고(그전까지는 그런 생각을 실행에 옮겨본 적이 없다는 설명과 함께), 일대일 연애 시나리오에서는 댄과 수지가 성적 관계와 정서적 관계를 상대방하고만 맺는 것으로 그려졌다. 참가자들은 각각의 단편을 읽고 수지가 댄을 얼마나 사랑한다고 느끼는지 평가하는 한편, 이 관계의 질적 수준과 수지가 얼마나 믿을 만한 사람인지도 평가했다.

이어서 연구진은 참가자들에게 수지와 댄의 관계가 3년차에 이르렀을 때의 이야기를 제시했다. 다자간 연애 시나리오에서는 수지가 댄과 계속 연애를 하면서 올리버라는 다른 남자와도 만나 섹스를 하고 연인 관계가 되었다는 내용이 나왔다. 반면 댄은 연애를 할 만큼 끌린 사람이 아직 없는 것으로 나왔다. 일대일 연애 시나리오에서는 일대일 관계를 지키고 다른 사람과는 사귀지 않았다는 내용이 나왔다. 연구진은 참가자들에게 이 두 번째 이야기를 읽고 수지가 댄을 얼마나 사랑한다고 느끼는지 평가하고 두 사람이 장기적으로 만족스러운 관계가 될 것이라고 생각하는지 물었다. 또한 5년 후에 수지가 댄과 계속 만날 가능성은 얼마나 되는지, 마지막으로 이 시점에서 수지는 얼마나 믿을 만한 사람인지도 평가하게 했다.

결과는 명확했다. 참가자들은 수지가 올리버와 댄을 동시에 만나는 경우 둘 다 수지의 사랑을 덜 받게 된다고 보았다. 따라서 일대일 시나리오에서 수지가 댄을 사랑하는 마음이 다자간 연애 시나리오에서보다 더 크고 다자간 연애를 할 때는 사랑하는 마음이 훨씬 낮게 평가됐다. 원래 댄이 차지했던 몫을 올리버가 일부 가져갔다고 본 것이다. 제로섬 사고방식을 분명하게 보여주는 결과다. 또한 참가자들은 다자간 연애 시나리오에서 댄과 수지의 관계에 대한 장기적인 만족도와 수지에 대한 신뢰도를 모두 부정적으로 평가한 반면, 일대일 연애 시나리오에서는 두 가지 항목을 모두 긍정적으로 평가했다. 이 결과를 통해 참가자들은 사랑을 제로섬 게임으로 본다는 것, 다자간 연애를 하면 한 사람에 대한 사랑의 강도가 약해지고 불행해질 가능성이 높으며 좋게 끝나지 않을 위험성이 있다고 본다는 사실을 알 수 있다.

사람들이 연애를 제로섬 게임으로 보는 이유가 무엇일까? 이를 확인하기 위해 추가 연구를 실시한 결과, 이 같은 판단이 연인의 사랑은 한 사람만 차지할 자격이 있다는 생각과 사랑은 유한하기 때문에 단 한 사람만 온 마음으로 사랑할 수 있다는 희소성에서 비롯된 것으로 확인됐다. 사회적 조건화(자격)와 진화(희소성)가 결합된 결과인 셈이다.

다자간 연애의 기초

다자간 연애는 사랑의 능력, 그리고 사랑이 얼마나 자유로운지에 따라 정
의되는 것 같아요. 저와 만나는 사람들이 매일 아침에 일어나 나를 사랑하
기로 선택하는 것이죠. 다른 선택지가 없어서도 아니고, 다른 사람들을 만
날 기회가 없어서도 아니에요. 우리가 잘 맞으니까, 다른 사람으로는 대체
할 수 없는 방식으로 서로의 삶을 향상시키니까 절 택하는 거예요. 저는
그게 정말 좋아요. 누군가와 유대를 형성하는, 정말 순수한 방식인 것 같
고요. 어떤 규칙의 지배를 받거나 보호를 받는 유대감이 아닌, 너무나 강
하고 너무나 긍정적인 관계예요. 다른 사람을 선택할 수도 있지만 여전히
서로를 선택하고 싶다는 것이니까요. — 조

사랑 중에서도 연애는 특별한 것 같다. 아이들, 친구들, 반려
동물, 신도 한 번에 여러 대상을 사랑할 수 있지만 연애할 때의 두
근거림과 흥분, 설렘은 한 번에 단 한 사람에게만 느낄 수 있다고,
연애는 여느 사랑과는 다르다고 여겨진다. 정말 그럴까? 내가 인
터뷰한 조를 비롯해 다자간 연애를 한다고 밝힌 사람들은 그렇지
않다고 확고하게 주장한다. 다자간 연애는 서로의 동의 아래 일대
일로 관계를 맺지 않는 연애의 형태다. 파트너 교환swinging이나 개
방적인 관계도 같은 분류에 속하지만 다자간 연애는 성관계에만
국한되지 않고 연애 대상도 한 명 이상이라는 점에서 차이가 있다.
더 넓은 범위의 일반적인 시각에서 다자간 연애는 고유한 특성보
다는 일대일 연애와의 차이를 기준으로 정의되는 경우가 많고, 앞
서 살펴본 것처럼 대체로 부정적으로 평가된다.

심리학자 케빈 허즐러Kevin Hutzler 연구진이 2016년 학술지 〈심리학과 성적 취향Psychology and Sexuality〉에 발표한 논문에서도 다자간 연애에 관한 대중의 인식을 확인할 수 있다. 이 연구에서는 여성 38명, 남성 62명으로 구성된 미국 시민 100명을 모집해서 다자간 연애에 관한 여러 질문을 던졌다. 다자간 연애가 무엇을 의미한다고 생각하는지, 다자간 연애를 하는 사람들을 어떻게 생각하는지, 다자간 연애가 구체적으로 어떤 식으로 이루어진다고 생각하는지, 다자간 연애에 조금이라도 관심을 가진 적이 있는지 등을 물었다. 참가자 대다수가 다자간 연애란 한 사람이 여러 사람과 섹스와 사랑을 '둘 다' 하는 관계라는 사실을 비롯해 이러한 연애 방식의 특징을 정확히 알고 있었다. 다자간 연애를 하는 사람에 관해서는 난잡한 사람, 위험한 섹스를 하는 사람, 신뢰도와 질투심, 관계에 대한 만족도, 도덕성은 낮고 성욕과 외향성, 신체적 매력, 의사소통 능력은 높을 것 같다고 답했다. 참가자의 3분의 1은 주변에 다자간 연애를 하는 사람이 있다고 답했다. 다자간 연애에 대한 관심은 여성보다 남성이 더 높았고, 자신이 관심을 갖고 있다는 사실을 드러낼 확률은 주변에 다자간 연애를 하고 있는 사람이 있을 경우에 더 높아지는 것으로 나타났다.

다자간 연애를 하는 사람들끼리 하는 말 중에 '컴퍼션compersion'이라는 말이 있어요. 사랑하는 사람이 다른 사람과 행복해하는 모습을 보면서 기쁨과 행복을 느낀다는 뜻이에요. 그런 모습을 보면 즐겁고, 고통스럽거나 질투심이 생기지 않는 것을 뜻합니다. ㅡ 케이트 다자간 연애를 하는 사람들은 스스로 선택한 이 정체성에 대해 남들이 어떻게 생각하는지 잘 알고 있다. 그래서 친한 사람들에게, 또는 더 넓은 공공 영역에서는 자신의 정체성을 잘 드러내지 않는다. 이 또한 사랑의 공적인 특성이 개개인의 경험에 영향을 미치는 예라고 할 수 있다. 또한 이들은 일대일 연애와의 차이에 주목하기보다는 다자간 연애의 특징을 확실하게 정의하고 그러한 관계를 맺는 사람들이 느끼는 감정과 장점을 설명함으로써 일반적인 통념에 반박하려고 한다. 다자간 연애를 하는 사람들과 직접 대화를 나눠본 결과, 위에서 케이트가 소개한 컴퍼션과 함께 신뢰, 타협, 정직, 질투하지 않는 것이 다자간 관계의 핵심임을 알 수 있었다.

제가 다자간 연애를 한다고 처음 밝혔을 때 가장 놀랐던 반응은, 사람들이 제가 여러 사람과 자는 것에 대해서는 아무렇지 않게 여기면서도 동시에 여러 사람을 사랑한다는 것에 대해서는 굉장히 불편하게 생각한다는 것이었습니다. 정서에 안 맞는 일인 것 같더라고요. 제가 여러 사람과 섹스를 해서가 아니라 여러 사람과 친근하고 정서적인 관계를 맺고 싶어 한다는 것에 거부 반응을 보인다는 사실이 저에게는 충격이었습니다. **– 조**

다자간 연애를 하는 사람들은 도덕성을 별로 중시하지 않을 것이라는 대다수의 생각과 달리, 실제로 그들은 이 방식이 윤리적이라고 생각하며 일대일 관계를 넘어 동시에 여러 사람과 관계를 맺을 수 있다는 사실을 인정하고 그런 생각을 공개적으로 밝힌다. 이는 일대일 관계를 추구하는 사람들 중에 대다수는 아니지만 상당수가 사회적으로 용인되는 독점적 관계와 사람들의 시선을 피해 사회적 통념에 어긋나는 관계를 이중으로 맺으면서 그런 관계를 비난하는 '이중 잣대'를 드러내는 것과 상반된다.

사회학자 크리스천 클레세Christian Klesse는 '다자간 연애에서 사랑의 개념'이라는 논문에서 다자간 관계는 난잡하기보다는 헌신적이며 장기적 관계에 가치를 둔다는 점에서 일대일 관계를 맺으며 불륜을 저지르는 것과 상반된다고 주장했다. 또한 다자간 연애에서는 모든 관계가 동등하고 똑같이 중요하게 여겨지며 관계를 맺는 모두가 서로를 공개적으로 인정하고 소중하게 여긴다고 설명했다. 다자간 관계에서는 끊임없이 소통하고 타협을 하면서 각 관계의 경계에 관한 규칙을 세우고 관련된 사람 모두가 그 규칙을 잘 지킬 것이라고 믿는다. 규칙을 지키기가 어려운 상황이 되면 다시 협상을 하고, 까다로운 문제가 많지만 모두가 만족할 수 있는 합의점을 찾는다. 그리고 서로 모든 것을 공개한다. 다자간 연애를 하는 사람들은 이러한 관계의 단점도 잘 알고 있다. 관계가 유지되는데 필요한 시간과 투자가 이루어지려면 여러 사람의 생활을 조정해야 하고 각자 바라는 것을 충족하기가 어려울 수 있다. 그럼에도 이들이 확신하는 건 연애에 제한이 없다는 것이다.

(다자간 연애는) 성장이고 사랑이에요. 그리고 사랑은 억제할 수 있는 게 아니라고 생각해요. 노력하면 억누를 순 있겠죠. 남들은 다른 사람에게 끌리는 감정을 애써 억누르지만, 우리는 다른 사람을 사랑하고 그 사람에게 가장 좋은 것을 주고 싶은 마음을 통해 성장할 수 있다고 확신해요. 그런 사랑은 한 명이 아닌 여러 사람과 할 수도 있고요. **— 리베카**

꼭 연애만이 아니라 사랑과 유대감을 많이 경험할수록… 관계를 지키기 위해 내가 주어야 하는 사랑도 커지지만 그래서 지치기보다는 더 큰 힘을 얻는 것 같아요. - 조

조와 리베카의 말에도 담겨 있듯이 다자간 연애를 하는 사람들은 '단 한 사람'만 존재한다고 생각하지 않으며 사랑을 제로섬 게임으로 여기지도 않는다. 이들 중 상당수는 연인과의 관계에서 얻는 이점이 다자간 연애에서는 배로 늘어난다고 생각한다. 미국 루이지애나 센테너리칼리지에서 젠더 연구학과의 학과장을 맡고 있는 미셸 월코미르Michele Wolkomir는 상호 합의하에 일대일이 아닌 다른 방식으로 관계를 맺는 사람들의 경험을 조사했다. 이 연구에는 다자간 연애를 하는 남성 6명, 여성 4명이 참여했고, 나이는 21세부터 27세였다. 결과는 위에서 리베카와 조가 밝힌 의견과 비슷했다. 내가 인터뷰에서 만난 사람 중에는 고등학교 시절 '만나는 사람마다 마음을 조금씩 떼어주면 정말 중요한 사람을 만났을 때 나눠줄 마음이 부족해진다'라는 말을 들었지만 그건 '정신 나간 생각'이며 '마음은 더 많은 사람에게 나눠줄수록 더 커지고 더 많이 채워지는 것'이라고 주장하는 사람도 있었다.

미셸은 위의 연구에 참여한 사람 외에 다자간 연애를 하는 다른 6명의 견해도 종합한 결과, 이들이 이와 같은 관계를 선택하는 이유는 삶에서 느끼는 유대감과 친밀함이 커지기 때문이라는 결론을 내렸다. 부족한 부분을 채우는 것이 아니라 인생에서 가치 있다고 여기는 것들이 더 커진다는 의미다. 다른 사람과 친밀한 관계를 맺을 때 건강과 행복, 평안함에 미치는 긍정적인 영향이 다자간 관

계를 맺는 사람들에서도 나타난다는 확실한 데이터도 있다.

알리시아 루벨Alicia Rubel과 앤서니 보개트Anthony Bogaert는 상호 합의에 따른 비일대일 관계의 심리학적 행복과 관계의 질적 특성을 조사한 33건의 연구를 검토한 결과 이러한 방식의 관계를 추구하는 사람들은 전반적으로 자기 자신과 삶을 긍정적으로 보는 경향이 있고 자신의 심리적 행복이 이러한 관계를 통해 향상되었다고 느끼지만 사회의 태도와 오명이 이들에게 부정적인 영향을 줄 수 있다고 밝혔다. 이들의 분석에 따르면 일대일 관계를 맺는 사람들과 다자간 연애를 하는 사람들은 삶의 만족도와 우울증, 개인적인 성취감, 강박, 불안, 편집증적 사고 등 다양한 심리학적 평가 지표에서 비슷한 결과가 나왔다. 관계에 대한 만족도 역시 일대일 관계를 추구하는 사람들과 다자간 연애를 하는 사람들 사이에 큰 차이가 없었다. 만족도, 결합력, 의견 일치, 애정 표현 등 네 가지 하위 척도로 구성된 '커플 적응 척도'에서도 대부분 일대일 관계와 다자간 관계에 차이가 없는 것으로 확인됐다. 관계에 대한 만족도를 조사한 8건의 연구 중 6건에서도 비슷한 결과가 나왔다. 나머지 2건 중 1건에서는 상호 합의에 따른 비일대일 관계의 만족도가 유의미한 수준으로 더 크다고 나온 반면, 나머지 1건에서는 반대로 만족도가 더 낮은 것으로 나타났다. 흥미로운 사실은 추가로 분석한 다른 2건의 연구에서 원래 일대일 관계를 추구했으나 상호 합의에 따른 비일대일 관계를 맺기 시작한 사람들의 경우 관계에서 느끼는 행복감 또는 만족도가 향상됐고 결혼생활을 유지하기 위해 부부가 함께 노력하게 되었다는 점이다. 연구를 진행한 알리시아와 앤서니는 일대일 관계와 다자간 관계가 심리적 행복이나 전반적인 관계 적응도, 질투, 성적 만족, 관계의 안정성에 큰 차이가 없다는 결론을 내렸다.

사랑은 모두 평등할까?

아이에 대한 부모의 사랑이 전부 다 같지는 않다고 생각해요. 사랑하는 마음은 같아도 아이의 어떤 부분을 사랑하는지는 다르니까요. 제가 남편과 애인에게 느끼는 것도 그래요. 어떤 면을 사랑하는지가 굉장히 다르고, 서로가 서로를 보완해주는 것 같아요. 아주 적절히 잘 섞여서요. 제가 눈물을 흘리면 남편은 항상 티슈를 갖다 주고, 애인은 와인을 따죠. **– 케이트**

제가 많이 받는 질문 중 하나는 이거예요. "좋아, 그 두 사람을 다 사랑한다는 거잖아. 하지만 최종적으로는 누굴 선택할 거야?" 사람들은 사랑이 유한하다고 생각해요. 특히 연애 감정은 그렇다고 생각하는 것 같아요. "아이가 여럿이면 아이들 모두가 사랑을 충분히 받지 못해"라고 말하지는 않잖아요. 정말 이상한 생각인데, 연애에 대해서는 유독 그렇게 생각하는 것 같아요. **– 조**

다자간 연애를 하는 사람들에게 어떻게 동시에 여러 사람을 진심으로 사랑할 수 있는지 묻자, 자식이 여러 명이라도 부모는 똑같이 사랑할 수 있는 것과 마찬가지라고 한목소리로 설명했다. 사랑의 다른 모든 특징이 그렇듯 개개인의 경험을 정확하게 이해하기란 어려운 일이므로 이들의 말을 토대로 각각의 애인을 사랑하는 마음이 똑같이 강렬하다고 생각할 수 있을 뿐이다. 그러나 진화인류학자의 관점에서 다자간 연애의 가능성을 설명할 수 있는 부분이 몇 가지 있다. 이 책 앞부분에서 인간이 일대일 관계를 택한 이유 중 하나는 현재 상태를 유지하기 위해 사회적으로 구조화된 결과이자 자녀가 최소한 자립할 수 있는 나이가 될 때까지, 인간의 경우 청소년기 후반에 이를 때까지는 부모가 함께 자녀에게 투자하는 사회 시스템이 발달한 결과라고 설명했다. 그렇다고 한가정의 부모가 핵가족의 테두리를 벗어나 다른 파트너를 구할 수 없다는 의미는 아니다. 바로 이 지점에서 우리가 인정해야 하는 일대일 관계의 다른 형태가 나온다. 성적·정서적 일대일 관계도 있지만, 두 사람이 아이를 함께 키우면서 가족의 테두리 밖에서 아이 없이 다른 사람과 연애를 하는 사회적 일대일 관계도 있다. 이 관계에서는 아이가 없으므로 질투심이 생겨난 진화적 원인인 자원의 공유 문제가 발생하지 않는다(9장에서 이에 대해 더 폭넓게 설명한다). 다자간 연애를 하는 사람들 중 내가 이 책을 쓰기 위해 인터뷰한 몇몇은 다자 관계에서 아이를 키우는 건 어려울 것 같다고 말했다. 파트너들 간의 평형이 깨지거나 아이의 성장에 해롭기 때문이 아니라 세상의 반응과 그것이 아이에게 미칠 영향, 특히 아이가 학교에 다닐 때 받게 될 영향이 염려되기 때문이라고 설명했다.

과학에서는 다자간 연애를 어떻게 해석할까? 심리학자들로 구성된 캐나다 사이먼프레이저대학교의 연구진은 2007년 〈호르몬과 행동Hormones and Behaviour〉에 발표한 논문에서 사리 반 앤더스Sari van Anders의 주도로 테스토스테론이 일대일 관계와 다자간 관계에 어떤 역할을 하는지 조사한 결과를 밝혔다. 테스토스테론은 짝짓기 게임에서 경쟁심을 유발하는 호르몬으로, 짝을 맺고 유대를 형성하려는 욕구를 일으킨다. 남성의 경우 테스토스테론 농도가 높을 때 나타나는 각진 턱이나 우람한 체격과 같은 특성이 매력적인 요소로 여겨진다. 짝이 있는 남성은 싱글인 남성보다 체내 테스토스테론 농도가 낮다는 사실이 알려지면서 이 호르몬이 커플의 유대를 유지하는 기능에 관여할 것으로 추정됐다. 그러나 사리 반 앤더스 연구진은 테스토스테론이 다자간 관계를 추구하게 될 가능성에 어떤 영향을 주는지 연구했고 다자간 연애를 하면 파트너 중 한 명을 두고 경쟁해야 하는 상황이 항상 존재하므로 일대일 관계를 맺는 사람들보다 체내 테스토스테론 농도가 더 높을 것이라는 가설을 세웠다.

연구진은 이를 확인하기 위해 싱글 남성 11명과 싱글 여성 13명, 일대일 관계를 추구하는 남성 11명과 여성 6명, 다자간 연애를 하며 연구 시점에 파트너가 여러 명(최소 2명에서 최대 6명)인 남성 12명과 여성 11명, 다자간 연애를 하지만 연구 시점에는 파트너가 여러 명이 아니었던 남성 6명과 여성 4명을 모집했다. 하루 동안 호르몬 수치가 변화할 수 있다는 점을 감안해서 동일한 시각에 참가자들의 타액 검체를 채취해 분석한 결과, 예상대로 싱글인 사람들은 일대일 관계를 맺는 사람들보다 테스토스테론 수치가 더 높았다. 또한 다자간 연애를 하는 사람들은 연구 시점에 파트너가 여럿인지 여부와 상관없이 테스토스테론 수치가 일대일 관계를 맺는 사람들보다 더 높았다.

이 결과를 보면 궁금해진다. 테스토스테론 수치가 높아서 다자간 연애를 원하게 되는 걸까, 아니면 여러 사람과 관계를 맺으면 테스토스테론 수치가 높아지는 걸까? 이 연구는 종단 연구가 아닌 횡단 연구로 진행되었으므로 이 결과로는 알 수 없다. 처음 아빠가 된 사람은 부모가 되면 테스토스테론 농도가 감소한다는 사실이 밝혀졌는데, 이와 비슷한 방식으로 종단 연구를 실시해야 인과관계를 밝힐 수 있을 것이다. 한 가지 주목할 점은 위의 연구에서 참가자의 인종과 성적 취향이 전부 고려되었다는 점이다. 다자간 연애에 관한 연구는 대부분 서구 사회의 중산층 백인을 대상으로 진행되어왔으므로 이례적인 일이다.

다자간 연애를 할 때의 뇌

일대일 관계를 맺는 사람들, 그리고 다자간 연애를 하는 사람들의 호르몬 차이를 조사한 위의 연구로는 그 사람들이 실제로 사랑을 어떻게 경험하는지를 제대로 알 수 없다. 호르몬은 사랑을 하려는 의욕과 더 관련이 있다. 그렇다면 다자간 연애를 하는 사람들이 모든 파트너를 동등하게 사랑한다는 사실을 신경학적인 연구로 확인할 수 있을까? 제로섬 게임의 증거나 동시에 여러 사람과 연애를 해도 각각을 전부 사랑한다는 확실한 증거가 있을까? 2017년에 일대일 관계를 맺는다고 밝힌 남성 10명과 그렇지 않다고 밝힌 남성 10명의 뇌 활성을 비교한 연구에서 이 궁금증을 해소해줄 가장 연관성 있는 답을 찾을 수 있을지도 모른다. 이 연구에서 일대일 관계를 고집하지 않는다고 밝힌 남성들은 파트너를 속이고 다른 사람을 만나는 경우도 있었고 서로의 합의 아래 여러 파트너와 만나는 경우도 있었다. 리사 해밀턴Lisa Hamilton과 신디 메스턴Cindy Meston이 진행한 이 연구에서는 아쉽게도 '외도'에 해당하는 참가자의 비율을 밝히지 않아서 공개적으로 여러 명과 만나는 다자간 연애를 하는 사람과 적극적으로 바람을 피우는 사람이 각각 얼마나 되는지 알 수 없다.

이 연구에서는 참가자들에게 일반적인 풍경과 사람이 등장하는 일반적인 풍경, 성적인 사진, 로맨틱한 사진 등 4장의 사진을 무작위로 보여주면서 그들의 뇌를 fMRI 스캔했다. 그 결과 일반적인 사진을 볼 때와 성적인 사진을 볼 때는 일대일 관계를 맺는 사람들과 그렇지 않은 사람들의 뇌 활성에 아무런 차이가 없었지만, 일반적인 사진을 볼 때와 로맨틱한 사진을 볼 때는 두 집단의 뇌 활성에 유의미한 차이가 나타났다. 일대일 관계를 추구하는 남성들은 우리가 사랑에 빠졌을 때 활성화되는 뇌 영역, 즉 보상 및 파트너와의 유대 형성 행동과 관련된 부위가 훨씬 크게 활성화됐다. 특히 사랑의 인지적 특성과 관련이 있는 시상, 중격의지핵, 미상핵, 내과피핵, 섬, 전전두피질이 더 많이 활성화되었다. 반면 일대일 관계를 맺지 않는다고 밝힌 남성들은 보상을 관장하는 뇌 영역이 이들보다 약하게 활성화되어 같은 사진을 볼 때 일대일 관계를 맺는 사람들보다 신경화학물질로 나타나는 보상 수준이 낮을 것으로 추정되었다. 이들의 경우 피질 활성이 훨씬 크게 나타났다. 로맨틱한 사진을 볼 때 일대일 관계를 맺는 사람들은 뇌 활성이 보다 본능적으로 일어나는 반면, 이들은 의식적인 처리 과정이 더 많이 필요할 가능성이 있음을 알 수 있었다.

이러한 결과는 무엇을 의미할까? 다자간 연애를 하는 사람과 일대일 관계를 맺는 사람은 사랑을 경험하는 방식이 다르다는 뜻일까? 그렇지 않다. 우선 위의 결과는 표본이 매우 작다는 점, 그리고 여러 파트너와 만나는 남성들을 연구했지만 전부 다자간 연애를 한다고 정의할 수 없다는 문제가 있다. 다시 말해 여러 파트너와 사랑을 하는 게 아닌 사람들이 포함되어 있다. 즉 정서적인 관계가 아닌 성적인 관계인 경우가 전부 혹은 일부일 가능성이 명확히 존재한다. 두 번째로 뇌를 스캔할 때 실제 파트너와의 상호작용이 일어난 것이 아니라 로맨틱한 사진을 보여주었으므로 일대일 관계를 맺는 사람과 그렇지 않은 사람이 로맨틱한 사랑을 어떻게 인식하는지는 확인할 수 있지만 연인과의 사랑을 어떻게 경험하는지는 알 수 없다. 그러므로 동시에 여러 사람과 연애를 하는 일이 정말로 가능한지는 아직 판단하기 어렵다. 다자간 연애가 부모가 여러 명의 자식을 사랑하는 것, 또는 여러 친구들을 정신적으로 사랑하는 것과 동일하다는 주장이 있고 실제로 그러한 연애 방식을 추구하는 사람들은 그렇다고 말하는 경우가 많다. 하지만 그리 적절한 주장은 아닌 것 같다. 아이가 여럿이거나 친구가 여럿이라고 해서 유전자가 다음 세대로 전달될 확률에 부정적인 영향을 미치지는 않기 때문이다. 오히려 자녀가 많을수록 유전자가 다음 세대로 전달될 확률은 높아지고 친구가 많을수록 더 건강하고 행복하게 장수할 확률이 높아진다. 우리가 동시에 여러 명의 자식을 사랑하고 여러 친구들을 사랑할 수 있도록 선택적인 진화가 일어난 것도 그런 이유에서다. 하지만 연애 상대가 둘 이상이면 자신의 유전자를 가진 아이에게 들어갈 자원의 양은 자연히 줄어든다. 특히 파트너에게 다른 사람의 아이가 있는 경우 더욱 그렇다. 이러한 상황은 유전자의 생존에 위협이 될 수 있다. 이런 이유로 우리는 자녀의 생존 확률을 극대화하기 위해, 한 사람과의 연애에 집중하도록 진화했을 가능성이 있다(외도가 얼마나 흔한 일인지를 보면 진화가 다 뜻대로 되는 건 아닌 것 같지만). 현 시점에서는 연애 방식에 따라 사랑의 경험도 다른지 객관적으로 답할 수 있는 실증적 데이터가 없다. 뇌 스캔 연구를 비롯한 훨씬 더 많은 연구가 필요하다. 그럼 다자간 연애를 하는 사람들이 밝힌 주관적인 견해는 검증 가능한 확실한 데이터가 아니므로 무시해야 할까? 왜 우리는 일대일 관계를 맺는 사람들이 사랑에 관해 하는 이야기에는 적극적으로 귀를 기울이면서도 다자간 연애를 하는 사람들이 모든 파트너에게 똑같이 연애 감정을 느낀다는 말은 쉽게 받아들이지 못할까?

무로맨틱

제가 연애 감정을 느끼지 못한다고 하면 사람들은 마치 그게 저의 가장 중요한 특징인 것처럼 받아들이지만 그건 저의 여러 가지 면 중 하나에 불과해요. 제가 관심을 갖는 것이 있고, 좋아하는 것과 싫어하는 것이 있어요. 연애 감정을 느끼지 않는 것도 하나의 취향일 뿐이에요. 하지만 미디어나 TV, 영화에 나오는 사랑을 볼 때면 가끔 생경한 기분이 들어요. **— 제이미(연애 감정을 느끼지 않는 사람)**

서구 사회에서 누군가와 만나 연애를 하고 사랑하는 것은 인생에서 가장 중요한 일로 여겨진다. 그래서 짝이 없는 사람은 당사자가 느끼는 행복과 상관없이 실패한 사람, 서글픈 일로 여겨진다. 특히 여성은 그러한 압박을 더 많이 받는다. 남자가 마흔 살에 싱글이라고 하면 자유분방하고 인생의 자유를 즐기는 플레이보이로 여겨지지만, 여자가 마흔 살에 싱글이라고 하면 '불쌍하고' 외로운 노처녀, 고양이를 여러 마리 기르며 집에 틀어박혀 살 것이라고 생각하기 쉽다. 왜 사람들은 연애를 이런 식으로 생각할까? 인간이 사랑을 경험하는 방식은 다양하고, 나는 여러분이 이 책을 통해 바로 이 점을 확실하게 알게 되기를 바라지만 많은 사람들이 연애를 인생에서 가장 중요한 일, 심지어 바람직한 일이라고 생각하는 건 사실인 것 같다. 어떻게 보면 조금 이상한 생각이다. 3장에서 설명한 대로 인생을 굳이 애인이나 파트너와 함께하고 싶지 않다면 친구들과의 정신적인 사랑도 사랑을 경험하는 강력한 원천이 될 수 있고 얼마든지 행복하고 건강한 인생을 살 수 있다. 적극적으로 연애 상대를 찾지는 않지만 자연스레 기회가 생기면 시도해보는 정도로 만족하는 사람들도 있고, 상대방의 성별이나 성적 취향과 상관없이 누구에게도 연애하고 싶은 끌림이 생기지 않고(이 경우 성적으로도 끌리지 않는 경우가 많다) 연애를 원치 않는 사람들도 있다. 이 세상에는 연애에 집착이라고 할 만큼 몰두하는 사람들도 있지만, 연애 감정을 느끼지 않는 사람들('무로맨틱aromantic')도 있다.

대부분의 사람들은 제가 연애 감정을 느끼지 않는다고 하면 냉담하거나 애정이 없는 사람이라고 생각해요. 연인과의 사랑 경험이나 연애를 하고 싶은 끌림을 경험하지 못했으니까 그럴 거라고 생각하죠. 세상에 그런 사람은 있을 수가 없다고 말하는 사람들도 있어요. 인간이라면 사랑을 하는

게 당연하다고 하면서요. 가족에게 느끼는 사랑이나 친구들에게 느끼는 사랑도 있고, 심지어 맛있는 음식을 먹을 때나 석양을 바라볼 때, 별을 볼 때도 사랑의 감정을 느끼는데, 그런 건 사랑이라고 생각하지 않는 것 같아요. 오로지 연애만 올바른 사랑이라고 생각하고요. — 제이미

이처럼 연애 감정을 느끼지 않는 사람을 무로맨틱이라고 부른다. 이들 중에는 성적 끌림도 느끼지 않는 무성애자가 많다. 이들의 존재는 아주 최근까지도 거의 눈에 띄지 않다가 레딧이나 텀블러 같은 온라인 소셜미디어 플랫폼에서 이들을 지원하는 단체가 활동하면서 세상에 드러나기 시작했다. 하지만 언론에 기사가 몇 편 나왔을 뿐, 학계에서는 이러한 정체성을 가진 사람들을 거의 다루지 않는다. 나는 연애 감정을 느끼지 않는다고 밝힌 사람들과 직접 대화를 나누면서 이들이 일반적인 통념처럼 무신경하지 않으며 남들과 마찬가지로 친구, 가족, 반려동물을 사랑한다는 사실을 확실하게 느꼈다. 혼자 살고 싶어 하는 것도 아니다. 누군가와 함께 살거나 아이를 갖고 싶다고 말한 사람도 많았다. 다만 그 관계가 정신적인 사랑에 기반을 두기를 바란다. 퀴어 플라토닉 파트너queer platonic partner(일반적이지 않다는 의미에서 퀴어라는 표현을 쓴다)로 알려진 그런 파트너를 찾기 위해 온라인 포럼이 형성되는 경우도 많다.

네, 맞아요. 파트너가 있으면 좋겠다는 마음은 있는데, 제가 원하는 파트너는 연애할 상대가 아니에요. 그래서 퀴어 플라토닉 파트너를 찾고 싶어요. 저는 혼자 살고 싶진 않고요, 같이 살 사람이 있었으면 좋겠고… 평생 파트너가 되어줄 그런 사람이었으면 합니다. 하지만 연애나 성적인 관계

가 아니었으면 해요. **– 세라**

미디어, 예술, 책, 음악에 이르기까지 연인과의 사랑을 표현하고, 그 사랑에 질문을 던지고, 사랑의 상실에 슬퍼하는 등 온통 연애 이야기로 꽉 찬 문화 속에서 연애 감정을 느끼지 않는 사람이 자신을 이해해줄 사회적 집단을 찾기란 쉽지 않을 수 있다. 주류 집단에 비해 남들과 다른 사람을 훨씬 잘 포용해주는 동성애자 공동체에서조차 연애 감정을 느끼지 않는다고 말하는 사람들을 잘 이해하지 못한다.

프라이드 축제(매년 6월에 성소수자들이 스스로 자긍심을 높이고 권리를 주장하는 한편 자신들에 대해 널리 알리기 위해 거리를 행진하는 행사–옮긴이)에 간 적이 있는데, 행사가 사랑에 관한 것들로 가득하더라고요. 사랑은 위대하다, 누구나 사랑을 한다, 이런 내용이었죠. 좀 소외된 기분이 들었어요. 행사 자체에 그런 의도가 없다는 건 알지만, 어쨌든 저는 이 행사에서 이야기하는 그런 사랑을 느끼지 않으니까요. 그렇다고 '오, 알겠어, 이 사람들은 어떤 형태로든 연인과의 사랑을 경험한다는 사실 하나로 똘똘 뭉쳐 있는데, 나는 낄 수가 없겠네'라고 생각하는 것도 마음이 편치 않았고요. **– 세라**

가까운 사람들, 가족과 친구마저 연애 감정을 느끼지 않는다는 사실을 다 이해해주는 건 아니므로 더더욱 힘들 수 있다.

가족 외에 친척이나 동료들에게는 말하지 않았어요. 이해하거나 받아들이지 못할 수도 있다고 생각하거든요. 그래도 괜찮아요. '연애는 언제 할 생각이니?'라고 누가 물어도 잘 받아넘길 수 있어요. (처음으로 털어놓았을 때) 엄마는 제가 뭔가 안 좋은 일을 겪어서 그런다고 생각하시더라고요. 그리고 제가 평생 혼자 살까 봐 걱정을 하셨죠. (부모님은) 사이가 워낙 좋으셔서, 저도 좋은 사람을 만나 행복하게 살길 바라세요. 제가 부모님이 생각하는 그런 관계 속에서 행복을 느낄 일은 절대 없다는 사실을 이해하지 못하시죠. 그래서 '아직 짝을 못 만나서 그런 거야'라고 말하세요. **– 세라**

처음 가족에게 털어놓았을 때 좀 실망한 것 같아요. 제가 결혼하기를 바라는 사람들에게 연애 감정을 느끼지 않는다고 하니까, 굉장히 받아들이기 힘들어했어요. 짝을 만나야 행복하게 살 수 있다고 생각하시니까 그러는 거겠죠. **– 제이미**

하지만 연애 감정을 느끼지 않는 당사자는 자신을 아주 간단하게 설명할 수 있다. 이들은 자신이 연애를 한다는 상상만으로도 매우 완곡하게 표현해서 어색하다고 느낀다. 내가 인터뷰한 제이미는 이렇게 설명했다. "제가 그런다고(연애를 한다고) 상상만 해도 '오, 됐어. 사양할게' 이런 말부터 나와요. 연애하는 내 모습은 도무지 상상이 안 돼요. 누군가와 연애를 한다는 것에 정말로 거부감이 듭니다. 연인이 생긴 저는 그냥 저 같지가 않아요." 그들도 주변 사람들이 연애에서 행복을 찾는 것에 대해서는 전혀 이상하게 생각하지 않는다. 다자간 연애를 하건 일대일 연애를 하건 그건 그 사람의 정체성의 일부인 것처럼 내가 만난 세라와 제이미에게도 연애 감정을 느끼지 않는 건 정체성의 일부일 뿐이다. 이들은 그런 성향이 자신의 일부에 불과하며 그것과 상관없는 면이 훨씬 더 많다고 강조한다. 지금처럼 연인과의 사랑이 다른 어떤 사랑보다 우월하다고 여겨지는 한 연애 감정을 느끼지 않는 사람들은 계속해서 호기심의 대상이 될 것이다. 그리고 연애에 온통 사로잡힌 것만 같은 세상에서 대체 연애 없이 어떻게 행복한 삶을 살 수 있는지 모르겠다고 말하는 수많은 사람들은 그들을 이해해보려고 때로는 무감각하기까지 한 질문을 던질 것이다.

다자간 연애와 연애 감정을 느끼지 않는 것의 공통점은 연인과의 사랑에 관한 우리의 뿌리 깊은 확신과 어긋나고 따라서 호기심의 대상이 된다는 것이다. 이 세상에 나와 함께할 '단 한 사람'은 어쩌면 없을 수도 있다는 가능성, 일부 사람들에게는 받아들이기 힘든 바로 그러한 가능성을 떠올리게 한다. 나와 인생을 함께할 사람이 '여러 사람'일 수도 있고, 그런 존재가 아예 없을 수도 있다는 생각을 하게 되는 것이다. 어릴 때부터 듣던 이야기들, 사춘기 시절의 뜨겁고 열렬한 감정을 대변해준 팝송, 주인공이 커플이 되는 일종의 약속의 땅에 도달해서, 또는 도달하지 못해서 펑펑 울며 본 영화가 실제 현실과는 다를 수 있음을 암시한다. 이런 사실에 불안해하는 사람들도 많지만, 사회 기준에 자신을 끼워 맞추려고 안간힘을 써야 하는 일부 사람들은 반대로 더 큰 가능성이 열려 있다는 사실을 깨닫고 큰 해방감을 느낀다.

이번 장의 주제는 사랑의 독점성이 아니다. 지금까지 우리는 일대일 연애, 다자간 연애를 하는 사람들과 연애 감정을 느끼지 않는 사람들이 어떤 경험을 하는지 살펴보고, 이들의 생리학적 특징과 뇌 활성에 관한 내용도 함께 생각해보면서 사회가 이들을 어떤 존재로 바라보는지 짚어보았다. 다음 장에서는 가장 내밀한 사랑이라 할 수 있는 신과의 사랑을 살펴본다. 사랑 앞에서 가장 어두운 생각, 마음속 가장 깊숙한 곳에 자리한 걱정, 가장 원대한 환상이나 꿈과 같은 약한 감정을 기꺼이 드러낼 때 더욱 친밀한 관계가 형성된다. 어쩌면 신성한 존재와 교감하고, 그 존재에게 사랑과 생각을 털어놓을 때 가장 넓은 범위에서 그러한 관계를 맺게 될 수도 있다.

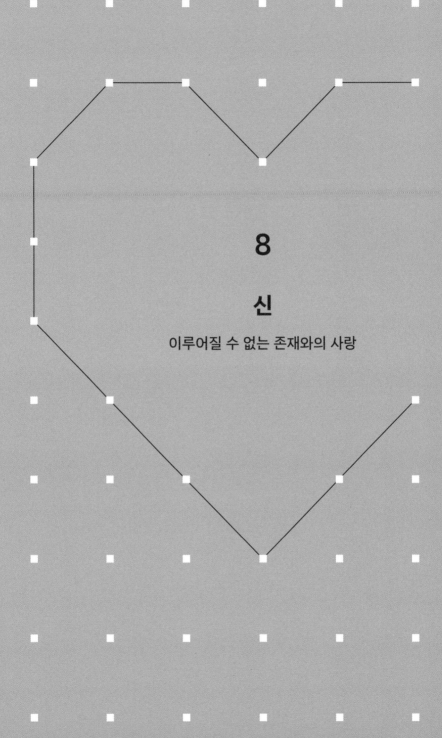

8

신

이루어질 수 없는 존재와의 사랑

나 이외에 다른 신을 섬기지 말라.
— 십계명

어떤 사랑도 신을 향한 사랑을 넘어설 수 없다. 그 사랑이 가장 높고 가장 중요한 사랑이어야 한다.
— 이슬람교

저는 한 여성이 사랑하듯 하느님을 사랑합니다. 사랑을 느끼며, 제가 사랑하고 사랑받는다는 사실을 압니다. — 니암 (가톨릭 수녀)

2010년을 기준으로 종교 생활을 하는 성인과 어린이는 58억 명으로 집계됐다. 전 세계 인구의 84퍼센트에 해당하는 숫자다. 퓨리서치센터가 2500건 이상 실시한 설문조사에서 기독교를 믿는다고 답한 사람은 22억 명, 이슬람교도는 16억 명, 힌두교도는 10억 명, 시크교도는 2500만 명, 유대교도는 1400만 명이었다. 종교 단체가 없는 지역에서도 유일신이나 여러 신을 믿으며 종교 생활을 한다고 말하는 사람이 많다. 종교인의 상당수는 첫 번째이고 가장 중요한 사랑은 신을 향한 사랑이라는 것이 종교에서 배운 확실한 한 가지 사실이라고 말한다. 기독교에서 하느님을 헌신적으로 믿고 따르기 위해 수도사로 살면서 인생의 평범한 것, 즐거움을 누릴 수 있는 것을 멀리하고 모든 삶을 신에게 바치는 배타적인 사랑은 그러한 사랑의 의미가 정점에 이른 것이라 할 수 있다.

이번 장에서는 종교적인 사랑에 대해 알아본다. 신경과학, 유전학과 같은 자연과학 분야에서는 거의 연구가 진행되지 않았고 신과 소통할 때 뇌에서 어떤 일이 벌어지는지 파악하는 뇌 스캔 연구는 이제 막 시작됐다. 그러나 인간관계는 신뢰, 공감, 애착, 상호관계, 지속성을 수반하므로, 한 개인이 신과 맺는 관계에서도 이러한 특징이 나타나는지 질문을 던져볼 수 있다. 이번 장에서는 학술 문헌에 실린 종교적 애착에 관한 연구 결과와 종교인으로 살고 있는 사람들과의 대화를 통해 그 의문을 풀어보고자 한다. 내가 개인적으로 흥미를 느끼는 부분은 이들의 신에 대한 사랑이 우리가 한 인간으로서 타인에게 느끼는 사랑과 비슷한가 하는 것이다. 신을 사랑하는 종교인의 뇌 활성과 사랑에 빠진 사람의 뇌 활성이 똑같이 나타날까? 신과의 관계가 친구, 연인, 가족과의 관계와 무게가 똑같다면 우리가 인생을 살면서 사랑을 통해 얻는 진정한 가치인 건강과 삶의 만족도도 똑같이 얻을 수 있을까?

신은 사랑이다

전 세계 모든 종교가 사랑이란 무엇인지에 대해 이야기한다. 종교에서 이야기하는 사랑은 사랑에 대한 개인의 인식은 물론 6장에서 살펴본 대로 더 넓은 범위의 사랑에 대한 문화적 태도에도 영향을 준다.

유일신을 믿는 종교는 공통적으로 신을 향한 사랑이 가족, 배우자, 이웃에 대한 사랑보다 위에 있는 가장 중요한 사랑이라고 이야기한다. 그러나 사랑을 표현하는 방식에는 차이가 있다.

> 믿음, 소망, 사랑, 이 세 가지는 항상 있을 것이나 그중에 제일은 사랑이라.
>
> ─ 〈고린도전서〉 13장 13절

가톨릭교에서 사랑은 애덕愛德과 연결되며 가장 훌륭한 덕이라 여겨진다. 넓은 범위의 기독교에서는 신과 개인의 관계를 지극히 사적인 상호관계로 본다. 유대교에서 사랑은 친절함이며, 같은 유대교도인지와 상관없이 도움이 필요한 사람이라면 누구든 돕는 것을 의미한다. 그리고 신을 사랑한다면 삶의 방식에서도 유대교 율법을 충실히 따라야 한다고 여겨진다. 이슬람교에서 사랑은 신과 인간의 형상으로 존재할 수 있으나 진실과 깨우침의 자세로 사랑을 이해해야 한다고 본다. 즉 다른 사랑 때문에 판단력이 흐려져서는 안 된다고 이야기한다. 힌두교에서 사랑은 곧 카마Kama 신이며 헌신, 즐거움과 연계된다. 시크교에서는 결혼과 가족이 사랑의 바탕이다.

> 유대교에서 말하는 신에 대한 사랑과 기독교에서 말하는 사랑은 근본적
> 으로 다르다고 생각해요. 유대교는 신과의 관계가 반드시 사적인 경험은
> 아니라고 가르치거든요. 유대교가 이슬람교와 더 비슷하게 느껴지는 부
> 분이기도 합니다. 독실한 유대교 신자들과 이야기를 나눠보면 그들이 말
> 하는 하느님의 사랑이 기독교인이 말하는 것과는 다르다는 걸 알 수 있어
> 요. 저는 개인성이 신과 관련이 있다고 믿지 않아요. 그래서 '사랑이란 이
> 런 것이다'라는 느낌이 구체적으로 무엇인지 설명하기가 매우 어렵습니
> 다. 개인적인 것이 아니니까요. **– 벤저민(랍비)**

개인이 신과 개인적이고 독점적인 관계를 맺을 수 있는지에
대해서는 세 유일신 종교 사이에 차이가 있다. 친밀한 두 사람의
관계에서 느끼는 그런 사랑이 될 수 있는지 여부를 제각기 다르게
보는 것이다. 기독교에서는 신과의 관계가 매우 사적이며 중개자
가 없어도 가능하다고 보는 반면, 유대교에서는 랍비, 이슬람교에
서는 이맘과 같은 중개자가 필요하다고 주장한다. 따라서 기독교
에서는 자유로운 대화에 가까운 방식으로 신에게 예배를 드리지
만, 유대교와 이슬람교에서는 신도들이 정해진 절차에 따라 의식
을 치르고 지역사회에서 선행을 베푸는 형식으로 이루어진다. 또
한 유대교와 이슬람교는 기독교처럼 신을 인간화하지 않는다. 친
구, 아버지, 연인처럼 '개인성'을 가진 개별적인 존재로 보지 않는
것이다. 이처럼 신과의 개인적인 관계를 신앙심의 필수요소로 여
기는 종교는 기독교로 한정되므로, 신을 향한 사랑이 실존하는 사

랑인지 확인하기 위한 이 책의 논의도 대부분 기독교인을 대상으로 실시된 연구 자료를 중심으로 진행될 것이다.

신과 애착

인간이 경험하는 가장 강력한 사랑의 밑바탕에는 애착이 있다. 깊고 강한 유대감인 애착은 드물게 형성되지만 확고히 자리 잡으면 세상의 어떤 일에도 맞설 수 있을 것만 같은 자신감이 생긴다. 애착 이론을 가장 먼저 연구한 학자 중 한 사람인 메리 에인스워스는 애착관계의 특징을 네 가지로 꼽았다. 가까이에 있으려는 욕구, 다른 곳을 탐험할 수 있는 안전한 기반이 되는 것, 애착을 느끼는 대상을 안전한 피난처로 인식하는 것, 애착을 느끼는 대상과 분리되면 분리불안을 느끼는 것이다. 이 책 앞부분에서 나는 애착이 깊은 사랑을 나타내는 핵심 지표 중 하나이며 관계 형성 초기에 나타나는 성적·정신적으로 열렬한 감각과 대조되는, 삶의 마지막까지 이어지는 집약적이고 지속적인, 우애적인 사랑이라고 설명했다. 우리는 이러한 애착을 부모님, 가족, 자녀, 가까운 친구에게 느끼고 심지어 반려동물에게도 느낀다. 그럼 신과의 관계에서도 애착을 경험할 수 있을까?

심리학자 리처드 벡Richard Beck과 앤지 맥도널드Angie McDonald는 2000년대 초 두 가지 질문의 답을 찾아보기로 했다. 첫째, 기독교 신자와 신의 관계가 애착인가? 둘째, '친밀한 관계 경험 척도'(2장에서 연인과의 관계를 설명하면서 소개한 바 있는)와 같은 평가 도구로 신자가 느끼는 애착을 측정할 수 있는가? 첫 번째 질문에 대해서는 애착의 두 가지 면인 버려질지 모른다는 불안감과 친밀함에 대한 회피가 기독교 신자와 신의 관계에서도 나타나는지 파악하는 것으로 확인할 수 있다고 보았다. 연구진은 먼저 미국 애빌린 크리스천대학교에 다니는 기독교도 학생 507명을 모집했다. 참가자의 62퍼센트는 여성, 85퍼센트는 백인이었다. 이와 함께 연구진은 '나는 하느님이 매우 친근하게 느껴지며 정서적인 관계라고 느낀다'(친근함) 등 총 70개 항목으로 구성된 '신과의 애착 척도(AGI)'를 개발했다. 이 척도에는 예를 들어 '나는 가끔 하느님이 나에게 만족하실까 걱정된다'(불안)와 같은 질문이 포함되었다.

507명의 신도가 작성한 설문지를 분석한 결과, 이들과 신의 관계는 애착관계로 볼 수 있다는 사실이 명확히 드러났다. 에인스워스가 말한 애착의 네 가지 특징이 모두 나타난 것이다. 연구진은 신에게 느끼는 종교적 애착에서 가장 명확하고 중심이 되는 요소가 무엇인지 파악하고 애착의 두 가지 면이 동일한 비중을 차지하는지 확인하기 위해 AGI를 훨씬 간단한 28개 항목으로 축소했다. 28개 중 14개는 회피, 14개는 불안에 관한 질문으로 구성됐다. 이 두 번째 설문조사는 118명의 학생을 대상으로 실시되었다. 첫 번째 연구의 결과가 재현성이 있는지, 즉 종교적 애착이 실제로 일어나는 현상인지 확인하기 위한 두 번째 조사 참가자 중 89명은 여성, 72퍼센트는 백인이었다. 이와 함께 연구진은 참가자들에게 연인과의 관계를 묻는 36개 질문으로 구성된 '친밀한 관계 경험 척도(ECR)' 설문에도 답하도록 하고 결과를 비교했다. 이 두 번째 설문조사는 종교의 심리학적 특성에 관한 오랜 의문을 풀기 위한 시도였다. 즉 신에 대한 애착이 다른 인간에게 애착을 느끼지 못할 때 얻고자 하는 보상심리인지(보상), 아니면 일생 동안 다른 사람에게 애착을 느끼며 살아가는 인간의 특징이 신에게도 그대로 나타나는 것인지(유사성) 확인하는 것이 목적이었다.

연구 결과 우선 AGI는 신에 대한 애착을 측정할 수 있는 확실한 척도로 확인됐다(첫 번째 연구에서 얻은 결과가 재현됐으므로). 신에 대한 애착이 보상심리인지 아니면 다른 애착과 동일한지를 판단하기 위한 조사에서는 불안감과의 일치성이 확인됐다. 다시 말해 ECR에서 안정적 애착의 특징이 나타나면 AGI에서도 안정성이 나타나고, ECR에서 불안정 애착의 특징이 나타나면 AGI에서도 불안정성이 나타났다. 회피성에는 이같이 뚜렷한 경향성이 나타나지 않았다. ECR에서 회피 경향이 약하게 나타나면 AGI에서도 약한 회피성이 나타나긴 했지만 전체적으로 유의미한 수준은 아니었다. 이 연구 결과는 신에 대한 사랑이 세속적인 삶에서 충분히 느끼지 못하는 사랑을 보상받기 위해 형성되는 것이 아니며 개인의 사회적 네트워크에 포함된 중요한 구성원으로서 신에게 진정한 애착을 느낄 수 있음을 보여준다.

리처드 벡과 앤지 맥도널드는 이어서 세 번째이자 마지막 연구를 진행했다. 이번에는 지역 기독교 공동체로 조사 범위를 넓혀서, 미국 텍사스주 애빌린시에서 교회의 주도로 실시된 성인 교육 프로그램 참가자 109명을 모집했다. 이 가운데 38명은 그리스도의 교회 신도였고 34명은 가톨릭교도, 34명은 특정 교파에 소속되지 않고 기독교의 종교적 카리스마를 중시하는 신도들(여기서 카리스마는 예언이나 기적과 관련된 초능력, 절대적 권위를 의미하며 기독교에서는 집단 기도, 방언, 치유의 힘을 믿는 신도들을 가리킨다 - 옮긴이)이었다. 참가자의 61퍼센트는 여성이었고, 79.8퍼센트는 백인, 11퍼센트는 히스패닉, 2.8퍼센트는 아프리카계 미국인, 2.8퍼센트는 아시아계 미국인이었다.

연구진은 참가자들을 대상으로 28개 항목을 묻는 AGI, 36개 질문이 제시되는 ECR과 함께 연인에게 느끼는 애착을 측정하기 위한 또 다른 척도(얼마나 탄탄한 관계인지 평가하는 질문 등이 포함된 '관계 설문'), 그리고 '영적 안녕 척도'를 조사했다. 설문지에 답하는 동안 참가자 모두에게 커피와 비스킷이 무료로 충분히 제공되었기를 바란다. 조사 결과 이번에도 AGI는 신에 대한 애착을 확실하게 측정할 수 있는 척도로 확인되었고, 또 한 가지 흥미로운 사실이 발견됐다. 내가 종교를 가진 다양한 연령대의 사람들과 인터뷰를 하면서도 느낀 점인데, 나이가 많은 사람들이 대학생들보다 신과 연인에 대한 애착이 더 확고한 경향이 있다는 것이다. 그리고 대학생들은 이 두 가지 애착 모두 불안감과 회피성이 더 클 가능성이 훨씬 높다. 우리가 인생에서 맺는 다른 관계들과 마찬가지로, 신과의 관계 역시 생의 초기에는 그 관계에 익숙해지기 전까지 혼란과 불안을 느끼고 시간이 지나면 안정을 찾는 것으로 보인다.

"하나님께서 주시고 제가 하나님께 느끼는 사랑입니다"

저는 하느님을 아버지로, 예수님을 형제로 느낍니다. 예수회 신도의 이야기를 들은 적이 있는데, 그분은 예수님이 사랑한 제자에 관해 이야기하면서 성경에서는 그 제자가 누구인지 나오지 않는다고 말했어요. 그러니 저도 예수님의 사랑을 받는 존재입니다. 마지막 만찬에 참석해 예수님과 코를 비비며 인사할 수 있고, 건너편에 앉아 있을 수도 있고, 성모 마리아가 저의 어머니이고 제가 예수님의 동생일 수도 있어요. 저는 제가 그런 존재라고 생각해요. 그것이 제가 지금과 같이 살아가는 이유입니다. — **니암(가톨릭 수녀)**

기독교에서는 하느님을 아버지, 어머니, 심지어 연인으로 언급하는 경우가 많다. 가톨릭교에서는 수녀가 '그리스도의 신부'로 불리고 결혼반지를 착용한다. 나도 기독교 성직자들과 인터뷰를 하면서 그런 사실을 확인할 수 있었다. 성직자들 중에는 신을 믿고 의지할 수 있는 친구로 생각하는 사람도 있고, 무엇이든 다 말할 수 있고 어떤 경우에도 자신을 사랑해줄 든든한 존재로 여기는 사람들도 있다. 니암 수녀처럼 어머니와 형제가 있는 한 가족의 가장으로 여기는 사람들도 있다. 신을 어떤 존재로 여기든 공통점은 신과의 관계를 개인적 관계로 보며 이 관계가 그들의 사회적 네트워크 중심에, 형체가 있고 생존에 반드시 필요한 다른 관계들과 나란히 자리를 잡고 있다는 것이다.

오래전부터 알고 지낸 사이라, 인생이 너무 지루하고 평범하면 하느님께 투덜거릴 수도 있어요. 줌을 켜지 않아도 이야기를 나눌 수 있는 친구 같다고나 할까요? 하느님은 늘 그곳에 계시니까요. 집에 식구들이 다 있으면 누가 어디에 있는지 일일이 확인하지 않아도 집 안 어딘가에 있으리라

고 생각하는 것과 같습니다. 하느님은 항상 그곳에 있어요. **- 아그네스**(성공회 수녀)

하지만 의문이 생긴다. 신에 대한 사랑은 가족이나 친구에게 느끼는 사랑과 동일할까? 내가 인터뷰한 사람들은 신에게 느끼는 애착이 세속적인 관계에서 느끼는 애착과 비슷하지만 차이가 있다고 이야기했다. 특히 신에 대한 애착은 절대적인 안정의 원천이며 개방적이라고 설명한 사람들이 많았다. 신에게는 무엇이든 다 말할 수 있고, 절대 거부당하지 않는다고 느낀다. 가족, 친구, 연인과는 사이가 틀어질 수 있지만 신과의 관계에서는 그런 일이 일어날 위험이 없으며, 따라서 신의 사랑은 가장 안정적인 토대가 된다. 에이미, 니암, 아그네스 수녀는 신을 향한 사랑과 우리가 다른 사람에게 느끼는 사랑의 차이점을 다음과 같이 전했다.

하느님은 언제든 도와주고 함께 있어주십니다. 제가 경험했던 다른 어떤 관계에서보다 그 점을 깊이 느껴요. 그래서 하느님이 사람만큼 중요한 존재임을 깨닫게 됩니다. 하느님도 친구이고, 따라서 우리가 다른 사람에게 들이는 시간과 열정을 똑같이 쏟아야 합니다. 사람과의 관계에서보다 돌려받는 것이 더 많고요. 하느님이 주시는 것들, 은총, 모든 것이 더 풍부하니까요. **- 에이미**(가톨릭 수녀)

가장 아끼는 친구들에게조차 말하지 못하는 게 있어요. 하지만 하느님께는 이야기합니다. 하느님은 저의 심술궂은 면, 제가 가진 인간의 나약한 면, 저의 죄악을 아시고 저의 가장 안 좋은 면도 저의 훌륭한 면만큼 사랑하십니다. 충동, 꿈, 희망, 이루지 못한 것이 무엇인지 하느님은 전부 아세요. 그걸 모두 다 알고 계십니다. - 니암(가톨릭 수녀)

하느님을 향한 사랑이 그 어떤 사랑과도 가장 다른 점은 덜 위태롭다는 겁니다. 저는 부모님께 사랑받으며 자라는 행운을 누렸어요. 부모님은 항상 저의 닻이 되어주셨습니다. 아버지가 돌아가신 후에는 집에서 그런 기분을 느낄 수가 없었습니다. 자녀와의 관계에서는 부모로서 부족한 부분이 있고, 오해도 생기고, 이게 정말 중요한 일이 맞는지, 이러다 관계가 잘못되는 건 아닐까 계속 고민하게 됩니다. 아이들로부터 외면당하는 부모가 될 수도 있고요. 연인과의 유대감도 그 사람이 나를 외면하고 더 이상 나에게 관심을 갖지 않을 수도 있다는, 충분히 일어날 수 있는 그런 일을 감수하는 것이고요. 하지만 하느님은 언제나 그곳에 계십니다. - 아그네스(성공회 수녀)

수녀는 하느님에게 인생을 바친 사람들인데 연인 간 또는 부모가 자식에게 느끼는 사랑과 하느님에 대한 사랑을 어떻게 비교하고 위와 같은 결론을 내릴 수 있느냐고 반박할 수도 있다. 아그네스 수녀는 내가 이 책을 쓰면서 이야기를 나눌 수 있는 수녀님을 찾았을 때 가장 먼저 연락을 해온 분이다. 당시에 수녀님은 과연 자신이 인터뷰 대상자로 적합한지 잘 모르겠다고 말했다. 그녀는 남편과 아이들, 손자들이 생길 때까지 평범한 인생을 살다가 늦게야 수녀가 되었다고 했다. 나는 수녀님께 오히려 너무나 귀중한 사례라고 말했다! 신에 대한 사랑과 일상생활에서 경험하는 종류의 사랑을 모두 겪어본 사람이었기 때문이다. 아그네스 수녀님 덕분에 나는 종교적인 사랑이 인간 사이에 오가는 사랑과 동일한 범위에 속할 수 있는지, 같은 종류로 봐도 되는지 얇게나마 들여다볼 수 있는 기회를 얻었다. 그래서 하느님을 향한 사랑과 종교인이 되기 전에 경험한 다른 사랑을 비교해보기 위한 내 질문에 아그네스 수녀님이 들려준 위와 같은 답변은 매우 소중한 의미가 있다. 특히 "지금까지 인생에서 경험한 가장 강력한 사랑은 무엇인가?"라는 물음에 대한 아그네스 수녀님의 답변에는 신에 대한 사랑의 본질이 담겨 있다. 여러 다양한 사랑을 경험해본 수녀님은 딱 한 문장으로 답했다.

"하느님께서 주시고 제가 하느님께 느끼는 사랑입니다."

기독교인의 관점에서 신에 대한 사랑은 세속적인 관계에서 느끼는 애착의 특징을 모두 포괄하는 애착이다. 신도들이 모여서 합동으로 하는 기도나 예배를 벗어나 혼자 기도하며 신과 내밀한 대화를 나눌 때, 신에게 가까이 다가가려는 마음을 느낄 수 있다. "주일에는 매 시간마다 하던 일을 멈추고 하느님께 집중하며 기도하고 묵상합니다. 의식적으로 다른 일들을 중단하기 때문에, 저는 주일을 다른 어떤 날보다 좋아합니다. 주일 동안 열정이 형성되는 것을 느낍니다."(에이미 수녀) 또한 힘든 일이 생겼을 때 찾는 안전한 피난처, 든든한 기반이 된다. "(하느님 앞에서는) 있는 그대로의 내 모습이 될 수 있고 제가 사랑하는 마음만큼 하느님도 저를 사랑하신다는 사실을 압니다. 제 마음을 보여주려고 애쓸 필요가 없어요. 착한 아이, 착한 수녀, 그런 존재가 될 필요가 없습니다. 그것이 저를 더 좋은 사람이 되게 하고, 기분도 더 좋아집니다."(니암 수녀) 신과의 친밀한 관계에서는 버려질 수 있다는 두려움이 줄어들고 그만큼 애착에 동반되는 분리불안도 줄어든다. "제 말을 (하느님이) 들어주신다는 기분이 들어요. 전 완전히 혼자가 되는 게 어떤 것인지 알지 못합니다. 하늘에서 버림받았다는 기분을 한 번도 느낀 적이 없으니까요. 하느님이 저를 혼자 내버려둔다고 느낀 적도 없고요."(아그네스 수녀)

기독교를 믿는 사람, 최소한 기독교를 믿고 따르는 성직자와 하느님의 관계는 애착으로 보이며, 이 애착은 우리가 연인, 친구, 가족과의 관계에서 느끼는 애착과 비교할 때 전혀 뒤처지지 않는다. 그러나 현재까지는 이를 뒷받침하는 데이터가 전부 주관적인 의견이라는 한계가 있다. 인터뷰와 설문조사 결과가 전부인 것이다. 종교적인 사랑이 인간이 경험하는 다른 사랑과 정말로 같은 종류의 것인지 판단하려면 더 많은 근거, 무엇보다 객관적인 근거를 확보해야 한다. 그런 의미에서 종교의 신경과학적 특징에 관한 연구 결과를 반가운 마음으로 살펴보자.

수녀 15명의 뇌 스캔 연구

2000년 초에 캐나다의 심리학자이자 신경과학자인 마리오 보러가드Mario Beauregard와 빈센트 파케트Vincent Paquette는 기독교인이 혼자 집중해서 기도할 때 겪는다고 하는 신비 체험의 신경학적 상관관계를 연구했다. 두 사람은 이 연구에 참가할 가톨릭 가르멜 수녀회 수녀들을 모집했다. fMRI 스캔을 진행하는 동안 하느님의 존재를 느껴본 경험을 떠올려야 하는 이 쉽지 않은 요청에 15명의 수녀가 기꺼이 응했다. 참가자의 평균 나이는 약 50세였고 수녀로 생활한 기간은 2년부터 37년까지 다양했다. 참가자들은 fMRI 장치에 누워서 눈을 감고 가르멜 수녀회의 수녀로 살면서 겪은 가장 신비한 경험을 떠올렸다. 뇌 스캔이 이루어질 때 하느님과 하나가 되어보라는 것이 아니라 과거의 경험을 떠올리는 것이 수녀들에게 주어진 과제였다. 수녀들이 신과의 관계는 상호적이며 하느님의 생각은 다를 수 있으므로 내 마음대로 하느님을 불러낼 수는 없다는 점을 분명히 밝혔기 때문이다. 연구진은 참가자들이 과거의 '신비한' 경험을 떠올릴 때와 비교하기 위해 fMRI 장치에 누워서 눈을 감고 수녀로 생활하는 동안 다른 사람과의 일체감을 가장 강렬하게 느꼈던 경험을 떠올려보라고 요청했다.

그리고 참가자들은 자신이 느낀 일체감의 강도를 0점부터 5점까지로 평가했다. 0점은 일체감을 전혀 느끼지 못하는 것, 5점은 일체감을 가장 강렬하게 느낀 것을 의미한다. 또한 신의 존재를 느낄 때 나타나는 현상학적 특징을 파악하기 위한 목적으로 개발된 '신비주의 척도'로 참가자들에게 자신의 경험을 평가하게 하고 개별 인터뷰를 통해 그들의 주관적인 경험을 파악했다. 분석 결과, 신비한 경험을 할 때 수녀들이 느낀 일체감의 강도는 평균 3.06으로 다른 사람과의 관계에서 느낀 일체감의 평균 강도 3.04와 매우 비슷한 것으로 나타났다. 신비주의 척도에서는 "나보다 위대한 어떤 존재가 나를 흡수하는 것처럼 느껴졌다", "크나큰 기쁨을 느꼈다", "내가 겪은 경험이 신성하다고 느꼈다"와 같은 인상적인 응답이 나왔다. 개별 인터뷰에서 몇몇 수녀는 신비한 경험을 통해 하느님의 존재를 느꼈으며 무조건적이고 무한한 사랑, 충만함, 평화로움을 느꼈다고 설명했다.

　뇌 스캔 결과 신과의 합일을 느낀 신비 체험이 뇌의 세 곳과 관련이 있다는 사실이 뚜렷하게 나타났다. 시각적인 인식, 인지 기능, 그리고 감정과 관련된 영역이었다. 가장 놀라운 결과는 변연계와 피질의 일부 영역에서 활성이 최고조에 이르렀다는 점이다. 피질 중에서도 사회적 인지 기능을 담당하는 전전두엽 영역인 내측전전두피질과 전측대상피질, 안와전두피질에서 그러한 활성이 나타났고, 변연계에서는 전전두피질과의 연결에 중요한 기능을 하는 미상핵이 활성화됐다. 이는 무엇을 의미할까? 2장에서 살펴보았듯이 모두 사랑을 할 때 활성화되는 영역이다. 뇌의 무의식 영역에서 제공되는 신경화학적 보상은 생존에 꼭 필요한 관계를 유지하려는 동기를 부여하고 그에 대한 보상을 제공하며, 피질에서 이루어지는 의식적인 사고를 통해 우리는 경험한 일을 다시 생각하고 그 경험을 말로 요약한다. 이렇게 뇌의 무의식 영역과 의식 영역에서 형성되는 중요한 신경학적인 연결로 우리는 한 인간으로서 사랑을 제대로 경험하게 된다. 가르멜 수녀들이 하느님과 상호작용할 때 느끼는 것은 바로 '사랑'이라고 할 수 있다.

인간으로서의 신

하지만 그 사랑이 정말 우리가 다른 사람과의 관계에서 경험하는 사랑과 동일할까? 신을 대할 때 친구, 아버지, 연인처럼 묘사하는 것은 물리적 형태가 없는 신과의 상호작용을 다른 인간과의 상호작용과 동일하다고 느끼기 때문일까?

2009년에 신학자, 신경과학자, 인류학자로 구성된 정말 멋진 조합의 연구팀이 인간이 신과 대화를 나눌 때 뇌에서 무슨 일이 벌어지는지 연구했다. 이 연구는 덴마크 루터교를 믿는 일반 신도들을 대상으로 실시되었다. 연구팀은 자원자로 나선 건강한 젊은 남성(6명)과 여성(14명)을 대상으로 뇌 스캔을 하는 동안 각각 30초가량 말로 하는 과제 4건을 수행하도록 했다. 주기도문 암송(말로 하는 형식화된 종교 행위)과 참가자가 고른 동요 부르기(말로 하는 형식화된 세속적 행위), 그리고 개인적으로 기도를 하는 것(말로 하는 즉흥적인 종교 행위)과 산타클로스에게 받고 싶은 선물 말하기(말로 하는 즉흥적인 세속적 행위)였다. 이 네 가지 과제는 무작위로 제시됐다. 종교적인 과제와 세속적인 과제를 비교해서 제도화되고 형식을 갖춘 종교 활동과 제도화되지 않은 사적인 종교 활동의 차이점을 파악하는 것이 이 연구의 목표였다. 동요 부르기와 받고 싶은 크리스마스 선물 말하기는 종교적 행위를 할 때 나타나는 독특한 뇌 활성이 즉흥적으로 또는 형식적인 절차에 따라 무언가를 읊고 암송할 때 나타나는 일반적인 결과와 다른지 확인하는 조건 통제의 기능을 한다. 또한 이 연구는 모든 참가자가 신을 확실하게 믿고 신과의 관계가 상호적임을 믿으며("나는 하느님이 내 기도에 응답하실 것임을 절대적으로 확신한다"라는 문장에 참가자가 답한 동의 수준으로 평가했다) 산타클로스는 존재하지 않는다는 것을 알고 있다(스포일러 주의: 주변에 어린이가 있으면 어서 눈을 가릴 것)는 전제로 진행되었다.

어떤 결과가 나왔을까? 주기도문을 암송하거나 동요를 부르는 형식화된 말하기의 경우 암기나 기억을 떠올리는 기능과 관련된 뇌 영역이 활성화됐다. 가장 놀라운 결과는 참가자가 개인적으로 기도를 할 때와 산타에게 바라는 선물 목록을 이야기할 때, 또는 주기도문을 외울 때 나타난 활성의 차이였다. 개인적으로 기도를 할 때만 내측전전두피질과 측두-두정엽 좌측 접합부, 좌측 측두극 영역, 좌측 쐐기앞소엽이 활성화된 것이다. 왜 이것이 중요한 결과일까? 내측전전두피질, 측두-두정 접합부, 측두극은 사회적 인지 기능과 관련이 있을 뿐만 아니라 다른 사람의 정신 상태를 추측하는 정신화 기능의 기본 토대이고 상호관계와도 관련이 있다. 이 논문의 저자인 우페 슈요트Uffe Schjoedt와 안드레아스 롭스토프Andreas Roepstorff, 아민 기어츠Armin Geertz는 참가자들이 존재한다고 믿는 하느님과 대화를 할 때는 이들이 존재하지 않는다고 생각하는 산타와 소통할 때와는 다른, 사람과 대화를 할 때와 비슷한 양상이 나타난다는 결론을 내렸다. 다른 사람과 온라인 게임을 할 때와 컴퓨터와 온라인 게임을 할 때의 뇌 활성을 비교한 이전의 다른 연구에서 컴퓨터가 아닌 사람과 게임을 할 때 측두-두정엽 좌측 접합부와 내측전전두피질, 좌측 측두극이 활성화되는 것으로 확인됐는데, 이 결과 역시 연구팀의 주장을 뒷받침한다. 다시 말해 기독교인은 신을 고유한 생각과 동기, 욕구를 가진 인간처럼 여기며 신과의 관계도 다른 대인관계와 같은 쌍방향 관계로 생각한다는 것을 알 수 있다.

관계와 투자: 핵심은 시간

기독교인과 하느님의 관계는 애착으로 보인다. 사랑을 할 때 뇌에서 나타나는 특징적인 변화가 똑같이 나타나며 우리가 친구, 가족, 연인과 사회적으로 상호작용을 할 때 활성화되는 뇌 영역이 동일하게 활성화된다. 위에서 설명한 우페 연구진의 실험에 참가했던 젊은 기독교인들은 신에 대한 사랑이 상호적이라 믿고 신과의 대화에 해당하는 사적인 기도가 신과의 관계를 유지하는 중요한 수단임을 명확히 보여주었다. 이 연구 참가자들은 이러한 개인적인 기도를 매주 평균 20번씩 하는 것으로 나타났다. 이 책 앞부분에서 설명한 대로 관계를 유지하려면 상호성을 비롯해 꼭 필요한 요소가 있다. 일방적으로 받으려고만 하거나 상대방에게 충분한 시간을 할애하지 못하면 단시간 내에 그에 따른 결과와 맞닥뜨리게 된다. 이런 점을 고려하여 나는 성직자들과 인터뷰를 하면서 신에게 주는 것은 무엇이고 신으로부터 받는 것은 무엇인지 물었다. 몇 가지 대답을 살펴보자.

> 저는 하느님의 사랑을 받아들입니다. 하느님 자체가 선물이에요. 늘 주기만 하시는 존재이므로 그 사랑을 받아들이는 것이 제가 그분께 드릴 수 있는 가장 큰 것일지도 모릅니다. 하느님이 세상을 만드실 때 저를 생각하셨으니 저는 사랑에서 나온, 사랑의, 사랑을 위한 존재가 되었습니다. 저는 언제나 하느님을 가장 먼저 생각하고 가장 중요하게 생각하고 싶은 열망이 있습니다. 이냐시오의 기도에 이런 구절이 있습니다. "저는 영원토록 당신의 것입니다." ― **니암(가톨릭 수녀)**

저는 하느님이 주신 마음의 평화와 평온함을 느낍니다. 그럼 저는 하느님을 위해 무엇을 할 수 있을까요? 하느님의 뜻에 따라 살 때는 그걸 알기가 굉장히 어렵습니다. 가끔은 나중에 죽어서 제가 하나도 제대로 한 것이 없었다는 사실을 깨닫게 된다면 얼마나 충격적일까, 하는 생각을 합니다. 하느님께 시간을 들이기 위해 노력합니다. 그리고 사람들에게서, 우리가 섬기는 사람들의 모습에서 하느님의 존재를 크게 느낍니다. **– 시어셔(가톨릭 수녀)**

우리는 항상 우리가 예수님의 몸이요 얼굴이라고 이야기합니다. 그래서 성직자로서 주님의 일을 하려고… 사람들에게 주님과 같은 존재가 되려고 노력합니다. 저는 주님으로부터 너무나 많은 것을 받습니다. 받는 게 얼마나 많은지 헤아릴 수가 없을 정도죠. 생각지도 못한 사람들의 도움을 받기도 하고요. 주님께서 제 인생에 그들을 데려오신 겁니다. 그런 일들이 끝도 없이 많습니다. **– 에이미(가톨릭 수녀)**

신과의 관계에서 이러한 상호성은 중요한 부분을 차지한다. 그래서 수녀들은 하루를 마치면서 그날 하루 하느님에게 귀를 기울였는지, 하느님께 응답했는지, 하루 동안 그분을 그리워했는지 '점검'한다. 우리가 세속적인 관계에서 얻는 이점과 일치하는 부분이다.

15분 동안 가만히 앉아서 오늘도 무사히 보낸 것을 하느님께 감사드리고 오늘 어디에서 하느님을 만났는지 알려달라고 요청합니다. 그리고 나타나주신 것에 감사를 드립니다. 제가 주님을 어디에서 만나고 응했나요?

제가 주님을 만나지 않은 곳은 어디인가요? 주님이 저에게 나타나셨는데 제가 받아들였나요, 몰라봤나요? 저는 주님께 이렇게 말합니다. '제가 잘못했습니다. 제게서 멀어지지 않으신다는 것을 압니다. 그러니 내일은 저를 도와주세요.' ─ 니암(가톨릭 수녀)

나와 이야기를 나눈 수녀들은 모두 관계 유지에 시간이 핵심이라는 사실을 잘 알고 있었다. 1장에서 살펴보았듯이, 사회적 네트워크의 규모를 제한하는 요소가 두 가지 있다. 하나는 인지능력이고, 다른 하나는 시간의 가용성이다. 탄탄하고 건강한 관계를 유지하려면 반드시 시간을 들여야 한다. 신앙심이 깊은 사람들에게 시간, 특히 개인적으로 기도하는 시간은 신과의 관계를 유지하는 핵심이 되고 이 시간은 이들의 삶에서 신이 얼마나 중요한 존재인지 알 수 있는 척도가 된다.

의식적으로 주님에게 더 많은 시간을 쏟을수록 제가 얻는 것은 더 많아지는 것이 이 관계의 특징이라고 생각해요. 다른 의무는 다 내려놓고 그저 앉아서 주님과 함께하는 것이죠. 조각가가 만들다 만 조각상을 두고 간 그 자리에서, 그가 돌아와서 다음 단계를 진행하기를 기다리는 것과 같습니다. ─ 아그네스(성공회 수녀)

참석하고 그곳에 머무르는 것, 무언가를 하겠다고 말했다면 충실히 실행하는 것이라고 생각합니다. 그것이 진정한 사랑의 표현이고, 그 열망은 사랑 속에서 더욱 커집니다. ─ 니암(가톨릭 수녀)

신이 선사하는 건강

1장에서 사랑은 인간의 생존에 중요한 요소이며 가장 친밀한 관계를 성공적으로 형성하기 위해 행동, 생리 기능, 신경 기능 등 인체의 모든 메커니즘이 동원되는 생물행동학적 동시성이라는 현상도 발달했다고 설명했다. 혹시 이쯤에서 내가 최신 기술로 신의 존재를 물리적으로 확인하거나 신과의 관계에서도 사랑의 중요한 특징이 혈압계, 시험관, 스캔 장치를 통해 나타나는지 보여주는 연구 결과를 제시하리라 기대했다면, 아쉽게도 그건 아니다. 그렇지만 가장 친밀한 관계와 건강의 관련성에서 나타나는 특징을 살펴보면 생물행동학적 동시성을 간접적으로 확인할 수 있다. 1장에서 우리는 다른 사람들과 친밀하고 건강한 관계를 맺는 사람들은 정신 건강과 신체 건강에 이상이 생길 위험성이 감소하고 수명이 길어지며 삶의 만족도가 높고 질병의 회복 속도가 빠르다는 사실이 탄탄한 근거로 입증되었다는 사실을 함께 살펴보았다. 그렇다면 사회적 네트워크에 신이 포함되어 있는 사람들에서도 그러한 특징이 나타날까?

심리학계는 신앙심이 심리적 건강에 어떤 영향을 미치는지에 대해 한 세기 넘게 관심을 기울여왔다. 심리치료사인 앨버트 엘리스Albert Ellis처럼 신앙심을 충실히 유지하는 것은 비이성적 사고가 제도화된 것이며 정신 건강에 나쁜 영향을 준다고 보는 사람들도 있다. 반대로 카를 융과 같이 종교는 안정을 주므로 불확실한 세상을 살아가는 사람들의 정신 건강에 긍정적인 영향을 미친다고 믿는 사람들도 있다. 최근 20여 년간 이 주제는 실증적 연구로만 다루어졌고, 2000년대 초에 찰스 해크니Charles Hackney와 글렌 샌더스Glenn Sanders가 이 현상에 관한 메타분석을 최초로 진행하기 전까지 관련 연구가 몇 건 진행됐지만 결론은 제각각이었다. 즉 신앙심이 정신 건강에 긍정적인 영향을 준다, 부정적인 영향을 준다, 아무런 영향을 주지 않는다 등. 해크니와 샌더스는 이처럼 연구마다 다른 결과가 나온 것은 신앙심과 정신 건강을 평가하는 척도가 제각각이어서 서로 비교하는 것이 거의 불가능했기 때문이라고 지적했다.

이에 두 사람은 2003년에 신앙심과 일상적인 심리학적 적응성의 관계를 조사한 35건의 연구를 분석하고 그 결과를 발표했다. 분석을 위해 각 연구에서 나타나는 공통적인 종교적 변수를 목록으로 만들어 암호화한 결과, 신앙심을 명확하고 일관성 있는 세 유형으로 분류할 수 있었다. 제도적 종교(교회 활동, 예배에 참여하고 의식 절차에 따라 기도하는 것), 이데올로기적 종교(이데올로기와 믿음을 가장 중시하는 것, 근본주의), 개인적인 헌신(신에게 정서적으로 애착을 느끼는 것, 개인적인 기도, 헌신의 강도)이 그것이다. 그리고 정신 건강 상태를 심리적으로 괴로움(우울, 불안 등), 삶의 만족도(자긍심, 행복 등), 자아실현(정체성 통합, 존재론적 행복 등)으로 분류했다. 먼저 이와 같이 분류를 확실하고 명확하게 정한 다음 본격적인 분석을 진행했다.

분석 결과 신앙심은 심리적 건강에 긍정적인 영향을 주는 것으로 나타났다. 종교가 있으면 정신 건강에 문제가 생길 확률이 줄어든다는 의미다. 신앙심을 세 가지로 분류했을 때 우수한 정신 건강은 제도적 종교와의 관련성이 가장 적었고, 개인적인 헌신이 가장 관련성이 높았다. 이데올로기적 종교는 그 중간이었다. 종교적 사랑에 관한 탐구의 관점에서 의미 있는 결과다. 신과의 '사적인' 관계, 즉 신과 그 신을 믿는 사람 사이에 형성되는 애착이 종교 집단에서 얻을 수 있는 사회적 자본과 같은 요소보다 개인의 심리적 건강에 가장 큰 영향을 준다는 것을 알 수 있기 때문이다. 우리가 다른 사람과 친밀한 관계를 맺을 때 얻는 정신 건강 및 신체 건강의 영향과 비슷한 특징이기도 하다. 종교가 있는 사람이 신과의 관계에서 생겨나는 큰 이점을 누리기 위해서는 의식화된 예배나 기도에 참석하는 것에 그치지 말고 개별적으로 신과 배타적이고 사적인 관계를 맺기 위해 노력해야 한다.

뉴욕 컬럼비아대학교의 임상심리학자들로 구성된 연구팀의 비교문화 연구에서도 우수한 건강과 신앙심의 핵심적인 연결고리 중 하나가 신과의 개인적인 관계, 즉 신을 사랑하고 신의 사랑을 받는 관계라는 사실이 확인됐다. 이 연구팀은 클레이튼 매클린톡Clayton McClintock의 주도로 총 5512명의 참가자(여성의 비율 41퍼센트)로부터 데이터를 수집했다. 참가자는 중국, 인도, 미국 거주자였고 불교 신자는 20퍼센트, 기독교도 21퍼센트, 힌두교도 11퍼센트, 이슬람교 2퍼센트였다. 26퍼센트는 종교가 없고 9퍼센트는 기타로 분류됐다. 이 연구의 목적은 크게 두 가지를 밝히는 것이었다. 첫 번째는 이 세 지역에 거주하는 참가자 중 상당수의 종교인에게서 나타나는 신앙심의 기본적인 특징이다. 연구진은 종교보다는 신앙심에 초점을 맞추고 체계적인 종교 활동에 참여하지 않지만 정신적으로 신을 믿는 사람들이 어떤 경험을 하는지 조사했다. 그리고 부차적으로 신앙이 정신 건강에 큰 영향을 준 부분이 있는지도 확인했다.

신앙심은 문화마다 다르게 나타날 수 있으므로, 매클린톡과 연구팀은 학술 문헌을 샅샅이 뒤져 자가보고 방식으로 신앙심을 측정한 사례를 150건 이상 찾아냈다. 그리고 신앙심 평가에 활용된 중요한 요소를 분석해서 총 14개 문항으로 구성된 설문지를 개발했다. 이 설문과 함께 우울증을 분석하는 PHQ-9, 불안을 분석하는 GAD-7과 같이 참가자들이 자신의 정신 건강을 자가보고할 수 있는 설문조사를 실시했다. 모든 데이터를 수집한 후 탐색적 요인 분석(여러 변수 간의 상호관계를 분석해서 상관성을 파악하는 분석법 – 옮긴이)과 탐색적 구조방정식 모형 분석(구조방정식 모형 분석은 직접 측정하기 어려운 변수 간의 영향 관계를 분석하는 통계 분석 기법이다 – 옮긴이)을 진행한 결과 신앙심의 공통적인 특징은 종교적이고 정신적인 생각과 헌신(지역사회와 생활에 헌신하는 것 포함), 사색 활동(명상, 요가, 묵상기도 등), 상호관계의 통합(대인관계와 삶에서 접하는 다른 형태의 관계를 의식적으로 연계시키는 것), 사랑(자신에 대한 사랑, 신성한 존재를 포함한 다른 이들에 대한 사랑), 이타주의(다른 사람을 돕는 것)로 파악됐다.

이 다섯 가지 요소 모두 우울증과 자살 생각, 알코올 중독과 마약 중독, 범불안장애 등 정신병리학적 문제가 발생할 위험성과 유의미한 관련이 있는 것으로 나타났다. 즉 조사가 실시된 3개국 모두 신앙심의 특징 중 사랑, 상호관계, 이타주의가 클수록 이러한 위험성은 낮아지는 것으로 확인됐다. 이는 자신과 다른 사람들, 신을 사랑하는 사람과 자기 자신을 넘어 세상과 연결되어 있다고 느끼는 사람, 남을 도우며 사는 사람은 정신병리학적인 이상이 생길 확률이 낮다는 의미다. 나머지 두 요소인 헌신, 사색 활동의 경우에도 인도와 미국에서는 이와 같은 음의 상관관계가 나타났지만 중국은 그렇지 않았다.

이 연구에서 명확히 드러난 것은 신에게 느끼는 개인적 애착을 비롯한 신앙심의 사회적 측면이 정신 건강에 큰 영향을 미친다는 사실이다. 교회가 신도에게 제공하는 사회적 자본, 지원, 도움이나 유대감을 느낄 수 있는 사회적 네트워크도 일부 영향을 미치겠지만 매클린톡의 연구 결과는, 그리고 이 연구가 해크니와 샌더스의 연구보다 10년 이상 더 먼저 진행되었다는 사실을 감안할 때 사회적 네트워크에 신의 자리가 마련되어 있고 다른 사람과의 관계와 마찬가지로 신과도 개인적으로 친밀한 관계를 형성하는 것이 중요한 요소가 된다는 것을 보여준다. 매클린톡의 연구에서 신앙심의 특징 중 자신에 대한 사랑과 다른 사람, 신을 향한 사랑이 큰 사람들은 우울증을 겪을 확률이 9~60퍼센트 낮고 자살 생각을 할 가능성은 35~49퍼센트, 범불안장애가 발생할 확률은 23~62퍼센트 감소하는 것으로 나타났다. 더불어 비교문화 방식으로 진행된 이 연구에서는 중국의 경우처럼 이 규칙에 예외가 있을 수 있는 것으로 나타났다. 중국 참가자들의 경우 신앙심의 특징 중 헌신, 사색 활동과 정신 건강에 이상이 생길 위험성 사이에 음의 상관관계가 나타나지 않은 것은 그들의 종교적 환경이 덜 우호적이고 따라서 종교 생활 자체가 스트레스와 두려움의 원천이 될 수 있다는 점이 원인일 가능성이 크다.

유명인사에 대한 숭배

인류학자의 목표는 인간의 경험을 이해하는 것이지만, 사실 나는 신이 정말로 존재하는지를 두고 벌어지는 논쟁에 별로 흥미를 느끼지 않는다. 내가 아는 사실은 종교가 최소 8000년 전부터 인간의 경험으로 존재해왔다는 것이다. 조직적인 숭배에 관한 최초의 인류학적 증거는 기원전 8000년에서 1만년 사이로 추정되는 옛 아나톨리아의 괴베클리 테페라는 사원 유적에서 발견됐다. 종교의 진화적 기원은 이 책의 주제를 벗어나므로, 종교가 세상을 이해하기 위한 한 가지 수단으로 생겨나서 나중에는 사회를 통제하는 수단이 되었을 가능성이 있다는 정도면 충분할 것이다. 종교가, 특히 종교가 다른 것이 끔찍한 테러와 전쟁을 정당화하는 구실이 되었다고 주장하는 사람들도 있을 것이다. 그러나 종교는 많은 사람들에게 힘과 위로를 주고 삶의 규칙과 가치를 제공하며 더 넓은 세상을 이해하는 경로가 되어 궁극적으로는 스트레스를 줄이고 삶을 향상시킨다. 초월적인 존재를 믿지 않는 비종교인들은 신에 대한 사랑이 책에 나오는 인물이나 가수, 배우, 게임 속 가상세계를 살아가는 아바타 같은 상상의 존재나 닿을 수 없는 존재에 대한 사랑과 별로 다르지 않다고 느낄 수도 있다. 하지만 한 번도 만나본 적 없고 앞으로도 만날 가능성이 없는 존재와의 유대감은 누구나 경험한다. 그런 관계를 준사회적 관계para-social relationship라고 하며, 유대감이 일방적이고 상호성이 없다는 점, 상대방은 나의 존재를 알지 못하며 한쪽에서만 시간과 에너지, 감정을 쓰는 것이 준사회적 관계의 특징이다. 24시간 일주일 내내 돌아가는 소셜미디어의 세상에서 이제는 유명인사가 인간의 새로운 신이고 그들을 숭배하는 것이 새로운 종교라고 주장하는 사람들도 있다.

준사회적 사랑

팬으로 사는 게 정말 행복해요. 뭔가 특별한 것을 가진 기분이거든요. 남들은 모르는 보물을 가진 그런 기분이죠. 쉽게 관계를 맺고 함께할 수 있고요. 우정과 비슷해요. 그 사람들은 저를 위해 언제든 거기에 있으니까요. 제 인생에 너무 중요한 부분이라 절대로 잃고 싶지 않아요. — **하모니(영국 걸그룹 리틀믹스 팬)**

나는 로비 윌리엄스가 테이크댓을 탈퇴했다는 소식을 처음 들은 순간을 지금도 기억하고 있다(이렇게 나이 많은 티를 팍팍 내다니). 1995년 7월, 가족과 프랑스에서 휴가를 보내고 돌아오는 배 안에서 그 소식을 들었다. 그가 탈퇴했다는 건 테이크댓도 끝났다는 의미였다. 우리 세대의 제임스 딘과도 같은 존재였던 배우 리버 피닉스가 로스앤젤레스의 바이퍼룸이라는 클럽 바깥에서 약물 과용으로 사망했다는 소식을 들은 순간도 마찬가지로 생생하다. 당시 10대였던 나는 저녁에 내 방에서 TV로 그 소식을 접했다. 로비 윌리엄스의 탈퇴 소식은 이제 한 시대가 끝났구나 하는 약간의 서글픔과 훌륭한 보컬이 사라졌다는 아쉬운 마음이 컸다면, 피닉스의 사망 소식은 진심으로 고통스러웠다. 사춘기 시절의 불안을 대변해주던 사람, 인생이라는 여정을 함께하는 여행자처럼 느껴졌기에 상실감은 몇 주나 지속됐다. 지금도 그때의 감정이 그대로 느껴질 정도다. 이토록 아름답고, 재능 넘치고, 여러모로 힘들어하던 영혼이 우리 곁을 떠나다니? 그때는 한눈에 반한 상대에게 거절당한 기분과 비슷하다고 생각했지만, 수십 년이 지나 돌이켜보면 내가 피닉스에게 느낀 감정은 준사회적 관계에서 비롯된 것이었다. 준사회적 관계에서도 친구나 연인에게 느끼는 것과 같은 감정을 느끼고 그러한 관계에서 얻는 이점이 있다고 주장하는 사람들도 있다.

게일 스티버Gayle Stever 교수는 30여 년간 준사회적 관계를 연구해왔다. 수많은 시간 동안 팬들과 '현장'에서 만나고, 인터뷰하고, 이들이 아이돌에게 보낸 팬레터를 분석하고, 팬들이 모이는 행사에도 참석하고, 팬들이 모으는 광범위한 수집품을 분석했다. 그 결과 스티버 교수는 준사회적 관계를 세 단계로 나눌 수 있으며, 우리가 현실에서 경험하는 관계가 준사회적 관계에도 투영된다는 결론을 내렸다.

첫 번째 종류인 '준사회적 상호작용'은 얼굴 정도만 아는 관계와 비슷한 가장 약한 관계다. 유명인사를 다룬 기사를 읽을 때, 또는 영화를 보거나 소셜미디어를 통한 상호작용이 여기에 해당한다. 감정을 투자하긴 하지만 소셜미디어에서 나가거나 TV를 끄면 상호작용도 끝이 난다. 내가 인스타그램에서 접하는 대부분의 유명인사와의 관계가 여기에 해당하는 것 같다. 보고 있을 때는 재미있고 특히 남 일에 참견하기 좋아하는 내 성향을 충족하기에도 아주 좋지만 그 정도가 전부다.

두 번째 종류는 '준사회적 관계'다. 내가 리버 피닉스에게 느낀 감정도 이 관계라고 생각한다. 유명인사에 관한 기사를 읽고 있거나 소셜미디어로 살펴보지 않을 때도 그 사람을 계속 떠올리는 것이 준사회적 관계다. 피닉스가 사망한 후 나는 관련 소식을 모조리 찾아서 다 읽었고 그 후로도 상실감과 슬픔을 떨치지 못했다.

세 번째 종류는 사랑의 감정이 끼어드는 '준사회적 애착'이다. 이 경우 애착관계의 모든 특징이 나타난다. 유명인사와 가까이 있고 싶은 열망에 사로잡히고, 상대를 안전한 도피처이자 힘을 주는 원천이라 여기며 그 사람에 관한 소식을 듣지 못하거나 접촉할 방법이 사라지면 절망한다.

열성팬의 생활

저는 따돌림을 당했을 때 리틀믹스 팬이 됐어요. 유대감을 느꼈고, 그건 정말 특별한 경험이었어요. 여성의 권리나 내 몸을 사랑하라는 내용의 노래를 들으면서 강렬한 인상을 받았어요. 내가 나다운 사람으로 살 수 있고, 이들에게 내가 이해받는다고 느꼈어요. 누구의 평가도 받지 않는 피난처이기도 했고요. - 하모니

준사회적 관계는 인생의 어느 시점에든 형성될 수 있다. 보통 초등학교에 들어가기 전에는 만화 캐릭터에 애착을 느끼고, 이는 대인관계와 계속해서 발달 중인 정체성, 친사회적 행동을 처음으로 탐구하는 데 도움이 될 수 있다. 청소년이 되면 대부분 '홀딱 반하는' 상대가 생긴다. 그 대상과의 관계는 사랑과 자신의 성적 취향을 안전하게 탐구하면서 자신이 바라는 미래의 연인이 어떤 모

습인지 깨닫는 중요한 역할을 한다. 또한 발달 과정에 꼭 필요하지만 다른 곳에서는 얻지 못할 수도 있는 도움을 얻기도 한다. 청소년기는 애착의 대상이 부모에서 또래 친구로 옮겨가는 중대한 시기다. 미국의 10대 청소년은 하루 평균 9시간을 다양한 형태의 미디어에 쓰고 있으므로 유명인사에게 애착을 느낄 가능성도 상당히 크다. 특히 함께 어울릴 또래 집단을 아직 찾지 못했거나 성장하면서 자신에게 어떤 면들이 있는지 함께 탐색할 또래 친구를 찾기 어려운 청소년에게는 준사회적 관계가 사회적 네트워크 형성에 중요한 역할을 한다.

미국 샌디에이고대학교의 브래들리 본드Bradley Bond는 2018년에 발표한 논문에서 준사회적 관계가 이성애자, 여성 또는 남성 동성애자, 양성애자 청소년의 삶에 어떤 역할을 하는지에 관한 연구 결과를 소개했다. 이 연구에서 본드는 중·고등학생 중 이성애자 321명(여성 74퍼센트)과 여성 동성애자·남성 동성애자·양성애자 106명(여성 60퍼센트)을 모집하고 좋아하는 유명인사와 그 유명인사와의 관계에 대해 묻는 설문조사를 진행했다. 설문지에는 좋아하는 유명인사에게 느끼는 준사회적 관계의 강도, 다양한 종류의 미디어 활용 빈도, 자신과 그 유명인사의 비슷한 점, 매력을 느끼는 이유, 부모님·가장 친한 친구·선생님 등 다른 사람들과 비교할 때 그 유명인사로부터 안내나 조언, 정보를 얻게 될 가능성이 얼마나 된다고 생각하는지에 관한 질문이 포함되었다.

조사 결과 응답자의 성적 취향과 상관없이 좋아하는 유명인사는 대부분 TV나 영화에 나온 스타인 것으로 밝혀졌다. 특히 배우 제니퍼 로렌스를 좋아한다는 응답이 가장 많았다. 취향이 갈리는 부분도 있었다. 이성애자 청소년들이 가장 좋아하는 연예인 5명은 제니퍼 로렌스와 함께 테일러 스위프트, 해리 스타일스, 시트콤 〈빅뱅 이론〉에 나온 셸던 쿠퍼, 마일리 사이러스인 반면 동성애자와 양성애자 청소년들은 다이빙 선수인 톰 데일리, 드라마 〈닥터 후〉에 등장하는 캐릭터인 '닥터', 드라마 〈퀴어 애즈 포크〉에 출연한 배우 랜디 해리슨, 드라마 〈슈퍼내추럴〉에 출연한 배우 딘 윈체스터를 꼽았다. 동성애자와 양성애자 청소년들은 이성애자인 청소년보다 유명인사의 성별과 상관없이 동성애자나 양성애자인 연예인을 좋아하는 경우가 훨씬 더 많았다. 현실에서 동성애자나 양성애자인 또래 친구들을 많이 접하지 못한 경우 그러한 유명인사와 준사회적 관계를 형성할 확률도 높아지는 것으로 볼 때, 이 관계가 그들의 사회성과 발달에 꼭 필요한 부분을 채워주는 역할을 한다는 사실을 알 수 있다. 더불어 동성애자나 양성애자인 청소년들은 이성애자인 청소년들과 달리 자신이 좋아하는 연예인을 믿고 의지할 수 있는 대상으로 여겼다. 브래들리는 동성애자나 양성애자인 청소년들이 그러한 성적 취향을 가진 유명인사와의 준사회적 관계에 의존하는 것은 이들이 안전한 환경에서 정체성을 찾는 데 도움이 되며 특히 현실에서 도움을 받거나 정보를 얻지 못하는 경우 더욱 의존하게 된다는 결론을 내렸다. 유명인사와의 관계가 피난처가 되는 것이다.

그렇다면 준사회적 관계가 성인기까지 이어지면 어떻게 될까? 아주 최근까지만 해도 어른이 누군가의 '열성팬'이 되는 것은 정신병리학적으로 무슨 문제가 있거나 애착 장애가 있는 것으로 여겨졌다. 현실에서 결핍된 사회적 네트워크를 직접 닿을 수 없는 유명인사로 채우려 한다는 것이다. 더 나쁘게는 스토킹의 경계를 아슬아슬하게 넘나드는 집착 행동으로 여겨지기도 했다. 그러나 2017년에 게일 스티버는 진화 이론을 토대로 새로운 관점을 제시했다. 성인 열성팬 중에는 정신병리학적 문제가 있는 사람들이 포함되어 있을 것이라는 생각과 달리 정신 건강에 문제가 없는 사람의 비율이 무려 80퍼센트이고, 오히려 유명인사에게 느끼는 유대감이 긍정적인 영향을 주는 것으로 보인다는 내용이었다. 스티버는 기존의 추정과 다르게 성인 팬들 중에 유명인사와 애착을 형성하는 것으로 개인의 사회적 삶에서 부족한 부분을 채우는 사람은 거의 없다고 밝혔다. 이들의 준사회적 애착은 가까운 친구들과의 관계처럼 사회적 네트워크를 보완할 뿐, 일상생활에서 부족한 유대감을 보상하는 역할을 하지는 않는다는 것이다. 또한 스티버는 30년 가까이 추적 조사를 실시한 결과 성인 열성팬 대다수가 커리어를 성공적으로 잘 일구고 가족 관계도 원만하다는 사실을 입증했다. 비정상적이거나 예외적인 상황에 처한 사람들이 아니라 사회에서 맡은 역할을 다하고 성공적으로 살아가는 사람들로 확인된 것이다.

과거에 준사회적 관계를 연구했던 학자들은 성인 열성팬을 심각한 문제로 보았는데 왜 이렇게 다른 결과가 나왔을까? 인간의 진화 속도는 느리다는 것, 그리고 미디어와 유명인사가 우리의 삶에 등장한 시점이 비교적 최근이라는 사실에서 답을 찾을 수 있다. 영화가 발명된 시기는 20세기 초반이지만 대중은 1950년대에 텔레비전이 널리 보급된 이후에야 영화를 일상적으로 접할 수 있게 되었다. 그때부터 유명인사를 보거나 그 사람들에 관해 이야기하고 소식을 접할 수 있는 수단이 계속 늘어났고 이제는 24시간 내내 유명인사의 소식을 듣고 있다. 그러나 호모 사피엔스는 25만 년 전에 등장했고 그때부터 지금까지 인간이 진화해온 속도와 비교하면 이 변화는 극히 찰나에 지나지 않는다. 그래서 인간의 뇌는 실제로 눈앞에 있는 사람과 화면에 등장하는 사람의 차이점을 완전히 인지할 수 있을 만큼 빠르게 진화하지 못했고, 그 결과 화면에 나오는 사람을 실제로 보는 사람과 같은 방식으로 평가하고 관계를 맺는다. 사랑에 빠지는 것도 마찬가지다. 게다가 사랑에 빠질 때는 상대를 매력적이라고 느끼는 여러 요소가 영향을 주는데, 이 점에서 유명인사는 완벽한 조건에 해당한다. 대체로 매력적인 데다 자원도 풍부하고, 팬들을 대하는 방식도 호감 가는 친구나 연인, 믿고 의지할 수 있는 가족과 같은 존재로 느끼게 하므로 과거 어느 때보다 팬들의 삶에 중요한 존재가 되었다. 예를 들어 '마더 몬스터'로도 불리는 레이디 가가는 자신의 팬들을 '리틀 몬스터'라고 부를 뿐만 아니라 이 이름을 몸에 문신으로도 새겼다. 스티버의 말을 빌리자면, "방송에 나온 사람을 친근하게 여기고 유대감을 느끼는 경향은 비정상적이거나 병리학적 문제의 가능성을 암시하기보다는 반복적으로 접하면서 익숙해진 사람의 얼굴, 목소리, 개성에 유대감을 느끼도록 진화해온 인간의 자연스러운 능력에서 비롯된 결과다. 실제로 인간은 이러한 적응 행동을 통해 안전을 확인하고 생식 활동을 해왔다." 이러한 유대감에서 얻는 안전함과 확신, 든든함, 심지어 자신의 존재를 확인받는 기분은 실제 세상에 더욱 강인하게 대처할 수 있는 힘이 된다. 우리는 좋아하는 유명인사를 친구나 연인을 선택할 때와 동일한 방법으로 선택한다. 브래들리 본

드는 남성 동성애자와 여성 동성애자, 양성애자, 그리고 이성애자 청소년의 준사회적 관계에 관한 논문에서 청소년이 자신이 좋아하는 유명인사와 많이 접촉하고 끌리는 감정이 강할수록, 그리고 서로 비슷한 점이 많을수록 준사회적 애착도 더욱 강하게 형성되며 이러한 애착은 원만한 대인관계를 형성하는 데 꼭 필요한 전제조건이 된다고 밝혔다.

제시가 팀에서 탈퇴한다는 소식을 들었을 때 가슴이 무너지는 기분이었어요. 제가 정말 아끼는 사람을 잃는 것 같았거든요. 마음이 너무 힘들었죠. 처음 사귄 사람과 헤어졌을 때와 비슷하다고 느껴질 만큼 생생한 감정이었어요. 마음이 정말 아팠습니다. 너무 갑작스러운 일이었어요. 얼마 전까지 분명 그 자리에 있었는데 갑자기 사라진 것 같았죠. 이제 제시를 영원히 못 보거나 제시가 소셜미디어도 다 접고 완전히 사라질까 봐 두려워요. - 하모니

준사회적 관계의 바탕이 사랑인지 판단할 수 있는 근거는 아직 충분히 밝혀지지 않았지만, 이 관계가 많은 사람들의 사회적 네트워크에서 중요한 요소이며 준사회적 관계에서도 애착의 특성이 나타난다는 건 분명한 사실이다. 유명인사는 누군가의 안식처이자 든든한 보호막이 될 수 있고, 힘들 때 힘이 되어주거나 조언을 제공해주는 존재가 될 수 있다. 실제 생활에 그런 존재가 없는 경우에는 더더욱 그와 같은 역할을 할 수 있다. 소셜미디어의 등장으로 유명인사와의 거리가 좁혀지고 팬이 쓴 댓글에 직접 '좋아요'를 누르거나 팬을 '팔로우'하는 등 팬과 유명인사가 실제로 연결될 가능

성이 높아지면서 좋아하는 사람과 그 어느 때보다도 수월하게 가까이 지낼 수 있게 되었다. 신이나 유명인사와의 관계에서 애착이 형성되는 방식을 보면, 인간은 직접 닿을 수 없고 심지어 눈으로 볼 수 없는 존재와도 연결되려는 열망을 끊임없이 갖고 있음을 알 수 있다. 나는 현실과는 거리가 먼 상황에서도 이와 같이 사랑을 할 수 있는 능력이 인간의 사랑을 훨씬 더 강하게 만든다고 생각한다. 인간이 삶에서 찾아내는 사랑의 가능성은 경이로울 정도다.

지금까지는 전체적으로 사랑의 긍정적인 면을 볼 수 있는 관계를 살펴보았다. 건강한 사랑은 놀라울 정도로 유익하다. 우리가 너무나 다양한 방식으로 직접 볼 수도 없는 존재를 비롯한 다양한 존재와 사랑을 경험할 수 있다는 것은 정말 행운이다. 그러나 2장에서 설명한 대로 사랑에는 물리적·심리적 중독성이 있고, 모든 중독이 그렇듯이 이 중독에도 어두운 면이 있다. 사랑은 인간이 하는 모든 경험의 중심이 되고 건강과 행복, 생존이 궁극적으로는 사랑에 좌우되는 만큼 의존성이 착취, 강압, 학대의 출발점이 될 가능성도 존재한다. 사랑이란 무엇인가? 사랑은 통제다.

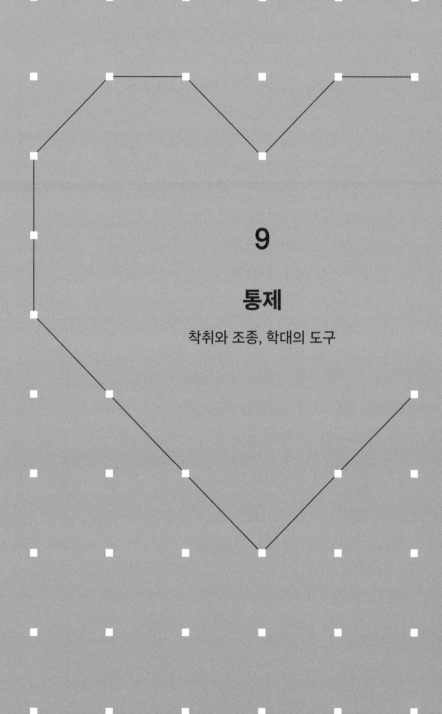

9

통제

착취와 조종, 학대의 도구

올 초 미국 여러 지역에서 조직적인 돈세탁 범죄에 가담한 사람들 10명이 체포되어 기소됐다. 이 사건의 희한한 점은 맨 처음 돈이 나온 출처였다. 물품이나 마약의 불법 판매나 밀매가 아닌, 이들과 연인 관계라고 생각한 여성들이 모르고 제공한 현금이 그 출처로 드러났다.

– 〈포브스〉, 2009년 11월 25일

사랑은 궁극적으로 통제와 관련이 있다. 인간은 연인이나 자녀와 함께 있으면 몸에서 보상을 느끼는 화학물질이 분비되어 마치 뇌물처럼 그들 곁에 계속 머물고, 협력하고, 종의 존속을 위해 투자하도록 진화했다. 이러한 통제는 무해하다. 통제를 받고 있다는 사실조차 거의 인식하지 못하고 대체로 건강과 전반적인 행복에 긍정적인 영향을 준다. 그렇다고 해서 통제가 아닌 것은 아니다. 이러한 뇌의 화학물질은 중독성이 있고, 여기에 다른 사람과 물리적으로나 정신적으로 유대를 형성하려는 인간의 심리적 취약성이 더해지면서 실제로 사랑이 착취와 조종, 학대의 도구로 이용되기도 한다. 인간의 사랑과 다른 동물이 경험하는 사랑의 차이점은 인간은 사랑을 조종과 통제에 활용할 수 있고 때때로 정말 그 목적으로 이용한다는 것이다. 이번 장을 열면서 소개한 A. J. 델린저 기자의 〈포브스〉 기사 발췌 내용에도 사랑을 갈구하는 인간의 특징이 누군가에게는 돈을 뜯어내거나 마약 밀매, 훔친 물품을 처리하는 수단으로 활용되거나 확실한 강탈 방법이 될 수 있음을 보여준다. 피해 규모가 작은 것도 아니다. 위의 기사에 나온 사건의 피해자들이 건넨 돈은 모두 합쳐 110만 달러 이상이었고 그중 한 피해자는 안타깝게도 50만 달러가 넘는 현찰과 선물을 가짜 연인에게 제공했다. 2019년에만 미국에서 사랑을 이용한 사기 범죄 피해액이 2억 100만 달러에 이르렀다. 2018년 대비 40퍼센트 증가한 규모다. 이 사기꾼들은 데이트 사이트에 프로필과 사진을 허위로 등록하고 다이렉트 메시지를 보내는 방식으로 접근해서 상대가 서로 연인이 되었다고 착각하게 만든다. 그리고 사랑을 약속하면서도 직접 만나지는 않고 갈수록 더 많은 돈을 요구한다. 앤이라는 가명의 피해자는 스탠이라는 남자와 사귄다고 생각했고, 그가 '똑똑하고 영리하며 정직한' 남자라고 판단했다. 앤은 스탠이 "당신은 나의 환상이자 사랑, 꿈"이라고 말하며 20만 달러를 요구하자 그동안 저축해둔 돈과 연금의 절반뿐만 아니라 대출까지 받아서 건넸다고 털어놓았다. 이제 앤에게 사랑은 긍정적인 경험이 되긴 힘들 것이다.

사랑이 인생에서 가장 위대하고 강렬한 경험이라는 점에는 이견이 없다. 이번 장에서는 이 사랑이 어떻게 우리에게 불리하게 활용될 수 있는지 살펴본다. 또한 사랑이 때로는 본능적인 생존 욕구와 정반대되는 결과를 초래하고, 자신에게 부정적인 행위를 한 상대와도 계속해서 관계를 유지하게 만들 수도 있다는 사실을 설명한다. 더불어 질투심과 '어둠의 3요소'라 불리는 성격 특성, 이런 성격에 해당하는 사람들이 상대와의 관계를 유지하기 위해 활용하는 명백히 부정적인 기술을 함께 살펴본다. 그리고 파트너가 일상적으로 폭력을 가하는 경우 사랑이 이러한 관계에 어떤 영향을 미치는지, 객관적인 관점에서 대다수가 불쾌함을 느끼는 리더가 어떻게 열렬한 지지자들의 성원을 받으며 장기간 권력을 쥘 수 있는지도 알아본다. 수 세기 전부터 시작된 사랑의 묘약에 대한 갈망, 상대방의 사랑을 얻고 그 사랑을 유지하기 위해 일반적인 방식으로는 예측하기 힘든 것들까지 통제하는 방법을 찾으려는 열망에 관해서도 설명한다. 과거에는 사랑을 이뤄준다는 이러한 약이 로맨틱한 환상으로만 여겨졌지만 오늘날에는 사랑을 이용하는 도구가 될 가능성이 높아졌다. 하지만 정말로 루비콘강을 건너 그 약을 손에 넣어야 할까?

질투의 해부

시와 희곡 등 위대한 고전 문학들은 사랑이 증오로 바뀌는 상황을 묘사하곤 합니다. 사랑과 증오는 동전의 양면과 같아요. 굉장히 강력한 감정이고, 어느 쪽으로든 뒤집힐 수 있습니다. 사랑에 소유와 갈망이 포함되어 있다면, 얼마든지 파괴적인 감정이 될 수 있습니다. — 스티브

사람들에게 사랑의 부정적인 면을 꼽아보라고 하면 아마도 질투심을 가장 많이 언급할 것이다. 인간의 다른 모든 감정과 마찬가지로 질투심도 생존을 촉진하기 위해 발달한 감정이다. 강렬하고 때로는 공격적이기도 한 이 감정은 짝을 지키고 사랑의 라이벌이 아닌 자신의 유전자를 다음 세대로 전달하겠다는 욕구를 일으킨다. 인간의 질투심은 세 단계로 존재한다. 분노와 두려움, 슬픔이 가장 큰 비중을 차지하는 정서적 질투, 비난과 나와 라이벌을 비교하는 생각, 복수 계획을 떠올리는 인지적 질투, 그리고 고함을 지르거나 따지고 조사하고 거리를 두고 라이벌과 맞서는 행동적 질투다. 질투심은 누구나 경험한다. 가장 친한 친구가 다른 친구와 학교 운동장에서 노는 모습을 봤을 때, 파티에서 연인이 다른 사람과 좀 과하다 싶을 만큼 신나게 대화를 나누는 모습을 봤을 때, 때로는 아이가 엄마나 아빠 중에 한쪽을 더 좋아할 때도 질투심을 느낀다. 우리는 질투심을 느낄 때 배신을 당했다고 여기며, 이러한 감정에 어떻게 반응하느냐는 성별과 대인관계에서 형성하는 애착의 방식의 영향을 받는다. 질투심에 점점 더 사로잡힐 수도 있고, 관계를 유지하기 위해 더 애를 쓰는 경우도 있다.

데이비드 버스 교수는 인간의 짝짓기 행동에서 나타나는 인류학적 특성을 연구한 선구자 중 한 명이다. 그가 37개 문화권에서 진행한 혁신적인 연구 결과를 보면, 2장에서도 다룬 짝짓기 행동의 성별 차이는 보편적인 특징이며 사랑은 태어난 곳이나 사는 지

역과 상관없이 일관성이 있음을 알 수 있다. 버스 교수는《욕망의 진화》라는 저서에서 장 하나를 통째로 할애하여 연인 관계가 지속되는 메커니즘을 설명했는데, 여기에 질투심에 관한 내용도 포함되어 있다. 그가 몇 년간 연구한 주제는 질투심 연구에서 반복적으로 발견된 한 가지 특성으로, 성별에 따른 질투심의 극명한 차이가 바로 그것이다. 남성과 여성이 경험하는 질투심의 강도는 동일하지만 질투 반응을 촉발하는 '요소'는 다르다. 남성의 경우 성적인 부정에 가장 극단적인 반응을 보이는 반면, 여성은 정서적 부정에 가장 큰 질투심을 느낀다.

버스 교수의 저서에는 이 현상을 연구하면서 발견한 놀라운 사실로 가득한데, 대부분 정식으로 발표되지 않은 내용이다. 한 연구에서는 남녀 대학생 511명을 대상으로 성적 질투심과 정서적 질투심을 느낄 때 어떤 반응을 보이는지 조사했다. 이를 위해 버스 교수는 두 가지 시나리오를 학생들에게 제시했다. 하나는 파트너가 다른 사람과 성관계를 맺은 상황이고, 다른 하나는 파트너가 다른 사람과 정서적으로 깊은 애착을 형성한 상황이었다. 결과는 명확했다. 여학생의 83퍼센트가 정서적 부정에 관한 시나리오에 질투심을 느낀다고 답했고 이들에게는 정서적 배신이 가장 큰 촉발 요소인 것으로 나타났다. 반면 이 시나리오에 분노를 느낀다고 응답한 남학생의 비율은 여학생의 절반에도 못 미치는 40퍼센트에 그쳤다. 또한 남학생의 60퍼센트가 성적 부정에 관한 시나리오에 더 큰 질투심을 느낀다고 답한 반면, 여학생 중 이 시나리오에 질투심을 더 많이 느낀다고 답한 비율은 17퍼센트였다.

질투는 전신으로 경험하는 감정이다. 실제로 질투심을 느낄 때 메스꺼움, 손발 떨림, 두통, 얼굴이 붉어지는 현상(인간은 '뭔가 해야겠다'는 의욕을 느낄 때 이러한 반응이 나타나도록 진화했다)을 동반하는 경우가 많다. 그런데 생리학적 반응을 가장 강력하게 일으키는 부정의 종류에도 성별의 차이가 있다.

버스 교수의 연구팀은 남녀 60명을 모집하고 찡그리는 반응을 측정하기 위해 참가자들의 이마에 전극을 붙이고 검지와 중지에 붙인 전극으로는 땀 흘리는 반응을, 엄지에 붙인 전극으로는 심장 박동 수를 측정했다. 그런 다음 앞서 소개한 연구와 마찬가지로 성적 부정과 정서적 부정행위에 관한 두 가지 시나리오를 제시하고 신체 반응 데이터를 기록했다. 그 결과 남성 참가자는 성적 부정에 관한 시나리오를 볼 때 생리학적으로 가장 불편한 반응을 나타냈다. 이 시나리오를 접했을 때 심장 박동 수가 분당 평균 5회 증가했는데, 이는 커피 세 잔을 단시간에 연달아 마실 때 나타나는 변화와 비슷한 수준이다. 땀을 측정한 피부 전도도의 경우, 정서적 부정에 관한 시나리오가 제시됐을 때는 기준선에서 변화가 없었으나 성적 부정 시나리오가 제시되자 1.5마이크로지멘스가 증가했다. 얼굴 찡그림도 정서적 부정 시나리오에는 1.16마이크로볼트 단위의 수축이 일어난 것으로 측정되었으나, 성적 부정 시나리오에는 이 수치가 7.75마이크로볼트로 늘어났다. 성적 부정행위에는 동요하면서도 정서적 부정행위에는 거의 자극을 받지 않는다는 사실을 보여주는 결과다. 여성 참가자는 이와 반대로 정서적 부정 시나리오에 생리학적으로 가장 괴로워하는 반응을 보였다. 정서적 부정 시나리오가 제시되자 얼굴 찡그림을 측정한 결과에서 8.12마이크로볼트에 해당하는 수축이 일어난 반면, 성적 부정 시나리오에는 이 수치가 3.03마이크로볼트에 그쳤다.

왜 이런 차이가 나타날까? 질투는 번식을 위해 맺는 관계의 안정성이 위협을 받을 때 나타나도록 진화한 반응이다. 유전자를 다음 세대로 무사히 전달하는 데 방해가 될 수 있는 요소와 보유한 자원은 성별에 따라 다르므로 질투 반응을 촉발하는 요소도 달라진다. 남성의 번식 성공에 가장 큰 위협은 여태 투자한 아이가 자기 아이가 아닐 가능성이다. 그래서 성적 부정을 가장 큰 위협으로 느끼며, 그러한 상황에서 강력한 질투 반응을 보인다. 반대로 여성의 성공적인 번식에 가장 큰 위협이 되는 것은 아이의 생존에 반드시 필요한 자원을 잃는 것이고, 정서적 부정이 발생하면 연인이 제공하는 식량과 보호막을 완전히 잃거나 다른 사람과 나눠야 할 위험이 생기므로 가장 강력한 질투 반응이 나타난다.

사랑은 질투와 같은 아주 불쾌한 감정을 많이 일으키는 것 같아요. 질투는 너무나 파괴적인 사랑의 형태이고, 사랑하는 사람의 모든 것을 갖고 싶은데 그럴 수 없을 때 시작되는 경향이 있습니다. 그런 감정을 느끼면서 상대가 다른 사람과 아예 대화를 못하게 만들거나 다른 사람에게 호감을 갖지 못하게 만들 수는 없다는 중요한 사실을 깨닫게 되죠. **— 케이트**

질투가 생기면 그에 따르는 감정이나 생각, 행동 중 하나로 인해 세 가지 결과 중 하나가 초래된다. 라이벌을 차단하거나, 상대가 배신하지 못하게 하거나, 실패한 관계를 정리하고 다른 관계를 새로 시작하는 것이다. 이 가운데 어떤 길을 택하느냐는 연애를 하면서 형성된 애착의 종류에 따라 달라진다. 2017년 튀르키예에서 오야 귀츨뤼Oya Güçlü가 이끄는 연구팀은 젠더와 애착관계가 질투심을 표현하는 방식에 어떤 영향을 미치는지 분석한 결과를 '애정 관계의 질투와 애착 방식에서 나타나는 젠더의 차이'라는 제목의 논문으로 발표했다. 이들은 부부 상담을 신청한 86쌍의 이성애자 부부를 대상으로 연구를 진행했다. 연구팀은 이들에게 상담사와 대화를 나누기 전에 연구에 참여할 의사가 있는지 물어보고 참가 의향이 있다고 답한 사람들에게 세 가지 설문지를 작성해달라고 요청했다. 하나는 인구통계 정보를 얻기 위한 설문지였고, 다른 하나는 애정 관계에서의 질투심에 관한 내용이었다. 그리고 나머지 하나는 성인기 애착을 평가하는 설문지였다. 애정 관계의 질투심 평가에 사용된 '연애 질투심 설문지'는 성적 부정과 정서적 부정 시나리오를 제시하고 질투심을 총 다섯 가지 하위 척도로 평가한다. 질투심의 수준, 질투할 때 나타나는 (정서적·인지적·행동적) 반응, 질투심을 이겨내는 방법, 질투의 영향, 그리고 질투를 느끼는 이유가 그것이다.

귀츨뤼 연구팀은 여성은 남성보다 정서적 질투와 인지적 질투를 더 많이 느끼며, 행동적 질투에는 사회적 성별의 차이가 없는 것으로 볼 때 여성이 의식적으로 질투의 표현을 자제한다는 의미라고 설명했다. 질투심을 이겨내는 방식은 네 가지로 나타났다. 떠나겠다는 위협을 포함한 이별, 상황이 개선되기를 능동적으로 또는 수동적으로 바라며 관계를 충실히 지키는 것, 알아서 결말이 나도록 능동적으로 또는 수동적으로 내버려두는 무시, 그리고 관계를 지키기 위해 적극적으로 대화를 시도하는 것이다. 질투를 극복하기 위한 이 네 가지 메커니즘의 비중은 남성과 여성에서 동일한 경향이 나타났으나 여성은 충실함, 즉 관계를 유지하려는 경향이 남성보다 더 컸다. 이전에 다른 여러 연구에서 불륜과 질투심을 겪을 때 여성이 남성보다 더 건설적인 극복 메커니즘을 활용하는 경향이 있다고 확인된 것과 일치하는 결과다.

> 애착 방식이 건강하지 않거나 이기적인 사람들은 의도하지 않았다고 해도, 무의식적으로 사랑하는 사람에게 굉장히 불친절해질 수 있다고 생각합니다. 전 그런 걸 사랑이라고 할 수 있는지 잘 모르겠어요. 그건 건강한 사랑이 아니잖아요. − 조

마지막으로 중요한 의문이 남았다. 애착의 종류에 따라 질투가 더 커질 수도 있을까? 과거에 실시된 여러 연구에서 애착관계의 밑바탕에 불안이 깔린 사람은 회피형 애착관계인 사람보다 정서적 질투와 행동적 질투가 더 크게 나타나며 화를 더 많이 표출하고 상대방을 통제하려는 행동을 더 많이 하는 경향이 있다는 결과가 나왔다. 회피형 애착의 경우 인지적 질투가 가장 크게 나타났다. 앞에서 불안 애착을 형성하는 사람들은 자신이 버려질 수 있다는 불안감을 크게 느낀다고 설명한 내용을 기억할 것이다. 귀즐뤼 연구팀은 불안 애착만 질투심의 표현에 영향을 주는 것으로 보이며 이러한 애착관계를 맺는 사람들은 질투의 세 가지 측면이 모두 강하게 나타나 강박적인 사고, 분노, 통제하려는 행동을 보이는 경향이 있다고 설명했다. 반면 안정형 애착관계를 형성하는 사람들은 유일하게 질투의 긍정적인 영향을 경험하는 것으로 나타났다. 즉 질투심을 느낄 때 발생하는 정서적 반응과 인지적 반응을 활용

하여 문제를 해결하고 관계를 장기적으로 유지할 수 있는 행동을 보였다. 질투는 부정적인 감정으로만 여겨지기 쉽지만, 이는 극단적인 결과가 발생하지 않도록 잘 조절한다면 질투가 진화의 의도대로 관계를 유지하는 긍정적이고 효과적인 수단이 될 수 있음을 보여준다. 하지만 이런 의문이 생긴다. 질투가 통제 가능한 범위를 벗어나면 어떻게 될까?

어둠의 3요소

사랑하는 사람이 나와 같은 마음이 아닐 때, 사랑은 나빠질 수 있어요. 제 경험상 그럴 때 상대가 나를 사랑하게 만들려고 과도하게 애쓸 수 있고, 그러다 보면 몸과 마음이 망가질 수도 있어요. 상대가 내가 바라는 만큼 사랑을 줄 능력이 부족하고, 나름 타협해서 하는 행동이 내게는 해가 되는데도 그냥 받아들이는 경우도 있고요. ─ 스텔라

지금부터는 어둠의 3요소에 관해 설명하려고 한다. 마키아벨리즘, 사이코패스, 나르시시즘, 이 세 가지는 질투를 비롯해 연인 관계를 유지하기 위한 행동에 지대한 영향을 미친다고 여겨지는 성격 특성이다. 이 중 최소 한 가지에 해당하는 사람은 관계를 유지하기 위한 전략으로 상대에게 이로운 방식보다는 폭력, 조종, 공격 등 상대를 희생시키는 방식을 더 많이 활용한다. 이들은 공통적으로 냉담함, 남을 조종하고 착취하려는 경향, 남을 희생시켜 이익을 보려는 경향이 있다. 《군주론》의 저자인 마키아벨리의 이름을

딴 마키아벨리즘에 해당하는 사람은 공감 능력이 부족하지만 뛰어난 정신화 능력을 활용하여 자신이 원하는 것을 얻기 위해 다른 사람의 감정과 행동을 조종한다. 사이코패스는 공감 능력이 부족한 것까진 동일하지만 반사회적 행동과 남을 조종하는 경향이 나타나며 재미를 위해 다른 사람의 감정을 갖고 노는 경향이 있다. 나르시시즘은 극단적인 자기애를 가진 사람들로, 이들은 철저히 자기중심적이며 자신의 가치를 높이기 위해 남을 얕본다. 하나같이 파트너로서는 최악이라는 생각이 들지만, 남을 희생시키는 이러한 사람들이 지금까지 존속한 것을 보면 당사자에게는 유리한 생존 전략임을 알 수 있다. 자신의 이익을 지키는 데는 놀라울 정도로 뛰어난 사람들이다.

2018년에 심리학자인 라지에 체게니Razieh Chegeni와 로샤낙 코다바크시 피르칼라니Roshanak Khodabakhsh Pirkalani, 골람레자 데쉬리Gholamreza Dehshiri는 이란인을 대상으로 어둠의 3요소가 짝을 유지하기 위한 행동 중 상대에게 이로운 행동과 해가 되는 행동의 활용에 어떤 영향을 주는지 조사했다. 어둠의 3요소에 해당하는 성격 특성을 가진 사람은 상대를 강압적으로 대하고 학대할 가능성이 정말로 높을까? 상대에게 이로운 짝 유지 행동이란 관계의 만족도를 높이는 행동을 의미한다. 예를 들어 선물을 주거나 자신을 희생하면서 상대를 도와주는 것이다. 반대로 상대에게 해가 되는 짝 유지 행동은 심리적·정서적·생리학적 희생을 유발하는 행동을 가리킨다. 물리적 해를 입히는 것과 더불어 심리적 지배(가스라이팅)처럼 정신적인 피해를 입히는 것도 해당된다.

체게니 연구진이 모집한 참가자는 총 205명으로, 여성이 54퍼센트였고 평균 연령은 32세, 결혼 기간은 평균 6년 반이었다. 연구진은 이들에게 자가보고 형식의 설문지 두 건을 제시했다. 첫 번째는 데이비드 버스가 개발한 '짝 유지 행동 조사'(단문식)로, 38개 질문을 통해 19가지 짝 유지 기술을 평가하는 설문지다. 참가자들은 이 설문을 통해 지난 한 해 동안 자신이 했던 특정 행동의 빈도를 보고했다. 이 설문지에는 예를 들어 "파트너의 개인 소지품을 몰래 본 적이 있다"(감시), "파티에서 파트너의 질투심을 자극하기 위해 다른 남자/여자와 대화한 적이 있다"(질투 유발), "파트너에게 비싼 선물을 사준 적이 있다"(자원 과시하기), "내 파트너에게 작업을 건 남자의 뺨을 때렸다"(라이벌에 폭력으로 맞서기)와 같은 질문이 포함되어 있다. 이와 함께 참가자들은 '12가지 추악함Dirty Dozen'이라는 인상적인 이름이 붙여진 설문지도 작성했다. 12가지 질문을 통해 응답자가 어둠의 3요소인 마키아벨리즘, 사이코패스, 나르시시즘의 측면을 얼마나 갖고 있는지 평가하기 위한 것이었다. "나는 다른 사람들이 나를 숭배하길 원하는 편이다"(나르시시즘), "나는 내가 하는 행동의 도덕성을 별로 신경 쓰지 않는 편이다"(사이코패스), "내 목표를 위해 다른 사람들을 이용하는 편이다"(마키아벨리즘) 등의 질문에 대해 참가자가 자신과 얼마나 일치하는지 답하는 방식이다. 연구진은 이 조사를 통해 어둠의 3요소에 해당하는 성격이 짝 유지 행동에 영향을 주는지 확인하고자 했다.

분석 결과, 남성이 여성보다 짝 유지 행동을 더 많이 활용하는 것으로 나타났다. 짝 유지 행동 중 상대를 희생시키는 행동과 상대에게 이로운 행동 모두 어둠의 3요소와 상관관계가 있었고 상대에게 해가 되는 행동이 더 강하게, 더 큰 영향을 주는 것으로 확인됐다. 이는 어둠의 3요소에 속하는 성격은 공격, 조종, 착취처럼 상대를 희생시키는 짝 유지 행동에 더 크게 의존하는 경향이 있으며, 파트너가 다른 사람에게 가지 않도록 만들기 위해 때때로 상대에게 이로운 행동도 활용한다는 것을 의미한다. 실제로 학대 관계에서 이런 오락가락하는 행동을 흔히 볼 수 있다. 이로 인해 피해자는 긴장을 놓지 못하고 파트너가 자신에게 하는 행동이 정서적·심리적·성적 학대인지 확신하지 못하는 심리적 지배(가스라이팅)를 당하면서 상대의 손아귀에 더욱 붙들린다.

감성지능의 이면

지금까지는 감성지능과 사회적 지능을 좋은 특성으로 설명했다. 이전 장에서도 아이가 안정적이고 안전한 환경에서 자라면 공감능력과 친사회적 기술이 발달하여 건강하고 행복하게 살고, 기능을 모두 발휘하면서 다른 사람들과 유익한 관계를 형성하게 된다고 설명했다. 이렇게 자란 아이들은 사회적 지능과 감성지능이 높아진다. 그러나 어둠의 3요소, 특히 마키아벨리즘과 사이코패스에 해당하는 성격은 남을 조종하는 능력에서 비롯된다는 사실을 생각해보면 감성지능이 필요한 정신화 기능이 긍정적으로 활용되는 것만은 아님을 알 수 있다.

오스트리아 레오폴트-프란첸스대학교의 심리학 연구진은 우르사 나글러Ursa Nagler를 필두로 감성지능이 높고 성격이 어둠의 3요소에 해당하는 사람이 타인의 감정을 조작할 위험이 얼마나 큰

지 조사하고 그 결과를 '어두운 지능은 존재할까? 남의 감정을 조작하는 어두운 성격과 감성지능'이라는 제목의 논문으로 발표했다. 타고난 사회-감성지능(SEI)에 어두운 이면이 있다는 사실이 점점 밝혀지고 있는 상황에서 연구진은 정말로 그러한 면이 존재하는지, 그 어두운 이면은 어둠의 3요소에 해당하는 성격을 가진 사람에게만 드러나는지 조사했다.

연구진은 여성 438명과 남성 138명을 모집하고 사회-감성지능과 나르시시즘, 마키아벨리즘, 사이코패스, 감정 조작 능력을 평가하기 위한 질문이 담긴 설문지를 제시했다. 그 결과 사회-감성지능의 여러 측면이 사이코패스, 마키아벨리즘, 나르시시즘의 특징과 관련이 있는 것으로 나타났다. 나르시시즘과 사이코패스는 사회-감성적 표현 능력, 상대를 통제하고 감정을 조종하는 능력과 양의 상관관계가 있고 사회-감성적 민감도와는 음의 상관관계가 있었다. 자신의 경험을 깊이 이해하고 원하는 것을 얻기 위해 남을 조종할 목적으로 뛰어난 사회-감성지능을 활용하면서도 다른 사람의 경험에는 거의 관심이 없다는 의미다. 마키아벨리즘의 경우 감정 통제와 조종 외에 다른 부분은 대체로 사회-감성지능과 음의 상관관계가 있는 것으로 나타났다. 사이코패스와 나르시시즘이 우수한 사회-감성지능과 연관되어 있으며 특히 감정 조종의 핵심인 자신과 다른 사람의 감정 통제와 연관성이 있다는 것을 보여주는 결과다. 또한 사회-감성적 통제와 감정 조종의 가능성은 나르시시즘과 사이코패스의 특징이 성격에서 차지하는 비중이 어느 정도인지에 따라 좌우된다. 즉 이 두 가지 특징이 성격 특성에서 차지하는 비중이 클수록 사회-감성지능을 부정적인 수단으로 활용할 가능성도 커진다.

학대와 사랑

그건 눈먼 사랑이에요. 몇 번이나 나를 때린 사람에게 다시 돌아가는 사람을 이해하긴 힘들죠. 제3자가 보면 정말 사랑해서 그런 행동을 했다는 결론을 내릴 수도 있고요. — **익명의 가정폭력 피해자**(Singh et al., 2017:22)

세계보건기구의 최근 보고서에 따르면 방글라데시, 에티오피아, 세르비아, 일본 등 10개국에 사는 여성 2만 4000명을 조사한 결과 61퍼센트가 연인에게 신체 학대를 경험한 적이 있고 무려 75퍼센트가 정서적 학대를 겪은 적이 있는 것으로 나타났다. 미국 질병통제예방센터(CDC)가 남성과 여성 모두를 대상으로 생애 전 기간 중 가정폭력을 경험한 적이 있는지 조사한 결과 주먹으로 때리기, 밀치기, 발로 차기, 불에 지지기, 목 조르기, 흉기로 치거나 공격하는 행위로 정의된 심각한 신체 학대의 경우 여성은 5명 중 1명, 남성은 7명 중 1명이 최소 한 번 이상 경험한 적이 있다고 답했다. 정서적 학대를 경험한 비율은 남성과 여성이 동일했으며, 남녀 모두 약 48퍼센트가 심리적 공격을 당한 적이 있다고 밝혔다. 두려움과 문화적 요소로 인해 학대 사실을 밝히지 않는 경우도 있음을 감안하면 실제로 학대 경험이 있는 사람은 훨씬 더 많을 것이다.

사랑한다는 이유로 방치한 일들은 한발 물러난 후에야 뒤늦게 깨닫습니다. 제 전처는 자기 아버지 머리에 뜨거운 커피를 쏟아부었는데, 그런 건 용납할 수 있는 일이 아니잖아요. 자기 엄마 머리카락을 움켜쥐고 집 밖으로 끌고 나간 일도 마찬가지고요. 그런데도 저는 방치했습니다. – 콜린(가정폭력 생존자)

폭력이나 학대를 견뎌본 사람들은 실제로 밝혀진 강력한 증거들과 달리 오랫동안 지속된 사랑의 힘에 관해서나 그러한 사랑이 모든 걸 이겨내도록 만든다고 이야기하는 경우가 많다. 피해자가 자신의 사랑이 '정상'의 범주에서 멀리 벗어났음을 깨닫는다고 하더라도 그전까지 느낀 감정이 사랑인지 아닌지 우리가 어떻게 확신할 수 있을까? 나는 이 책을 쓰면서 수많은 사람들과 인터뷰를 했고 '사랑도 나쁜 것이 될 수 있을까?'라는 질문을 던졌다. 사랑 때문에 학대나 조종을 당할 수 있고, 누군가를 필요로 하는 인간의 기본 욕구로 인해 복종하게 될 수 있으며 부모가 사랑이라는 이름으로 자식의 신체적·정서적 발달을 억제하거나 아이를 가까이 두고 싶은 욕심 때문에 독립을 막을 수 있다고 확신하는 사람들도 있었다. 반대로 비슷한 비율의 사람들이 같은 질문에 '사랑은 나쁜 것이 될 수 없다'라고 답했다. 사랑 때문에 나쁜 결과가 초래된다면 그건 사랑이 아니며 자기 잘못을 덮으려고 사랑이라는 표현을 사용했을 뿐이라고 여겼다. 그런 관계에도 사랑이 들어설 자리가 있을까?

결국에는 절 집 밖으로도 못 나가게 했습니다. 아내는 제 정신 상태가 걱정이 되어서 그러는 거라고 주장했죠. 제가 나가려고 하면 저지했고, 차를 타고 안전벨트를 매고 있으면 차문을 열고 옆자리에 얼른 올라타서 운전석 쪽으로 손을 뻗어 핸들을 움켜쥐었어요. 차 키를 뺏으려고 그랬던 것 같아요. **- 저스틴(가정폭력 생존자)**

미국 웨스트버지니아대학교에서 정신 건강을 연구해온 간호사 3명은 2013년에 매릴린 스미스Marilyn Smith의 지휘로 가정폭력을 경험하고 있거나 경험한 적이 있는 19명의 여성을 만나 사랑의 의미를 조사했다. 연구진은 먼저 참가자들에게 제시할 '친밀한 파트너의 폭력intimate partner violence(IPV)'의 정의부터 정리했다. 예시를 읽기만 해도 끔찍한 이 폭력에는 '밀치기, 겁주기, 수치심을 주는 행위, 강제 성교, 고립시키기, 감시, 의료보건 시설 이용을 제한하는 것, 출근이나 등교를 막거나 방해하는 것, 피임이나 임신, 선택적 낙태를 결정하는 것' 등이 포함되었다. 연구진은 표적 집단에 해당하는 참가자들과 일대일 인터뷰를 실시하고 남녀의 사랑이란 무엇이라고 생각하는지, 사랑에 무엇이 수반된다고 생각하는지, 그러한 생각을 갖게 된 이유는 무엇인지, 실제 관계와 사랑에 관한 생각을 비교하면 어떤 차이가 있는지, 현재 만나고 있는 사람과의 관계 유지가 얼마나 중요한지, 연인이 있는 것이 왜 중요하다고 생각하는지 등을 물었다. 인터뷰가 끝나면 참가자가 경험한 일과 관련하여 무엇이든 하고 싶은 말이 있는지 물었다. 조사가 끝난 뒤에는 참가자 전원이 추가적인 지원을 받았다.

스미스 연구팀은 이들 표적 집단이 한 말과 인터뷰 결과에 공통분모가 있는지 분석했다. 참가자들은 상처 입고 겁을 먹는 것, 통제를 받는 것, 신뢰가 없는 것, 도움을 받지 못하거나 복지가 걱정되는 것은 사랑이 아니라고 답했다. 아래에 인용한 실제 응답 내용에서도 그러한 생각을 확인할 수 있다.

> 화가 나면 저와 아이들에게 채찍을 휘둘러요. 가구와 냉장고, 탁자를 다 뒤집어놓고요. 아들 넷과 저를 전부 침대에 눕게 하고 사이사이를 총으로 쏴요. '하나, 둘, 셋, 넷' 이렇게 말하면서 우리 사이에 있는 공간을 쏜다니까요. 그러면서 다치게 하려는 게 아니라 그냥 연습하는 거라고 말해요. 공포에 떨면서 사는 건 달가운 일이 아닙니다.

> 머리 염색도 못하게 해요. 어디든 절대로 못 가게 하고요. 항상 '나한테 N자는 꺼내지도 마'라고 하죠. 싫다No고 하지 말란 소리예요.

조사에 참여한 여성들은 이러한 행동이 사랑이 아니라는 사실을 인정하고 상호 존중과 이해, 소통, 지지, 격려, 헌신, 충실함, 서로 신뢰하는 관계가 사랑이라는 것을 알면서도 자신의 파트너에게 애착과 사랑을 느끼며 그것이 파트너 곁을 떠나지 못하는 이유라고 밝혔다. 자신이 파트너를 돌봐주고 보호해주어야 한다거나, 파트너가 자신을 돌보고 보호해준다고 생각하는 경우도 있었다. 일부는 파트너가 지금과는 달라졌으면 좋겠고 사랑하는 사람이므로 용서해줄 마음이 있다고 말했다. 혼자가 될까 봐 두려운 마음, 새로운 관계를 시작했다가 더 나빠질 수 있다는 두려움도 파트너 곁에 머무르는 이유였다. 아이를 혼자 키우는 것보다는 가족으로 사는 것이 낫다고 확신하기 때문에 떠나기가 주저된다고 털어놓은 경우도 있었다.

언젠가는 좋아질 거라고 생각해요. 어쩌면 제가 그렇게 만들 수도 있고요. 그런 생각을 많이 할수록, 그 사람을 사랑한다는 확신도 깊어져요.

달라지기를 바라죠. 아주 깊이 사랑하면 상대방이 바뀔 수도 있다고들 하잖아요.

나는 가정폭력을 겪은 남성 생존자를 인터뷰하면서, 스미스의 연구에 참가한 여성 생존자들에게서 나타난 '백기사 증후군'이 이들에게도 이미 오래전부터 해로운 영향을 주고 있는 학대 관계를 유지하는 이유로 작용했음을 명확히 알 수 있었다.

그녀가 어린 시절에 겪은 트라우마로부터 벗어나도록 제가 구해줄 수 있다고 생각했습니다. 저에게 저지른 그 모든 일들에도 불구하고, 오랫동안 곁에 머물면 언젠가는 제가 자기를 학대했던 남자들과는 다르다는 사실을 깨달을 거라고, 저는 좋은 사람이고 자신을 진심으로 사랑해주고 같이 있어줄 사람임을 깨달을 거라고 생각했어요. 하지만 제가 정서적으로나 물리적으로 더 많은 것을 내어줄수록 그녀는 받기만 하면서 저를 더 학대했습니다. **- 마크(가정폭력 생존자)**

피해자가 가해자 곁을 떠나지 못하는 이유가 파트너를 사랑하기 때문만은 아니다. 자녀를 사랑하는 마음, 그리고 자신이 떠날 경우 아이가 혼자 그 상황을 감당해야 한다는 두려움도 떠나지 못하는 이유다. 나는 가정폭력을 겪은 남성 생존자들로부터 평소에 거의 접하지 못하는 이야기를 들을 수 있었다. 자녀가 있는 경우 영국처럼 문화적으로나 법적으로 아이는 엄마가 키우는 것이 낫다는 믿음이 지배적인 사회에서는 자신이 떠나면 아이와 연락이 완전히 끊길 수 있고 그러면 필요할 때 아이를 보호해주지 못한다는 현실적인 고민이었다.

전처가 아니라 어린 딸아이에 대한 사랑이 진짜 큰 이유였어요. 그 마음 때문에 계속 그렇게 지냈어요. 전처는 아이를 빌미삼아 저를 집에서 쫓아내고, 집에서 100킬로미터 넘게 떨어진 곳에서 차에서 쫓아내더니 그대로 가버리곤 했어요. 그렇게 감정적인 협박 수단으로 활용했죠. 제가 딸을 사랑하는 마음이 전처에게는 절 통제하는 수단으로 활용된 거죠. 함께 산 10년의 세월을 거의 그렇게 보냈어요. – 폴(가정폭력 생존자)

사랑은 동화가 아니다

나중에는 제가 먹는 것까지 통제하려고 드는 지경에 이르렀습니다. 저는 집에서 일을 했기 때문에, 차 트렁크에 음식을 숨겨야 했어요. 아내가 출근한 뒤에야 제가 좋아하는 걸 먹을 수 있었어요. 우리 집의 모든 결정은 아내 몫이었죠. 언젠가 제 얼굴을 쳐다보면서 의견을 물은 적이 있는데, 그때 확실히 깨달았어요. 말해봐야 아무 소용이 없다는 걸 말이죠. – 마크 (가정폭력 생존자)

학대당하는 많은 사람들이 초반에는 자신을 독점하려고 하는 것이나 상대방이 표출하는 질투를 사랑이라고 여기기도 한다. 그러다 시간이 지나 그 독점성이 서로의 권한이 균등하지 않고 생활의 모든 것을 일일이 통제하는 이유가 된다는 사실을 깨달았을 때는 상황이 심각해진 뒤다. 다시 말해 피해자가 자신감을 되찾거나 파트너를 떠나기 위해 도움을 청하지도 못할 만큼 고유한 인간성을 잃고 고립되어버린 경우가 많다. 상대와의 독점적인 유대를 깬다는 생각만으로 죄책감에 사로잡히거나 심지어 그런 긴밀한 유대 덕분에 자신이 완전해질 수 있다고 이야기하는 피해자도 있다. 그런데 연인과의 사랑에 관한 생각은 문화적 영향을 받으므로, 남자든 여자든 친밀한 파트너가 행하는 폭력을 참고 견디면서 곁에 계속 머무르는 것에도 그러한 영향이 작용할까?

> 전부 사랑 때문인 것 같아요. 상대가 나를 어떻게 대하든 내가 사랑하면 그냥 그렇게 사랑하는 거예요. 잠시 화가 날 수는 있어도 잊게 되고, 용서하고 계속 지내는 거죠. 파트너가 달라질 거라고 믿고 그런 희망을 안고 사는 여자들도 있지만, 절대 달라지지 않아요. — **익명의 가정폭력 피해자**
>
> (Singh et al., 2017:28)

남아프리카공화국은 친밀한 파트너에 의한 여성 폭력이 세계에서 가장 많이 발생하는 곳 중 하나다. 피해자가 사망에 이르는 사례도 매우 높다. 샤킬라 싱Shakila Singh 교수와 중등학교 교사인 템베카 미엔데Thembeka Myende가 2017년에 발표한 논문 '의제: 성 평등을 위한 여성의 권한 부여'에는 그러한 일을 겪을 위험성이 있는 여자 대학생들을 대상으로 회복력의 기능을 조사한 내용이 담겨 있다. 실제로 남아프리카공화국은 대학 캠퍼스 내에서 친밀한 파트너에 의한 폭력이 발생하는 비율이 높다. 이 연구에서는 회복력이 그와 같은 폭력에 저항하고 생존하는 능력에 어떤 영향을 주는지 광범위하게 조사했다. 하지만 나는 그보다도 연인과의 사랑에 대한 문화적 인식이 친밀한 파트너로부터 폭력을 당하면서도 여성 (또는 남성)이 그 관계에서 벗어나지 못하는 것과 어떤 관련이 있는지 보여주는 여학생 15명의 의견이 흥미로웠다.

조사에 참여한 이 여학생들은 사랑한다면 가족의 반대나 지리적 거리·질병·빈곤 등 어떤 장애물도 이겨낼 수 있다는 로맨틱한 생각과, 학대로 인해 목숨이 위협받는 지경에 이르더라도 어떻게든 관계를 유지해야 한다는 생각을 지적했다. 사랑하면 통제력을 잃고 상대에게 완전히 사로잡힌다는 생각, 멋진 왕자님이 나타나서 자신을 구해주고 멀리 있는 성으로 데려가줄 것이라는 생각도 문제라고 보았다. 또한 사랑하는 사람이 가해자로 돌변하더라도 거부하면 안 된다는 것, 사랑한다면 서로를 지켜주고 서로를 위해 싸워야 하며 상대가 대부분 권위를 가지고 가해하는 사람이라 할지라도 그래야 한다는 생각, 과학적으로도 일부 검증된 것처럼 사랑은 맹목적이므로 다른 사람들의 눈에는 또렷하게 보이는 파트너의 결점을 피해자는 보지 못할 수 있다는 생각도 문제가 있다고 지적했다. 연구 참가자들은 연인과의 사랑에 관한 이러한 문화적 인식은 여성이 자신을 학대하는 사람에게서 완전히 벗어나거나 떠날 힘을 약화시킨다고 주장했다.

처음에는 결혼생활에서 일어날 수 있는 일이라고 생각합니다. 때로는 너무 쉽게 그런 착각을 하게 되고, 가끔은 장밋빛 안경을 쓴 것처럼 다 잘될 거라고 생각합니다. 나아지기를 바라죠. 누가 '잠깐만, 좀 이상한데?'라고 이야기하면 그 사람의 생각이 틀렸기를 바라게 됩니다. **– 콜린(가정폭력 생존자)**

남이 겪은 일을 평가하는 건 어려운 일이다. 이제는 여러분도 사랑은 주관적이며 사람마다 제각기 다른 경험이 사랑에 큰 비중을 차지한다는 사실을 분명하게 알게 되었기를 바란다. 당사자가 아닌 사람들은 어떻게 이런 관계를 사랑이라고 할 수 있는지 이해하지 못할 수도 있다. 영화나 동화에 나오는 사랑 이야기와는 아주 거리가 먼 상황임은 분명하다. 학대가 행해지는 관계와 사랑에 관한 과학적인 연구는 거의 또는 아예 찾을 수 없다. 취약한 상황에 처한 사람들의 뇌를 스캔하거나 유전학적, 신경화학적으로 심층적인 조사를 실시하는 것은 윤리적으로도 쉬운 일이 아니다. 다행히 용기를 내어 자신이 경험한 관계에 관해 이야기를 들려주는 남성과 여성들이 있다. 우리가 이해할 수 있는지 여부나 뇌 스캔 결과가 무엇이건 자신이 경험한 사랑을 정의할 수 있는 최종 권한은 그 당사자에게 있다.

카리스마 넘치는 리더

가정에서는 학대 가해자가 된 파트너나 부모가 배우자나 아이를 통제한다면, 보다 넓은 사회적 관점에서 한 국가 또는 한 종교를 이끌거나 통제할 수 있는 힘은 그 국가나 종교의 지도자에게 있다. 크게 성공한 카리스마 있는 리더는 뛰어난 소통 능력과 설득력, 강력한 개성으로 자신을 따르는 사람들을 이끈다. 리더는 간디나 넬슨 만델라, 버락 오바마의 경우가 그랬듯 상상하지도 못했던 일을 이루거나 국가 전체가 역경을 이겨낼 만큼 거대하고 긍정적인 변화의 동력이 될 수 있다. 역사적으로 카리스마는 왕족 또는 신성한 존재와 연결되어 있다고 여겨지는 종교 지도자들의 특징으로 인식되었고, 이들을 따르면 부귀영화를 누릴 것이라는 믿음이 있었다. 심지어 숭배하는 대상의 초자연적인 힘을 일부 얻게 될 수도 있다고 여겨졌다. 오늘날에도 카리스마 넘치는 리더에게 많은 사람들이 매혹되는 현상은 변함없이 뚜렷하게 나타난다. 그러한 리더가 가진 능력이 진화에 유리한 요소가 될 만큼 오랫동안 지속되었다는 사실에서 우리는 리더가 자신을 따르는 사람들에게 얼마나 큰 영향을 미치는지 알 수 있다.

진화심리학자인 마르크 반 부그트Mark van Vugt는 정치계와 경제계의 카리스마 넘치는 리더들의 행동을 오랫동안 관찰했다. 그 결과 사회 구성원들을 대거 동원하여 체계적으로 힘을 모아야 하는 일이 생겼을 때 바로 그와 같은 리더들이 그 역할을 할 수 있으므로 사람들이 리더를 필요로 한다고 주장했다. 따라서 사람들이 변화를 요구할 때 카리스마 있는 리더가 거머쥐는 권력은 증대된다. 또한 이들은 자신이 변화를 이끌 적임자라는 사실을 잠재적 추종자들에게 알리는 속성 혹은 지표를 갖고 있다. 마르크 반 부그트의 주장에 따르면, 인간은 2장에서 소개한 적합한 데이트 상대를 선택하는 알고리즘과 다소 유사한 '리더십 지표'가 발달해서 누가 매력적인 리더 후보인지 신속히 가려낼 수 있다. 카리스마와 연관성이 있는 신체적 특징은 만만한 존재가 아니라는 인상을 주는 키와 힘, 매력적인 얼굴(관심을 끌어 모을 가능성이 높아진다), 건강하고 에너지가 넘치는 사람임을 나타내는 유창한 언변과 몸동작이다. 이와 함께 크고 탄탄한 사회적 네트워크를 형성하고 있어서 기능적인 연합체를 구성할 수 있고, 이미 확립되어 있는 이 '가족'의 일원이 되고 싶은 새로운 구성원도 환영한다는 인상을 주어야 한다. 리더가 권력을 얻는 배경도 중요하다. 갈등의 징후는 평화로운 시기에 변화가 필요한 경우에는 적합하지 않거나 도움이 되지 않는다. 집단이 적과 구분되는 특별한 정체성을 갖도록 유도해야 할 때 필요한 리더의 개성과, 집단 간의 화해와 협력을 이끌어야 할 때 필요한 리더의 개성에는 차이가 있다. 투박하고 우락부락한 체구에 노련한 정치인이었던 처칠은 제2차 세계대전 시기에 강력한 적이라는 인상을 풍기며 귀중한 존재가 된 반면, 버락 오바마가 '네, 우리는 할 수 있습니다Yes we can!'라는 슬로건으로 대선 운동을 벌이며 국민의 공동 행동을 촉구한 것, 케네디가 1961년 대통령 취임 연설에서 "조국이 여러분에게 무엇을 해줄 수 있는지 묻지 말고 여러분이 조국을 위해 무엇을 할 수 있는지 생각하라"고 말하면서 협력과 자기희생을 요청한 것은 평화로운 시기에 사회 변화를 일으키는 동력이 되었다. 오바마와 존 F. 케네디의 경우 젊음과 활력이 삶의 새로운 방식을 제시하는 데 공통적으로 중요한 역할을 했다. 그러나 카리스마 있는 리더는 어떤 상황에서든 자신을 따르는 사람들과의 유대를 공고하게 다지는 일련의 행동을 활용한다. 리더 자신의 행동과 추종자들의 행동이 모두 그러한 행동에 포함된다. 즉 리더는 사람들의 이목을 집중시키고, 표정과 보디랭귀지, 목소리의 높낮이와 말하는 속도를 세심하게 조절하고, 강렬한 감정을 일으키고, 과장된 행동을 능수능란하게 활용하고, 모든 감각을 깨워서 사람들이 시급성과 총체적 변화가 필요하다는 사실을 깨닫게 만들 수 있어야 한다.

무엇보다 중요한 역량은 자신의 추종자가 될 가능성이 있는 '일반 대중' 전체의 마음을 얻는 능력이다. 이를 위해서는 대중 연설에서 이목을 집중시키는 것이 핵심이다. 리더가 전달하는 메시지는 듣는 사람들이 있을 때 매력적이고 강력해진다. 서로가 공감하는 가치에 호소할 때, 리더는 그 자리에 있는 모두가 그 가치에 공감하고 있으며 자신의 말을 듣고 있는 여러분도 같은 생각을 가진 일원임을 재차 강조한다는 점도 그러한 영향이 발생하는 이유 중 하나다. 이는 단숨에 신뢰를 얻을 수 있는 방법이다. 동시에 리더는 군중이 '반드시 해야 하는 것'이 무엇인지 짚어주어야 한다. 리더와 그를 따르는 사람들의 관계에서도 인간이 경험하는 사랑의 상호성과 비슷한 특징을 발견할 수 있다. 정치, 군사, 종교 집회에서 나타나는 공통점은 동시성이 힘을 발휘한다는 사실과 더불어 카리스마 넘치는 리더가 동시적이고 엔도르핀 분비를 촉진하는 행동을 활용하여 추종자들과 유대감을 형성함으로써 리더에 대한 추종자들의 사랑이 더욱 커진다는 점이다. 오바마가 "네, 우리는 할 수 있습니다!"라는 구호를 청중과 한목소리로 반복해서 외친 것, 군대에서 발을 맞춰 행진하는 것, 종교계 리더가 사람들과 성가를 외치고, 노래하고, 춤을 추는 것도 같은 맥락이다. 2장에서 설명한 대로 이러한 행동은 혼자 해도 장기적인 사랑과 관련된 신경화학 물질인 베타엔도르핀이 발생하지만 '다른 사람들과 함께, 동시에' 실행하면 엔도르핀 분비량이 급격히 증가하여 희열이 크게 증가하고 순식간에 그 느낌에 중독된다. 카리스마 있는 리더는 자신을 지지하는 사람들이 이처럼 엔도르핀이 다량 분비되는 행동을 하도록 장려함으로써 그러한 행동뿐만 아니라 그런 즐거운 감각을 맨 처음 선사한 자신에게 중독되도록 만든다.

사랑의 어두운 이면을 집중적으로 살펴보겠다고 해놓고 카리스마 넘치는 리더 이야기를 왜 하는지 의아한 독자들도 있을지 모른다. 연애를 막 시작한 시기에는 새로운 파트너의 결함이 보이지 않는 것처럼, 최근 덴마크의 심리학자 우페 슈요트가 실시한 연구에서 우리가 카리스마 있는 사람과 관계를 맺고 있다고 생각하는 것만으로도 그 사람의 오류나 모순을 보고 듣는 기능을 관장하는 뇌 영역의 활성이 감소하는 것으로 나타났다. 리더가 회의의 내용에 대해 사실과 전혀 다르게 이야기해도 그냥 넘길 만큼(트럼프 전 대통령 행정부에서 나온 '대안적 사실'처럼) 맹목적으로 빠질 가능성도 있다. 긍정적인 변화를 만들어내는 리더라면 큰 문제가 되지 않겠지만 카리스마 있는 리더가 우리와 국가, 심지어 세상을 극히 암울하게 만들고 있는데도 그런 사실을 미처 보지 못한 사례가 무수히 많다.

폭군 만들기

히틀러가 1935년 뉘른베르크 전당대회에서 줄지어 구호를 외치거나 지크 하일 경례를 하며 행진하는 추종자들에게 한껏 과장하는 실력을 십분 발휘하여 아리아인의 우월성과 '열등한 인종'에 대한 뿌리 깊은 증오의 메시지를 연설하는 모습을 영상으로 본 적이 있을 것이다. 흑백 영상이지만 소음과 사람들의 움직임, 나치의 선명한 상징, 과도한 기념비와 인파로 가득한 그 기겁할 만한 광경은 우리의 모든 감각을 공격해서 한번 보고 나면 머릿속에서 잘 지워지지 않는다. 오늘날에도 트럼프, 보우소나루, 에르도안 등 국가주의 지도자들이 같은 구호를 동시에 외치는 대규모 군중 앞에서 메시지를 던지고 주먹을 휘두르며 공통의 적이 누구인지 지목하는 모습을 보면, 그 흑백 영상 속 광경과 소름 끼칠 만큼 비슷하다는 인상을 받는다. 두 사람 간의 사랑과 마찬가지로 카리스마 넘치는 리더십이 진화하고 지금까지 유지된 것을 보면 이러한 리더십에 유익한 면이 있음을 알 수 있다. 하지만 한 명의 리더가 자신을 추종하는 여러 사람의 이익을 착취할 위험성은 항상 존재한다.

사랑을 갈구하는 감정이 학대에 이용될 수 있는 것과 마찬가지로, 소속감을 느끼고 싶은 열망과 자신을 이끌어줄 누군가를 바라는 마음은 사람의 마음을 강력히 끌어당기는 자의 이익에 이용될 수 있다. 실제로 북한 사람들은 최고지도자를 사랑한다고 이야기한다. 겉으로는 자유의지로 그런 말을 하는 것처럼 보이며, 김정은과 그의 아내를 떠올리게 하는 헤어스타일(국가가 허락한 종류 중하나)을 자랑스레 고수한다. 5년 주기로 실시되는 선거에서는 투표용지에 딱 하나밖에 없는 김정은의 이름 옆에 표시를 한다. 트럼프가 대선 기간뿐만 아니라 대통령 재임 기간 내내 선거운동을 할 때와 동일한 방식으로 연설을 한 것을 보면, 큰 소리로 환호하는 지지자들로 구성된 군중의 힘을 그가 잘 알고 있음을 짐작할 수 있다. 군중은 트럼프가 적으로 선포한 언론을 향해 한목소리로 고함을 지르며 비난했고 특히 'CNN은 거지같다'와 같은 말은 유명한 구호가 되었다. '미국을 다시 위대하게'라는 문구가 적힌 트럼프의 빨간색 야구모자는 지지자들이 모이는 곳마다 상징처럼 등장했다. 종교 지도자들로 눈을 돌려보면 하느님이 기뻐할 것이라며 기부를 요구하던 미국 로스앤젤레스의 힐송 교회와 칼 렌츠Carl Lentz*가 그러한 경우에 해당한다. 트위터 계정 팔로워 수가 90만 명에 이르고 개인 인스타그램 계정 팔로워도 저스틴 비버, 닉 조너스 같은 여러 유명인사를 포함하여 75만 명이었던 렌츠 목사의 가족은 함께하고 싶은 매력적인 사람들이라는 인상을 주었다. 연간 기부금이 1억 달러에 달한 사실로도 렌츠의 리더십이 효과가 있었음을 분명하게 알 수 있다. 김정은, 트럼프, 렌츠가 공통적으로 행진과 노래, 운동, 손으로 상대를 터치하는 행동을 통해 추종자와의 유대를 강화하고 보상감을 느끼게 하는 신경화학물질이 자연적으로 발생하게 하는 효과를 낸 건 결코 우연이 아닐 것이다. 동시적으로 이루어지는 이러한 집단행동을 할 때 뇌에서는 베타엔도르핀이 급격히 증가한다. 그 결과 강하고 중독적인 유대가 형성된다. 힐송 교회의 주일 예배 모습을 담은 유튜브 영상에서는 꽝꽝 울려대는 음악과 번쩍이는 조명, 환호 속에서 수백 명이 춤추고 노래하는 모습을 볼 수 있다. 이런 광적인 숭배의 현장은 엔도르핀이 대량 방출되기에 아주 좋은 환경이다. 희열과 사랑의 감정, 무엇보다 리더를 향한 무조건적인 충성심에 사로잡히는 것이다.

• 렌츠와 그의 아내는 2020년 도덕성 문제가 불거져 힐송 교회에서 해임됐다. 렌츠는 불륜 사실을 인정했고, 그 밖에도 성적 학대와 부적절한 행동이 있었다는 의혹이 제기됐다.

폭군이 궁극적으로 원하는 건 통제력이며, 그들은 추종자들로부터 이끌어낸 행동과 신뢰를 이용하여 통제력을 거머쥐는 비상한 능력을 갖고 있다. 이들은 극단적인 수준까지 통제하고 지배하려고 한다. 연인과의 사랑을 다룬 수많은 자기계발서나 상담 칼럼, 치료 서비스에서 입증된 것처럼 인간은 사랑의 예측 불가능한 특성을 일부나마 없애려는 경향이 있다. 내가 사랑의 과학적인 특징을 설명하는 강연에서도 사랑의 공식이 무엇인지 묻거나 지금껏 몰랐던 사실을 내가 알려주리라 기대하는 사람이 많다. 하지만 생각해볼 문제가 있다. 만약 사랑을 통제할 수 있다고 주장하는 약이 있다면, 여러분은 그 약을 먹고 싶은가?

사랑의 묘약은 찾기 힘들다

음, (엑스터시를 복용하면) 경계를 풀고 제 앞을 가로막고 있던 벽돌과 벽을 치운 다음 무엇이든, 누구에게든 저를 활짝 열 수 있는 능력이 생기는 것 같아요. ─ 모제이(Leneghan, 2013:352)

인간은 최소 2000년 전부터 사랑을 통제하는 약, 즉 사랑의 감정을 일으키거나 사랑의 고통을 지워버릴 수 있는 물약 혹은 묘약을 찾아다녔다. 10세기 말 페르시아의 철학자이자 의사였던 아비센나가 쓴 병리학 저서에는 '집착에 관하여: 비애로 인한 질병'이라는 제목으로 상사병을 치료하는 방법이 나와 있다. 셰익스피어의 작품 《한여름 밤의 꿈》에서 요정의 왕 오베론은 아내인 티타니아 왕비가 잠들어 있을 때 맨 처음 걸어오는 사람과 사랑에 빠지게 만드는 묘약을 아내에게 투여한다. 이 약 때문에 왕비는 나귀의 머리를 가진 보텀이라는 남자와 사랑에 빠진다. 도니체티의 오페라 〈사랑의 묘약〉은 트리스탄과 이졸데의 전설에서 영감을 받은 작품으로 알려져 있다. 이 전설에서 트리스탄은 이졸데의 마음을 얻기 위해 사랑의 묘약을 사용한다. 과학적 객관성이 중시되는 오늘날에도 구글 검색 창에 '사랑의 묘약'을 입력해보면 '사랑에 빠지는 약은 어떻게 만드나요?', '사랑의 묘약이 정말 효과가 있나요?', '사랑의 묘약은 위험한가요?' 같은 질문이 상단에 나타난다.

인간에게 사랑이라는 통제 불가능한 현상을 어느 정도라도 통제해보려는 갈망이 있다는 건 분명한 사실이다. 내게 묻는다면, 사랑하는 사람의 마음을 붙잡을 확률을 높이거나 실연의 상처를 극복하는 데 도움이 될 만한 여러 가지 방법을 제안할 수 있다. 대인관계에서 유대감을 키우는 호르몬이 어떤 행동을 할 때 분비되는지 밝혀진 만큼, 좋아하는 사람과 데이트를 할 때 사교춤이나 코미디 클럽 등 엔도르핀이 다량 분비되는 활동을 함께하면 상대가 여러분에게 마음을 빼앗길 확률이 높아진다. 이별 후 극심한 후유증을 겪고 있다면 베타엔도르핀과 옥시토신, 도파민이 급격히 떨어진 것이 원인이므로 마사지를 받거나 차에서 음악을 틀어놓고 목청껏 노래 부르기, 뜀박질로 유대 형성에 필요한 화학물질의 분비량을 늘리는 것이 좋다. 초콜릿을 먹는 것도 도파민 수치를 회복하는 데 도움이 된다. 사랑과 관련된 신경과학적·생리학적 지식이 점점 늘어날수록 어쩌면 정말로 효과가 있는 사랑의 묘약이 등장할 가능성도 그 어느 때보다 높아졌다. 사랑하고 사랑받으려는 인간의 기본적인 욕구를 이용해서 돈을 벌고자 하는 사람들은 절호의 기회라고 생각할 것이다. 누군가를 사랑하고 싶은 우리의 마음이 간절할수록 누구든 사랑을 이용하는 방법, 사랑을 통제할 수 있는 방법을 찾는 사람은 어마어마한 돈을 벌게 될 것이다.

옥시토신을 향수처럼?

과학 연구에 참여할 사람을 모집하는 일은 늘 불안감을 동반한다. 적합한 특성을 가진 사람을 충분히 모집할 수 있을까? 그 사람들이 약속한 날짜에 나타날까? 연구 윤리를 관리할 권한을 가진 사람들이 허용하는 가장 큰 보상이라고 해봐야 고작 얼마 안 되는 금액이나 대단한 선물처럼 부풀려서 건네는 아마존 상품권이 전부인데, 사람들이 그걸 받고 쑥 찌르거나 쿡쿡 찌르고, 주사를 놓고, 뇌 스캔을 받아야 하는 절차를 기꺼이 견디려고 할까? 전체 과정을 전부 충실히 따를까? 두 번째 실험까지 끝내놓고 그만두겠다고 해서 그동안 모은 데이터가 다 무용지물이 되고 담당 연구자가 며칠씩 밤잠을 설치는 일이 벌어지면? 내가 지금까지 해온 연구에서는 과학적 지식의 확장이라는 미명으로 사람들에게 혈액이나 침을 좀 달라고 부탁하거나 컴퓨터 모니터 앞에 앉아 끝도 없이 이어지는 질문과 시나리오를 읽고 답해달라고 부탁해야 했다. 또는 마음속 가장 깊은 생각과 경험을 나와 내가 켜둔 녹음기 앞에서 들려달라고 하거나 소음과 밀실공포를 견뎌야 하는 fMRI 장치에 들어가달라고, 혹은 방사성 물질을 정맥주사로 맞아야 하므로 그보다 거부감이 훨씬 클 수밖에 없는 PET 검사를 받으라고 부탁한 적도 있다.

그래서 콧속에 옥시토신을 좀 뿌리겠다고 부탁하는 건 훨씬 수월하게 느껴진다. 옥시토신이 사람의 감정과 친사회적 행동에 어떤 영향을 미치는지 알고 싶을 때 활용되는 연구 방법이다. 옥시토신이 투여되면 공감과 신뢰가 증가하고 낯선 사람과도 협력하려는 의욕이 생긴다는 사실이 수많은 연구를 통해 밝혀졌다. 부모의 코에 옥시토신을 뿌리면 성 특이적 양육 행동, 즉 아빠는 아이와 놀아주고 엄마는 아이를 돌보는 행동이 증대되는 것으로 나타났다. 이는 아빠와 엄마가 각기 다른 역할을 하도록 진화했다는, 때때로 논란이 되는 결론으로 이어지기도 한다. 옥시토신 치료 시 나타나는 친사회적인 영향이 사회적 불안에 시달리거나 자폐증, 경계성 인격 장애 환자 등 사회적 상호작용, 사회적 인지능력에 문제가 있는 사람들에게 어떤 도움이 될 수 있는지 파악하는 연구에도 합성 옥시토신이 꾸준히 활용되어왔다. 그런데 이 모든 연구가 데이트에서도 유용하게 활용될 수 있다는 가능성이 새롭게 제기됐다. 본격적인 연애를 시작하기 전, 마주 보고 앉아서 와인 잔을 부딪치거나 침실에 차마 들어가지는 못하고 주변을 빙글빙글 돌기만 하는 등 사람들이 의례적으로 거치는 단계일 때, 또는 토요일 저녁에 클럽에 가거나 데이트 상대를 찾는 사람들이 모여드는 곳으로 가기 전에 옥시토신을 코에 뿌린다면 어떻게 될까?

여러분에게 옥시러브OxyLuv를 소개한다. 아마존이나 이베이에서 주문하면 다음 날 받을 수 있는 이 제품은 사회적 불안감을 줄여주고 오르가슴을 더 강하게 느끼게 해주며 연애 상대를 찾을 때 자신감을 북돋아준다고 광고한다(한 가지 덧붙이자면, 처음에 이 제품은 '누구도 거부할 수 없는 존재로 만들어주는 페로몬'이라는 설명과 함께 판매됐다. 한번 냄새를 맡으면 상대가 곧바로 납작 엎드리게 된다나…). 2장에서도 살펴봤듯이 체내에서 분비되는 옥시토신은 누군가에게 처음 마음이 끌릴 때 잠깐 그러한 영향력을 발휘하기는 한다. 옥시토신의 주요 기능이 뇌에서 두려움을 관장하는 편도체의 활성을 잠잠하게 만드는 것이라고 설명한 내용을 기억할 것이다. 편도체가 입 다물게 만드는 법을 써보고 싶다면 작은 파란색 병에 담긴 이 제품을 구입해보면 된다. 효과를 충분히 보려면 두 번 뿌리라는 권장사항도 충실히 따라야 한다. 구매자의 38퍼센트가 제품 평가에 별 5개를 준 것을 보면 정말로 효과를 본 사람이 있긴 한 모양이다.

그럼 이것이 인류가 수 세기 동안 찾아 헤매던 사랑의 묘약일까? 글쎄, 그건 아닌 것 같다. 코에 이 제품을 칙칙 뿌리고 괜찮은 효과를 본 사람들도 분명히 있지만, 아마존에 올라온 후기를 보면 사회적 불안감을 완화하는 효과보다는 모유 수유 중인데 모유 분비가 촉진됐다는 내용이나 자폐증 치료에 효과가 있었다는 내용(검증되지 않은 소비자의 주관적인 의견이다)이 대부분이다. 별 하나를 준 소비자의 25퍼센트는 누구에게나 효과가 있는 제품은 아니라고 했다. 한 소비자는 이런 후기를 남겼다. "(옥시러브를 쓰고 나니) 피곤하기만 하고, 에스트로겐이 온몸을 장악해서 자기 연민에 빠지는 시기가 온 것처럼 짜증스러운 상태가 되었다." 맙소사.

옥시토신에 관한 연구가 예비 연구의 수준을 넘어 좀 더 세밀한 부분까지 탐구하기 시작하면서 외부에서 공급한 옥시토신의 효과는 상황에 크게 좌우되며 사람마다 다르다는 사실이 명확히 드러났다. 진짜 사랑의 묘약처럼 공감과 신뢰가 증가하고 협력하려는 의욕이 생기는 사람도 있지만 부정적인 영향이 뚜렷하게 나타나는 사람도 있다. 사랑을 신경과학적 관점에서 연구해온 나와 같은 사람들에게는 그리 놀라운 일이 아니다. 우리가 다른 사람과 관계를 형성하고 그 관계를 유지하게 만드는 인체의 신경화학물질은 놀라울 정도로 정교한 균형을 이룬다. 그중에 서로 상호작용하는 물질은 무엇인지, 다른 물질을 보완하는 물질은 무엇이고 기능에 방해가 되는 물질은 무엇인지는 아직 분명하게 밝혀지지 않았다. 외부에서 물질 하나가 추가되면, 여러 물질로 이루어지는 이 복합적인 작용의 전체적인 균형이 깨지고 결과를 예측할 수 없게 된다.

정신의학자 제니퍼 바츠Jennifer Bartz는 2011년에 옥시토신이 친사회적 과제에 미치는 영향을 조사한 실험 연구를 동료들과 함께 30편 이상 검토했다. 그 결과 이러한 연구의 43퍼센트에서 옥시토신이 친사회적 행동에 유의미한 영향을 주지 않는 것으로 나타났고, 63퍼센트에서는 개인의 성향이나 투여 상황에 따라 중간 수준의 영향이 나타났다고 밝혔다. 옥시토신을 투여받은 사람과, 투여된 상황에 따라 효과가 달랐다는 의미다. 소수지만 유의미한 규모에서는 오히려 '사회성에 악영향'을 준 것으로 확인됐다. 가장 충격적인 예는, 외인성 옥시토신 투여 시 같은 집단의 일원이라고 인식하는 사람들과의 관계에서는 사회성이 향상될 수 있지만 같은 집단이 아니라고 여기는 사람에게는 정반대의 결과가 초래될 수 있다는 것이다. 데이트 상대를 구하려고 이 방법을 활용해보려는 사람에게는 결코 반가운 소식이 아닐 것이다.

2010년에 네덜란드의 심리학자 카르스텐 드 드류Carsten De Dreu와 린드레드 그리어Lindred Greer, 게르벤 반 클리프Gerben Van Kleef, 샤울 샬비Shaul Shalvi, 미셸 한드그라프Michel Handgraaf는 옥시토신의 어두운 이면을 밝힌 실험 결과를 발표했다. 이 분야의 연구 흐름을 크게 거스르는 이 결과에는 옥시토신이 자문화 중심주의를 촉진한다는 내용도 포함되어 있었다. 자문화 중심주의란 한 집단의 구성원들이 다른 집단에 대한 우월감을 바탕으로 협력을 도모함으로써 집단에 대한 충성도와 구성원들 간 신뢰도를 공고히 하는 것을 의미한다. 자신이 속한 집단을 긍정적으로 바라보는 관점으로 볼 수도 있지만, 다른 집단을 경멸하는 결과로 이어지기도 한다. 카르스텐 연구진은 옥시토신이 자문화 중심주의를 어떻게 강화하는지, 그리고 다른 집단에 대한 부정적인 생각이나 행동과는 어떤 연관성이 있는지 밝히기 위해 총 다섯 건의 실험을 진행했다. 첫 세 건의 실험에서는 단어 연상을 통해 사람들이 자신과 동일한 집단의 구성원과 다른 집단의 구성원을 어떻게 생각하는지 조사했다. 예를 들어 세 번째 실험에서는 '하위인간화infrahumanisation'의 개념이 활용되었다. 하위인간화란 같은 집단에 속한 사람의 행동이나 감정을 다른 집단보다 더 특별하게 생각하는 것이다. 이 실험의 참가자들은 더 까다로운 인지 기능에 필요한 요소이자 인간의 고유한 특징으로도 여겨지는 기쁨, 수치심과 같은 부차적 감정을 그렇게 생각하는 것으로 나타났다(실제로 그런지 따져보려면 책을 새로 한 권 써야 한다).

연구진은 네덜란드 남성 66명에게 옥시토신이나 위약 중 한 가지를 투여한 후 특정 감정을 제시하고 '전형적인' 네덜란드 사람('같은 집단'에 해당한다)과 '전형적인' 무슬림('다른 집단'에 해당한다)● 이 그 감정을 느낀다고 생각하는지 물었다. 주요 감정 중에서 긍정적인 감정 세 가지와 부정적인 감정 세 가지, 그리고 부차적인 감정 중 긍정적인 감정 세 가지와 부정적인 감정 세 가지를 제시한 결과, 옥시토신이 투여된 참가자들은 긍정적인 감정과 부정적인 감정을 포함한 모든 부차적 감정이 무슬림보다 네덜란드 사람들에게서 더 많이 나타난다고 응답해 동일 집단에 편파적인 경향이 있다는 사실이 확인됐다.

나머지 두 실험에는 고전적인 도덕적 딜레마 시나리오가 활용됐다. 심리학 연구에서 참가자가 다양한 사람의 상대적 가치를 어떻게 평가하는지 조사할 때 많이 활용되는 방법이다. 도덕적 딜레마의 예시로 제시된 것은 달리던 전차가 탈선하여 철로에 있던 사람을 칠 수 있는 상황에서 어떤 선택을 할 것인가였다. 전차가 궤도를 바꾸면 철로에 있는 사람을 구할 수 있지만 그 대신 전차에 타고 있는 신원미상의 승객 10명이 죽게 된다. 궤도를 바꾸지 않으면 철로에 있는 사람은 죽고 전차에 탄 승객들은 살아남는다. 연구진이 이 시나리오에서 철로에 있는 사람의 이름을 네덜란드 이름이나 아랍 이름, 독일 이름으로 각각 제시하자 옥시토신을 투여받은 참가자들은 철도에 있는 사람이 네덜란드 이름일 때 아랍 이름이나 독일 이름일 때보다 그 사람을 희생시키지 않는 쪽을 더 많이 택하는 것으로 나타났다.

이러한 결과는 전체적으로 무엇을 의미할까? 옥시토신은 자신이 속한 집단에 대한 편향을 유발해서 같은 집단의 구성원을 편

● 이러한 설정에 문제가 있다는 사실은 나도 잘 알고 있다. 어쨌거나 같은 네덜란드인이지만 무슬림인 경우 어느 쪽으로 분류해야 한단 말인가?

애하거나 다른 집단을 무시하게 만드는 것으로 보인다. 일반적으로 옥시토신의 영향이 같은 집단의 구성원에게 집중되는 경우(집단이 가족, 같은 축구팀 팬, 국가 전체 등 무엇이냐에 따라 의미가 달라질 수 있다) 신뢰와 공감, 협력이 증가하고 옥시토신의 영향이 다른 집단의 구성원에 집중되는 경우에는 반대로 인종차별과 편협성, 공격성이 증대되는 결과가 초래될 수 있다. 실제로 최근 장허징Hejing Zhang이 발표한 연구 결과를 보면 집단 간 싸움이 벌어진 가상 상황이 제시되었을 때 옥시토신을 투여받은 사람들은 자신이 속한 집단의 구성원과 더 많이 협력하지만 동시에 다른 집단의 사람들에게 공격적인 전략을 쓰는 경우도 두 배로 늘어난다는 사실을 확인할 수 있다. 나이트클럽에서 만나 어쩌면 계속 데이트를 하게 될지도 모르는 사람을 무의식중에 다른 집단 사람으로 인식한다면(낯선 사람을 보면 그렇게 인식할 가능성이 꽤 높다), 옥시토신은 소문만큼 믿음직한 사랑의 묘약이 되지 못할 수 있다.

다시 1990년대로

대화가 물 흐르듯 흘렀지만 아무런 유대감도 못 느낄 수 있어요. 같은 내용으로 대화를 하다가 엉망진창이 되었는데… 난데없이 그 사람과는 인생에서 만난 최고의 친구가 될 수도 있고요. — 모제이(Leneghan, 2013:351)

옥시토신은 다른 사람과 친밀한 유대를 형성하고 유지하는 것과 분명 밀접한 연관성이 있는 반면, 엑스터시로도 불리는 MD-

MA(메틸렌디옥시 메스암페타민)는 광란의 파티에 등장하는 마약으로 유명하다. 오랫동안 안 좋은 소식을 전하는 헤드라인에 등장한 이 마약을 대부분 나이가 어린 사람들이 기분 전환을 위해 사용하다가 목숨을 잃는 일도 지속적으로 발생했다. 그런데 MDMA 이용자가 직접 전하는 경험이나 그러한 광란의 파티에 관한 이야기에 반복적으로 등장하는 내용이 있다. MDMA를 복용하면 어마어마한 에너지와 희열을 느낄 뿐만 아니라 함께 춤을 추고 있는 사람들에게 강렬한 유대감과 사랑을 느낀다는 것이다. 그러자 학계와 제약업계는 MDMA가 외상 후 스트레스 장애(PTSD)를 포함한 여러 심리적 문제와 자폐증 등 사회적 기능과 관련된 증상을 치료하는 데 쓰일 수 있는지 조사하기 시작했다. 부부 상담 치료에 MDMA를 사용해야 한다는 의견도 나오고 이를 둘러싼 논란이 벌어지자 어쩌면 이 물질이 인류가 그토록 오랫동안 찾아 헤매던 사랑의 묘약일지 모른다는 가능성도 제기됐다.

그러나 옥시토신과 마찬가지로 MDMA 역시 어떤 상황에서 사용되는지에 따라 효과가 다르게 나타나는 것으로 밝혀졌다. 사회적 기능과 깊은 사랑의 감정을 향상시킬 수도 있지만, 반대로 단시간에 그러한 기능과 감정을 없애버릴 수도 있다. 약리학자인 길린더 베디Gillinder Bedi와 데이비드 하이먼David Hyman, 해리엇 드 위트Harriet de Wit는 '엑스터시는 공감 유발 물질인가?'(2010)라는 제목의 논문에서 엑스터시 이용자 21명을 대상으로 이 물질이 공감 능력에 어떤 영향을 주는지 연구한 결과를 소개했다. 실험 참가자들은 총 네 차례에 걸쳐 MDMA나 메스암페타민(참가자들이 보이는 반응이 암페타민 투여로 나타나는 것인지 확인하기 위해 사용됐다), 위약 중

한 가지를 0.7mg/kg 또는 1.5mg/kg씩 투여받았다. 참가자들은 투여 전후에 시각 아날로그 척도Visual Analogue Scale(VAS)와 기분 상태 척도Profile of Mood States(POMS) 설문지로 사교성, 사랑하는 감정, 외로움, 친근한 감정의 변화를 주관적으로 평가하여 보고했다. 연구진은 이와 함께 공감 능력의 변화를 객관적으로 평가하기 위해 얼굴을 보고 감정을 파악하는 두 건의 과제를 함께 제시했다. 제시된 과제 중 하나는 얼굴 전체를 보여주면서 다양한 감정을 표정으로 나타냈으며, 다른 하나는 눈 부분만 보여주었다('눈을 보고 마음 읽기'로 알려진 유명한 검사법이다). 더불어 '나중에 다시 올게'라는 문장을 연기자가 화가 난 음성, 슬픈 음성, 행복한 음성, 겁먹은 음성으로 읽는 소리만 들려주고 화자의 감정을 파악하는 과제도 활용되었다.

그 결과 MDMA 1.5mg/kg을 투여받은 사람은 주관적으로 평가한 감정에 유의미한 영향이 나타났다. 특히 사랑하는 감정과 친근함이 증가한 것으로 확인됐다. 그러나 MDMA 투여 시 감정을 객관적으로 정확히 인식하는 능력이 향상되지는 않았으며 부정적인 감정, 특히 두려운 감정을 알아채는 능력은 오히려 감소한 것으로 나타났다. 연구진은 MDMA가 공감 능력을 향상시키지 않지만 사교적으로 행동하려는 의욕을 높인다는 결론을 내렸다.

그렇다면 MDMA가 정말 예상대로 기적의 약일까? 최근에 영국에서 데이비드 너트David Nutt 교수(영국 정부에서 의약품 수석보좌관으로 일한 경력이 있다)가 베디 연구진이 실시한 것과 동일한 연구를 재차 진행하고 공감 능력과 함께 MDMA가 협력과 신뢰에 어떤 영향을 주는지 분석했다. 그 결과 MDMA는 위약과 비교할 때 객관

적으로 평가된 친사회적 성향은 크게 향상시키지 않지만 참가자가
주관적으로 평가한 친밀감과 공감, 연민은 향상되었다. 그러나 옥
시토신과 마찬가지로 친사회적 성향을 높이는 이러한 MDMA의
효과는 물질이 사용되는 환경에 좌우되는 것으로 나타났다. 너트
연구진은 실험 조건도 친사회적 감정과 행동을 약화시키는 요소로
작용할 수 있다고 지적했다. 실제로 대학교의 과학 연구소는 대부
분 포근함이나 편안함과는 거리가 먼 장소다. 집이나 클럽 같은 곳
에서 같은 실험이 실시되면 상당히 다른 결과가 나올 가능성이 있
지만, 그러려면 보건법이나 안전 관련법에 위배되지 않는 방법을
찾아야 할 것이다. 위의 두 연구 모두 참가자의 감정에 대한 객관
적인 평가는 참가자가 바라보는 컴퓨터 화면을 통해 진행되었다는
점도 고려해야 한다. 사람과 실제로 관계를 맺는 방식으로 평가가
이루어졌다면 결과가 달라질 수도 있다. 3장에서 설명했듯이, 인
간이 컴퓨터에 반응하는 방식은 사람을 대하는 방식과 다르며 심
지어 개를 대하는 방식과도 차이가 있다. 약물이 사용되는 상황뿐
만 아니라 참가자의 개인적인 성향이 얼마나 안정적인지도 잠재적
인 사랑의 묘약에 대한 반응에 영향을 줄 수 있다. 이제 이 책 앞부
분에서 소개했던 친숙한 이름, 옥시토신 수용체 유전자와 이 유전
자의 rs53576 SNP를 다시 살펴보자.

약물의 유전학적 특성

5장에서 옥시토신 수용체 유전자는 다형성이 있고, 이 때문에 공

감 능력을 비롯해 사랑할 때 경험하고 행동하는 방식이 사람마다 다르다고 설명했다. 특히 이 옥시토신 수용체 유전자 중 특정 위치(단일염기 다형성[SNP] rs53576)가 G 동형접합(GG)인 사람은 A 동형접합(AA)이나 A 이형접합(AG)인 사람보다 공감 능력이 더 뛰어나다. 그런데 이 rs53576 SNP에 G의 유무에 따라 MDMA와 같은 잠재적 사랑의 묘약의 영향을 받는 정도도 달라지는 것으로 밝혀졌다. 이는 MDMA가 뇌와 행동에 미치는 영향이 옥시토신과 관련이 있기 때문에 나타나는 특징이다.

행동신경학자인 아냐 버샤드Anya Bershad는 연구진과 함께 옥시토신 수용체 유전자의 다형성이 MDMA에 의해 발생하는 주관적 경험에 어떤 영향을 미치는지 확인했다. 이를 위해 연구진은 엑스터시 이용자인 남성 39명과 여성 29명에게 MDMA나 위약을 0.75mg/kg 또는 1.5mg/kg씩 투여했다. 참가자들에게는 약물에 대한 개인의 반응 차이를 연구하기 위한 실험이라고 설명하고 자극제(엑스터시나 암페타민 등)나 진정제(바륨 등), 환각제(LSD 등), 카나비노이드(마리화나 등), 위약 중 하나가 투여된다고 알렸다. 이 설명만 들어서는 파티에서 오가는 대화 같기도 하다. 약물 투여 전 참가자들은 기준선이 될 주관적 기분을 평가했고(불안하다, 초조하다, 사람들과 어울리고 싶다, 놀고 싶다 등) 혈압과 심박 수도 측정했다. 그런 다음 MDMA나 위약 중 한 가지를 투여하고 한 시간 반이 경과한 후 네 시간 동안 주관적인 기분 평가와 심혈관 기능 측정을 반복적으로 수행했다. 물론 이 모든 평가와 측정을 실시하기 전에 참가자가 가진 옥시토신 수용체 유전자의 rs53576 SNP가 어떤 유전자형인지 확인하기 위해 타액 검체도 충분히 수집했다.

분석 결과 옥시토신 수용체 유전자의 rs53576 SNP 유전자형이 GG인 사람은 전체 참가자 중 28명, AG인 사람은 30명, AA인 사람은 10명으로 확인됐다. MDMA를 투여하면 용량과 상관없이 모두 사교성, 희열, 불안감, 어지러운 기분이 증대되고 심혈관 기능 지표도 증가했다. 그러나 결과를 유전자형에 따라 분류하자, 사교성이 증가한 기분이라고 밝힌 참가자는 이 유전자형에 G가 포함되어 있고 MDMA를 1.5mg/kg 투여한 경우로 한정됐다. 같은 위치의 유전자형이 AA인 사람은 사교성이 증가했다고 느끼지 않았고 희열감도 실험 전에 측정한 값을 기준으로 할 때 증가 폭이 적었다. 심혈관 기능 지표나 MDMA의 흔한 부작용인 어지러움 또는 불안감은 유전자형과 무관했다. 버샤드 연구진은 옥시토신이 MDMA가 개개인에게 주는 영향과 관련이 있으며 옥시토신 수용체의 rs53576 SNP 유전자형이 AA인 사람은 MDMA가 사회성에 미치는 영향이 나타나지 않는다는 결론을 내렸다. 심리 치료에 MDMA 사용을 합법화하려는 사람들은 물론 이 물질이 보편적인 사랑의 묘약이 될 수 있다고 생각하는 사람들에게는 상당히 심각한 결과다.

윤리적 수수께끼

엑스터시는 외상 후 스트레스 장애 치료에 어느 정도 효능이 있는 것으로 확인되었고 부부 치료에 사용될 가능성도 있다. 윤리학자 브라이언 어프Brian Earp와 줄리언 사불레스쿠Julian Savulescu가 함께 쓴 책 《사랑은 마약이다Love is the Drug》에는 부부 상담 과정에서 엑스터시를 사용하면 서로 간의 신뢰와 개방성이 증가했으며 장기적으로도 관계가 오랫동안 유지되는 것으로 확인된 사례가 나온다. 어프와 사불레스쿠는 우리가 우울증이나 불안 등 가장 가까운 사람들과의 관계를 위태롭게 하는 심리적 마음 상태를 치료하고자 한다면 생물학적인 중재 방안, 즉 약물 치료도 활용해야 한다고 주장했다. 여러 신경화학물질의 작용으로 관계가 시작되고 그 관계를 유지하려는 의욕을 갖게 되는 것이 사랑이라면 그러한 신경화학물질은 몸속에서 만들어지는 중독성 있는 약물로 볼 수 있지 않을까? 따라서 우울증에 선택적 세로토닌 재흡수 억제제(SSRI)와 같은 항우울제와 함께 세로토닌을 추가로 공급하는 것처럼 그러한 물질도 보충하면 좋지 않을까? 게다가 건강한 관계가 우리의 정신 건강과 신체 건강, 삶의 만족도에 긍정적인 영향을 준다는 사실이 밝혀졌고 그러한 약을 처방해서 더 나은 삶을 살 수 있다면 마땅히 처방할 의무가 있지 않을까? 그럴지도 모른다. 어프와 사불레스쿠의 책에는 마약으로 분류되어 엄격히 통제되는 물질인 MDMA가 사랑의 묘약으로 쓰일 경우 이 물질의 장점만 취하는 이상적인 상황이 그려진다. 그러나 우리가 사는 세상은 모두가 의약품 사용 규칙을 철저히 지키는 그런 완벽한 세상이 아니다. 모두가 약을 긍정적인 목적으로만 사용하지는 않기 때문에 이러한 가능성에 의문을 가질 수밖에 없다. 사랑의 묘약이 시장에 나온다면, 윤리적으로 악몽과도 같은 사태가 일어날 수 있다. '상사병'의 치료법을 찾기 위한 연구에서 이미 그 가능성이 여실히 드러났다.

이터널 선샤인

2004년에 나온 영화 〈이터널 선샤인〉을 나만큼 좋아하는 독자가 많으리라 생각한다. 공상과학과 로맨스가 흥미롭게 섞인 이 영화는 연인이었던 클레멘타인과 조엘이 힘든 이별을 겪고 서로에 대한 기억을 전부 지우는 의학적 처치를 받으면서 겪는 일을 그린다. 사람과 사람의 관계에 관한 수많은 논점을 낳고 관계에서 생기는 고통이 연인에게 꼭 필요한 경험인가라는 의문을 던진 강렬한 영화로, 많은 생각을 불러일으킨다. 그런데 영화가 끝나고 다시 현실로 돌아오면 끝나버린 관계나 열렬한 짝사랑의 고통에서 우리를 해방시켜줄 약이 정말로 존재할 수 있는지 궁금해진다. 대인관계로 인한 상처를 기억에서 완전히 지워버리는 게 가능한 일일까?

내가 인터뷰한 사람들에게 사랑의 단점이 뭐라고 생각하느냐고 묻자 이별의 고통이라는 답변이 꽤 많았다. 실제로도 많은 사람들이 실연의 아픔을 겪을 때 고통을 줄일 방법을 찾으려고 하는 것 같다. 그런 용도로 사용되는 약도 있다. 부작용이 그 목표와 맞아떨어지는 것으로 밝혀진 그 약은 바로 우울증 치료에 많이 사용되는 선택적 세로토닌 재흡수 억제제(SSRI)다. 성욕 감소와 감정에 무감각해지는 것은 SSRI의 부작용에 속한다. 이로 인해 자신의 감정을 덜 느끼고 연인의 감정도 덜 신경 쓰게 되므로 사랑의 감정이 약화되고 해로운 관계나 건강하지 않은 관계를 벗어나지 못하는 사람들이 그 관계를 끊는 데 도움이 될 수 있는 후보로 꼽힌다. 상대방에게 집착하는 성향이 강하고 그로 인한 극단적인 질투로 평생 관계를 망치는 사람도 SSRI로 그러한 강박을 약화시킬 수 있다.

앞서 소개한 어프와 사불레스쿠는 이러한 가능성에 힘을 실었고, 나도 정신 건강이나 신체 건강이 위험에 처한 사람들에게는 도움이 될 수 있다는 데 동의한다. 그러나 그들의 책에 소개된, SSRI에 관한 내용 중 한 가지는 내게 경보음처럼 다가왔다. 사랑의 묘약이 세상에 등장해서 다른 의도를 가진 사람의 손에 들어갈 경우 무슨 일이 벌어질 수 있는지 보여주는 내용이었다.

어프와 사불레스쿠는 SSRI의 처방 목적이 대부분의 사람들이 생각하는 허용 범위를 한참 벗어난다고 밝혔다. 정통파 유대교의 경우, 다른 여러 종교와 마찬가지로 사랑과 결혼에 관한 규칙이 있고 성적 취향도 허용 기준이 정해져 있다. 이스라엘에서 일부 랍비와 정통파 유대교도의 결혼 상담사는 독실한 신도들이 이 규칙을 준수하도록 하기 위해, 원래는 우울증 치료제인 SSRI를 유대교 대학에 다니는 젊은 남학생들의 성적 충동을 억제하는 용도로 처방한다. 사랑과 성적 취향에 관한 유대교 규칙을 지키게 만드는 목적으로 활용하는 것이다. 유대교는 혼전 성관계를 허용하지 않으며 동성애도 당연히 허락하지 않는다.

규칙이야 얼마든지 정할 수 있고 이러한 약물은 엄격히 통제된 심리치료에만 사용되어야 한다고 규정할 수 있겠지만, 안타깝게도 어프와 사불레스쿠가 가능하다고 믿는 그런 높은 수준의 통제는 불가능하다. 안전문을 열어젖히고 '사랑'에 도움이 되는 약이라고 대놓고 광고하기 시작하면, 억압적인 사회에서는 부도덕하다고 분류된 사랑을 없애버릴 무기로 활용될 가능성이 매우 높다. 지금도 동성애를 불법으로 간주하는 국가가 72개국이라는 사실을 잊지 말아야 한다. 그러니 SSRI가 그런 '병'에 걸린 사람들을 '치료'

하는 용도로 쓰일 수 있다는 생각이 지나친 우려는 아닐 것이다. 전환 치료(동성애자와 양성애자를 비정상적인 사람으로 간주하고 이성애자로 바꾸기 위해 시도되는 치료법 - 옮긴이)라는 것이 존재한다는 사실만 봐도 충분히 그런 일이 벌어질 가능성이 있다.

그 외에도 이러한 약은 대인관계에서 발생할 수 있는 위험을 자초하거나 균형이 기울어진 권력관계에 희생될 위험을 키울 수 있다. MDMA는 다른 사람의 부정적인 감정을 알아채는 능력을 약화시키므로 대인관계를 유지하려고 이 약물을 이용했다가 위험에 처할 수 있다. 결코 유익하다고 볼 수 없는 효과다. 어프와 사불레스쿠는 관계가 확실하게 형성된 경우에 한해 약물을 사용하면 된다고 주장하지만, 일단 고삐가 풀린 말은 통제하기가 힘든 법이다. 누군가는 관계 초기부터 약물을 사용할 것이고, 사랑의 감정을 내키는 대로 스위치처럼 껐다가 켜는 용도로 약물을 활용할 가능성도 있다. 〈와이어드〉라는 잡지에 실린 짤막한 인터뷰만 봐도 그러한 상황을 예상할 수 있다.

"술집에서 처음 만났어요." 남자가 말했다. "'마음에 드는, 매력적인 여자였어요. 하지만 진지하게 끌리진 않았어요. (그러다) 엑스터시 효과가 확 올라왔고, 당연히 제 태도도 바뀌었죠. 학교에 다니던 때라 우리는 토요일 밤에만 만났어요. 저는 항상 엑스터시를 썼고요. 그러면 사랑이 피어나고, 관계를 그럭저럭 이어나갈 수 있었죠. 토요일 밤에 사랑을 나누고 일요일 오후에는 공원에서 서로 껴안고 있는 그런 관계요. 그렇게 2년이 흘렀어요. 좋았지만, 진심은 아니었어요. 안타깝게도 여자친구는 진심이었지만요. 그러다 동거를 시작했고 몇 달 동안 함께 지냈습니다. 그럴 의도는 없었는데 제가 정말 큰 상처를 줬어요. 약 없이는 사랑하는 마음이 일지 않았거든요. 여자친구는 좋은 사람이었어요. 매력적이고 똑똑했죠. 하지만 그건 엑스터시가 만들어낸 가짜 사랑이었어요." – 〈와이어드〉, **2017년 8월 27일**

우리는 모두 자율성이 있고, 자신의 행동과 경험에 영향을 주는 무언가를 시도해볼 수 있다. 적어도 '자유로운' 서구 사회에서는 그렇다. 하지만 다른 사람에게 영향을 주는 일에는 윤리적 문제가 따른다. 제임스라는 남성이 밝힌 위의 인터뷰 내용을 보면, 그의 여자친구는 화학물질로 만들어진 엉성한 관계에 자신의 꿈과 인생을 몇 년이나 쏟았다. 약이 없으면 금세 허물어지는 관계였다. 제임스의 경우에는 이런 부작용이 따른다는 사실을 몰랐지만, 그 효과를 알고 연인의 보기 싫은 행동에 눈 감으려는 목적으로 약물을 이용하는 사람이 생길 수도 있다. 또는 두 사람의 관계에서 한 사람만 스위치로 전등을 켜고 끄는 것처럼 사랑의 감정을 켜고 끄는 데 이런 약물을 이용할 가능성도 있다. 성인 치료에만 이러한 약물을 허용하더라도 부모와 자녀의 관계 치료에 서서히 흘러 들어가면 어떻게 될까? 설치류 실험에서 어린 수컷에게 옥시토신을 반복 투여하면 성체가 되었을 때 부모, 그리고 짝짓기 상대와 관계를 형성하는 기능이 떨어지는 것으로 나타났다.

인간은 통제력을 갈망한다. 인간이 타인과 맺는 모든 친밀한 관계 가운데 가장 통제할 수 없는 관계가 사랑이다. 사랑의 통제에 관해 지금까지 밝혀진 방대한 지식에는 두 가지 문제가 있다. 첫 번째는 이 지식이 불완전하다는 것이다. 아직까지 사랑에 영향을 줄 수 있는 약물 사용의 장기적인 결과는 과학적으로 밝혀지지 않았다. 사람마다 약물의 영향이 얼마나 다르게 나타나는지, 약물이 사용되는 상황이 효능에 어떤 영향을 주는지도 소위 사랑의 묘약이라 불리는 이러한 약물이 정말로 우리 삶에 유익하다고 자신 있게 말할 수 있을 만큼 과학적으로 확실하게 입증되지 않았다. 두 번째는 우리가 사는 세상이 모두가 정해진 선을 잘 지키고 다른 사람을 억압하거나 강요하지 않는 그런 이상적인 사회가 아니라는 점이다. 일단 그러한 약물을 허용하기 시작하면 경계가 무너지거나 자신보다 약한 사람들, 특히 '부도덕'하다고 평가된 사람들에게 사용하거나 연인에게 휘두르는 권력으로 활용되는 사태가 벌어져도 이미 엎질러진 물을 다시 주워 담지는 못한다. 사랑의 묘약에는 엄청난 윤리적 딜레마가 따르며, 나는 그 문제를 해결할 방법을 알지 못한다. 업계는 그런 약을 만들면 경제적 이득을 얻을 수 있다는 생각에 윤리적 문제를 모른 척할 수도 있다. 그러므로 그러한 약을 사용할 때 우리의 건강과 행복에 생길 잠재적인 이점이 우리가 치러야 할 상당한 대가보다 정말로 큰지 찬찬히 고민해봐야 한다. 위험을 감수하면서까지 사랑을 통제하고 싶은가? 여러분 생각은 어떤가? 사랑의 묘약이 있다면 써보고 싶은가?

이번 장에서는 질투심과 어둠의 3요소로 불리는 성격·학대 관계·카리스마 넘치는 폭군, 사랑의 묘약을 둘러싼 문제까지 사랑의 어두운 이면을 살펴보았다. 사랑이란 무엇인지 탐구하는 마지막 장에서는 다시 사랑의 긍정적인 측면으로 돌아가서, 감정의 한 종류를 넘어 의욕을 고취시키는 사랑의 특징을 알아볼 것이다. 사랑은 큰 목표를 이루고 위대한 변화를 일으킬 동기를 부여한다. 사랑은 통제가 아닌 의욕의 원천이다.

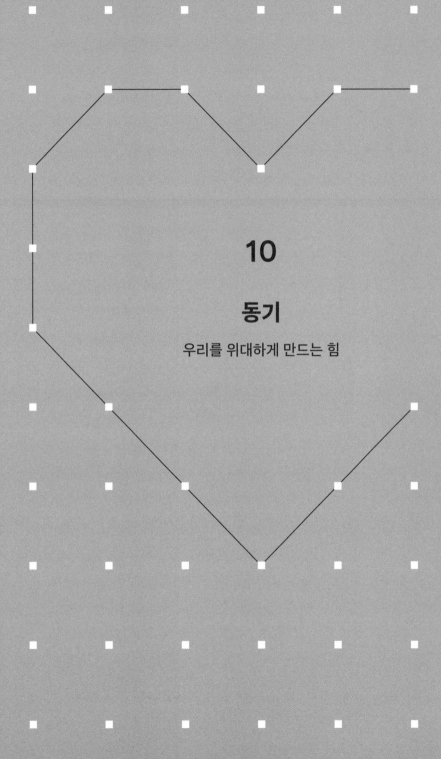

10

동기

우리를 위대하게 만드는 힘

마음을 단단히 먹고 다음 글을 읽어보자.

감정은 신경 회로(이 기능에만 전적으로 활용되는 부분이 있다)와 반응
체계, 그리고 인지 기능과 행위를 일으키고 체계화하는 감정 상
태/과정으로 구성된다. 감정은 경험하는 당사자에게 정보를 제공
한다. 그 정보에는 인지 기능으로 이루어지는 선행 평가와 감정
상태, 표정, 사회적 소통 관련 신호를 해석하는 것과 같은 지속적
인 인식의 결과가 포함될 수 있다. 감정은 접근 행동이나 회피 행
동, 실행 통제/반응의 조절, 선천적인 사교성이나 관계성의 동기
가 될 수 있다.

— 캐럴 아이저드(Izard 2010: 363~370)

와우. 대단한 글 아닌가. '감정'도 사랑과 마찬가지로 정의하기

가 참 어려운 것 같다. 실제로 감정은 끝나지 않는 논쟁의 주제이자 논문 주제로 계속해서 등장한다. 다행히 우리는 이 혼란스러운 토끼 굴에 들어가지 않아도 된다. 사랑은 감정이 아니기 때문이다. 충격적인 소리인가? 예전에는 나도 다른 사람들처럼 사랑을 감정이라고 설명했고(다른 누구보다도 다윈 역시 그렇게 설명했으므로 좀 덜 부끄럽다), 사랑을 지금까지 이 책에서 설명한 것처럼 해석하지 않으려고 애쓰면서 오랜 시간을 보냈다. 사랑은 감정이라고 설명하는 것이 한마디로 요약하기 힘든 현상을 포괄할 수 있는 간편한 방법인 것 같다. 그러나 감정을 연구하는 사람들조차 사랑이 인간의 주요 감정(혐오, 공포, 행복 등이 포함된다)은 분명 아니라는 데 동의하며 향수, 질투 같은 부차적인 감정도 아니라고 본다. 사랑은 복합적이고 평생 동안 영향을 주기 때문이다. 사랑은 감정이 아니라 굶주림, 갈증, 피로와 더 비슷하다. 즉 생존에 반드시 필요한 자원을 찾게 하는 동기 또는 의욕이다. 1장에서 살펴본 대로 사랑은 생존의 필수요소다.

이번 장에서는 감정이 아닌 동기를 일으키는 요소로서 사랑의 특징을 설명하고자 한다. 왜 우리가 사랑을 '감정'이라는 이름표가 붙은 상자에 가두려고 애쓰는지에 관한 과학적인 설명도 제시한다. 인간은 의욕을 갖고 살아가는 존재인지 아니면 소파에서 어떻게든 몸을 일으키고 늘어진 잠옷에서 벗어나려고 애쓰며 사는 존재인지에 관해, 그리고 하루를 보내는 방식 중 일부는 유전자에 새겨져 있고 특히 인간의 오랜 친구인 도파민과 관련된 유전자에 좌우된다는 사실에 관해서도 이야기할 것이다. 사랑이 동기가 되어 엄청난 지구력을 발휘한 사람들과 탐험, 심지어 범죄의 수렁에 빠저 죽음이 코앞에 있는 삶에서 '구조된' 사람들의 이야기와 자녀에 대한 강인한 사랑의 이야기도 소개한다. 그리고 예술은 사랑을 표현하거나 이해하기 위한 노력에서 탄생한 경우가 많다는 사실도 설명한다. 인간이 가진 창의적이고 똑똑하고 섹시한 뇌를 연인이 될지 모르는 사람에게 어필하는 수단으로 예술이 활용되는 것은 놀라울 정도로 영리한 진화의 결과인지도 모른다. 이제 사랑을 상자에서 꺼낼 때다.

활기차게

2장에서 우리는 연인, 부모 자식 간의 사랑, 정신적인 사랑까지 모든 사랑의 첫 단계는 두 가지 주요 신경화학물질의 작용에서 비롯된다는 사실을 배웠다. 바로 옥시토신과 도파민이다. 옥시토신이 새로운 관계를 형성할 수 있도록 마음을 열게 한다면, 도파민은 활기를 일으키는 호르몬이다. 도파민은 술집에서 우연히 본 사람을 향해, 내 아이를 향해, 놀이터에서 놀고 있는 친구들을 향해, 관계를 형성할 수 있는 모든 상황에서 가만히 앉아만 있지 않고 움직여 봐야겠다는 의욕을 일으키는 기능을 한다. 베타엔도르핀이 활성화되기 시작하면 옥시토신과 도파민의 역할은 점차 약화되지만, 관계의 첫 단계에서는 이 두 가지 물질이 늘 함께 나타난다.

도파민이 의욕을 불어넣는다는 사실은 래트와 일부일처제를 지키는 들쥐에서 나타나는 모성애, 그리고 번식과 관련된 '사랑'으로 확인됐다. 이러한 연구에서는 체내 도파민이 증가하는 화학물질을 투여하자 새끼를 핥거나 다른 곳에 있는 새끼를 찾아서 데리고 오는 것과 같은 모성애 행동이 증가했다. 반대로 도파민의 활성을 막는 화학물질을 투여하자 이러한 행동도 감소했다. 사람의 경우 헬렌 피셔Helen Fisher 박사가 이끄는 팀의 선구적인 연구를 통해 도파민과 사랑의 관계가 밝혀지고 도파민이 없으면 무관심한 행동이 나타난다는 사실이 입증됐다. 여기서 무관심이란 자발적인 목표 지향적 행동이 줄어드는 것을 말한다. 한마디로 의욕을 잃는다는 의미다. 인간의 무관심은 신체 활동을 꺼리는 행동으로 나타날 수도 있고 마음을 쓰지 않으려는 인지적 반응, 감정을 쓰지 않으려 하거나 쓰지 못하는 정서적 반응으로 나타날 수도 있다. 누구나 때로는 무관심한 면이 나타난다. 내 경우에도 햇빛이 눈부신 날 진토닉 한 잔이 절실할 때 급한 연구 프로젝트를 마치려면 인지적 무관심과 신체적 무관심이 필요하다. 그러나 무관심은 파킨슨병, 치매, 뇌졸중, 우울증, 조현병과 같은 다양한 질병의 특징적인 증상으로 나타나기도 한다. 파킨슨병은 뇌에서 도파민의 작용으로 활성화되는 뉴런이 퇴행하는 질병이므로, 파킨슨병 환자에게서 나타나는 무관심은 도파민이 의욕을 일으키는 데 중요한 역할을 한다는 사실을 강력히 뒷받침한다. 알츠하이머병의 경우에는 도파민 운송체의 농도가 감소하는 것, 조현병은 전전두피질에서 일어나는 도파민의 전달에 부정적인 영향이 발생하는 것이 환자에게서 나타나는 무관심의 원인이므로 동일한 결론을 내릴 수 있다. 사랑을 경험할 때 보상감을 느끼게 하는 중요한 신경화학물질인 도파민은 우리에게 동기를 부여하며 도파민이 없으면 무기력해지고 무엇에도 몰입하지 못할 수 있다.

사랑을 경험할 때 특징적으로 나타나는 신경 활성과 도파민의 작용으로 의욕이 생길 때 활성화되는 뇌 회로가 서로 밀접하게 겹친다는 사실은 사랑이 감정이 아니라 욕구라는 주장에 더욱 힘을 실어준다. 도파민과 동기 부여에 관한 연구 결과는 이름부터 이 연구에 더없이 적합한 신경과학자 티퍼니 러브Tiffany Love 박사의 2014년 논문에서 확인할 수 있다. 이 연구에서는 도파민의 작용으로 활성화되어 의욕을 일으키는 뇌 회로가 복측피개영역(VTA)과 중격의지핵, 해마, 편도체, 복측창백핵, 전전두피질로 구성된다는 사실이 밝혀졌다. 어딘가 익숙하지 않은가? 사랑을 할 때 활성화되는 신경회로와 대체로 비슷한 영역이다. 특히 중격의지핵은 도파민 수용체의 밀도가 높은 곳으로, 관계가 처음 형성될 때 집중적으로 활성화된다. 이 중격의지핵은 전전두피질에서 나온 목표 또는 표적에 관한 정보와 해마에서 나온 환경의 특징에 관한 정보, 편도체에서 나오는 특정 상황의 정서적 중요도에 관한 정보를 통합해서 복측창백핵, 그리고 운동을 통제하는 중뇌와의 연결을 통해 신체 행위에 해당하는 운동을 촉발하는 중요한 기능을 한다. 그러므로 사랑을 경험할 때 나타나는 신경학적 특징은 곧 의욕이 생길 때 나타나는 특징이라 할 수 있다.

인생의 필수 요소

사랑은 우리에게 꼭 필요한 것 중 하나라고 생각해요. 누구나 마음속에 사랑이 차지할 공간이 조금은 존재합니다. 사랑에는 비이성적인 면도 있습니다. 누군가를, 혹은 무언가를 사랑하는 데 항상 이유가 있는 건 아니니까요. 저는 사랑하는 것이 생기면 퍼즐이 완성된 것처럼 완전해진 기분이 들어요. ㅡ마고

스페인의 심리학자 엔리케 부루나트Enrique Burunat는 '사랑은 (허기, 갈증, 잠, 섹스와 같은) 생리적 욕구'(2019)라는 제목의 혁신적인 논문에서 우리가 오랫동안 사랑을 잘못 분류해왔다고 주장했다. 사랑은 공포, 분노, 혐오와 함께 '감정'이라는 라벨이 붙은 상자에 담겨 있었지만 실제로는 생존을 위한 욕구로 분류되어야 한다는 것이다. 부루나트는 중독의 특징은 특정한 대상이나 활동에 강한 의욕을 느끼고 그 욕구가 통제 불가능한 수준에 이르는 경우가 많다는 점인데, 중독과 사랑이 밀접하게 겹치는 부분이 많다는 것도 사랑이 욕구임을 분명하게 보여준다고 설명했다. 또한 사랑이 욕망, 공포, 분노, 행복을 포함한 광범위한 감정을 아우르는 것은 사실이지만 사랑이 감정보다 범위가 훨씬 넓다고 보았다. 사랑의 수명도 감정으로 분류하기에 부적절하다는 주장을 강력히 뒷받침한다. 감정은 경험하는 시간이 비교적 짧고 자극에 대한 반응으로 발생하며, 일종의 대처 수단으로 진화했다. 즉 공포는 우리를 달아나게 만들고, 역겨움은 곰팡이 핀 음식을 피하게 만든다. 사랑은 항상 '느껴지는' 건 아니지만 애착이 확고하게 형성된 오랜 커플에게 지금 '사랑을 하고 있느냐'라고 물으면, 그 순간 느끼는 감정과 상관없이 '그렇다'라는 대답이 돌아온다. 감정은 행동과 생리적 반응으로 나타난다는 점도 고려해야 한다. 일차 감정에 해당하는 욕정을 느끼면 심장 박동이 빨라지고 동공이 확대되는 반응이 나타나

고, 이러한 변화는 섹스로 이어질 가능성이 있지만 이 과정은 전부 무의식적으로 일어난다. 반면 사랑은 감정과 더불어 행동, 생리학적 과정, 뇌의 의식 영역이 동원되는 사고 과정으로 구성된다.

그렇다면 동기란 무엇일까? 부루나트는 생존에 필요한 욕구를 모두 충족시키고 몸과 뇌가 기능을 원만하게 발휘하게 하려는 메커니즘이 동기라고 주장한다. 먹을 것 또는 마실 물을 찾으려는 동기를 생각해보자. 우리는 허기나 갈증을 항상 느끼지는 않지만 음식이나 물을 찾는 메커니즘은 평생 동안 지속된다. 즉 음식과 물의 인체 균형이 맞지 않을 때 배고프다, 목이 마르다고 '느끼고' 필요한 것을 충족하려는 동기가 생긴다. 우리가 정상적으로 기능하고 생존하기 위해서는 세포가 음식에서 에너지를 얻어야 하는데 이 에너지가 부족하면 허기를 느끼고 이는 음식을 찾는 동기가 되는 것이다. 마찬가지로 사랑은 평생 일정하게 존재하지만 없을 때 비로소 갈망하게 되고, 이 감정은 사랑을 찾아 나서는 동기가 된다. 갈증이나 허기, 피로, 상사병은 이와 달리 영원히 지속되지 않는다. 아동기에 음식과 물, 잠이 부족하면 발달 과정에 부정적 영향이 발생하듯이 사랑이 부족하면 평생 동안 경험하는 사랑과 행복에 큰 영향을 미친다. 이에 대해서는 1장과 3장에서도 설명했다. 그러나 공포, 역겨움, 분노, 심지어 행복도 그렇지는 않다. 어떤 감정이 생겨서, 또는 생기지 않아서 달갑지 않은 결과가 생길 수 있고, 심한 경우 생존을 위협할 정도로 위험해질 수는 있어도 그것이 인간의 발달 과정에 직접적인 영향을 주지는 않는다.

가장 강력한 동기

사랑이 욕구라는 개념은 1940년대 중반에 심리학자 에이브러햄 매슬로Abraham Maslow가 처음으로 제시했다. 그는 인간이 필요로 하는 것, 혹은 욕구를 피라미드 모델로 나타내고 아래쪽에 있는 욕구를 충족해야 더 높은 단계의 욕구를 충족시키기 위해 노력할 수 있다고 설명했다. 매슬로가 제시한 개념을 그림으로 표현하면 다음과 같다.

매슬로의 욕구 피라미드

피라미드의 가장 아래에는 생존을 위한 필수 욕구인 생리적 욕구가 자리한다. 관계를 맺으려는 '심리적' 욕구는 더 위쪽인 세 번째 층에 있다. 매슬로도 사랑을 반드시 충족되어야 하는 욕구의 하나로 보았지만, 나는 엔리케 부루나트와 마찬가지로 이 피라미드의 맨 아래층에 있어야 한다고 생각한다. 사랑이 없다면 세상에 태어난 아이들은 돌봄을 받지 못하고 인간은 번성하지 못할 것이다. 1장에서 살펴본 대로 사랑이 없으면 신체 건강은 물론 정신 건강에도 직접적인 영향이 발생한다. 사랑은 일정 부분에 있어서 생리적인 경험이다. 사랑과 관련된 그 모든 신경화학물질만 생각해봐도 알 수 있다. 그러나 1940년대에 사랑을 감정으로 정의할 수 없으며 욕구 모델에 사랑을 포함해야 한다고 밝힌 매슬로의 주장은 분명 정확했다.

최근에는 사랑이 변화의 동기가 될 수 있는지를 확인하기 위한 연구가 진행됐다. 심리학자인 아그니에슈카 헤르만스-코노프카Agnieszka Hermans-Konopka와 휘버르트 헤르만스Hubert Hermans는 사랑은 감정이기도 하고 일종의 증후군이기도 하다(철학자들을 위한 설명인 것 같다)는 설명에 이어 "사랑은 자아의 구성요소이자 사회적 관계에서 행위를 일으키는 요소"라고 말했다. 우리가 사랑하는 대상은 부분적으로 자기 자신이며, 사랑은 행동을 취하는 동기가 된다는 뜻이다. 사랑은 변화의 과정이며 변화의 동인, 즉 변화의 동기를 부여한다. 무엇보다 사랑은 그 사람이 가진 최고의 모습을 이끌어내고(앞 장에서 살펴보았듯이 사랑이 개인의 어두운 이면을 끄집어낼 수도 있지만 그 가능성은 무시하고) 그가 가진 잠재력을 전부 발휘하게 한다.

사랑하는 사람들은 최고의 나, 가장 행복한 나를 끌어냅니다. 그리고 가장 즐거운 내가 되게 합니다. 사랑하는 사람과 있을 때면 '내가 당신과 함께

하는 것도 좋지만 내게 이런 모습이 있음을 알게 해줘서 좋다'라는 기분
이 들어요. 사랑하는 사람과 함께할 때만 느낄 수 있는 자기애가 생깁니
다. — 주디

헤르만스-코노프카와 휘버르트 헤르만스는 21~27세 폴란드
대학생 120명을 연구 참가자로 모집했다. 그리고 사랑을 포함한
14가지 느낌(놀랍게도 일부러 '감정'이라는 표현을 쓰지 않은 세심함을 발
휘했다)이 자아와 동기에 어떤 영향을 주는지 조사했다. 조사에 포
함된 느낌은 자존감, 사랑, 외로움, 힘, 열등함, 불안, 죄책감, 안전,
다정함, 약함, 즐거움, 분노, 내적 평온함, 냉담함이다. 연구진은 참
가자들에게 이 느낌을 하나씩 놓고 그러한 느낌을 경험했던 상황
을 떠올려보라고 했다. 그리고 그 상황에서 느낀 자기감각, 그것
이 충동이나 행위에 어떤 영향을 줄 수 있다고 생각하는지를 부정
적인 동사, 긍정적인 동사, 중립적인 동사로 구성된 동사 목록에서
선택하게 했다.

남학생과 여학생 모두 다정함, 내적 평온함, 안전, 즐거움, 사
랑이 부정적인 행위와 가장 거리가 먼 느낌이라고 답했다. 동기 부
여의 경우, 남녀 참가자 모두 인생의 긍정적인 변화에 동기가 되는
느낌으로는 사랑을 가장 많이 택했다. 헤르만스-코노프카와 휘버
르트 헤르만스는 사랑이 긍정적인 변화에 가장 큰 동기를 부여한
다는 결론을 내리면서 사랑은 "다른 사람에게 다가가는 것"이라고
한 심리학자 제임스 애버릴James Averill의 말을 인용했다. 사랑은 다
른 사람에게로 향하는 행위이며, 이 연구는 사랑이 다른 어떤 것보
다 강력한 동기를 불어넣는 요소일 가능성이 상당히 높다는 것을

보여준다.

뜨거운 야망과 유전학

그러나 사랑이 동기를 부여하고 '다른 사람에게 다가가도록' 만드는 영향의 범위는 다른 수많은 일들과 마찬가지로 부분적으로는 유전적인 특징과 관련이 있다. 사랑할 대상을 찾을 때, 또는 사랑을 유지하려고 노력할 때 우리가 하는 행동의 근원 중 일부는 유전자에 있다. 최근에 일본의 신경학자 미타키 신고三瀧眞悟와 그의 연구진은 유전자의 다양성이 개개인의 무관심함에 어떤 영향을 주는지 조사했다. 무관심한 사람은 사랑을 찾거나 사랑을 유지하려는 의욕이 별로 없을 것으로 예상할 수 있다. 연구진이 중점적으로 살펴본 것은 COMT(카테콜-O-메틸기전달효소)로 불리는 도파민과 관련성이 있는 유전자다. COMT 유전자는 단일염기 다형성(SNP)에 따라 두 종류로 나뉘며 이 유전자가 메티오닌(Met) 버전인 사람은 발린(Val) 버전을 가진 사람보다 전전두피질의 도파민 농도가 높다. 미타키 연구진은 이 두 가지 유전자형에 따라 무관심한 태도가 나타나는 확률이 달라지는지 분석했다.

먼저 이 연구를 위해 신체적으로나 신경학적으로 건강한 41~88세 자원자 963명을 모집했다. 남성 513명, 여성 450명으로 구성된 이 참가자들을 대상으로 COMT 유전자의 버전을 확인하기 위한 혈액 검사를 실시한 후 자가보고 방식의 세 가지 평가를 진행했다. 무관심 척도, 웩슬러 성인 지능 검사, 그리고 무관심의 원인이 될 수 있는 우울증 평가였다.

결과는 명확했다. COMT 유전자가 메티오닌 버전인 사람은 도파민 농도가 더 높고 무관심한 태도를 보일 가능성은 유의미한 수준으로 더 낮았다. 도파민과 무관심의 연관성이 다시 한번 확인된 셈이다. 나중에 누가 여러분에게 왜 그렇게 야망이 없냐고 꾸짖거나 소파에 드러누워만 있다고 잔소리하면 유전자 탓을 해볼 수도 있다는 점에서는 흥미로운 결과지만, 이것으로 COMT 유전자가 동기, 특히 사랑을 찾으려는 의욕에 영향을 준다고 결론 내릴 수는 없다.

그러나 다른 여러 연구에서 사랑이 불어넣는 의욕의 범위와 COMT 유전자의 다양성이 연관되어 있다는 힌트가 발견됐다. 최근 스페인의 신경과학 연구팀이 레이레 에르코레카Leire Erkoreka의 주도로 실시한 연구에서는 전전두피질의 도파민 농도가 더 낮은 발린 버전의 COMT 유전자를 가진 사람들은 연인과의 관계에서 회피형 애착의 특성을 보이는 경우가 많은 것으로 나타났다. 여기서 주목해야 하는 부분은 애착의 특성이 '회피'라는 점이다. 회피형 애착관계를 맺는 사람들은 사랑을 적극적으로 찾고 유지하려는 의욕을 보이지 않고, 안정형 애착관계나 불안 애착관계를 맺는 사람들처럼 사랑을 찾으려는 욕구나 그럴 필요성을 느끼지 않는다. COMT 유전자의 대립유전자가 발린 버전인 사람들에게는 사랑이 인생에서 가장 강력한 동기 부여 요소가 아님을 분명하게 알 수 있는 결과다.

사랑: 새로 태어날 수 있는 기회

누군가의 롤모델이 된다는 건 특별한 의미가 있다고 생각해요. 그래서 제가 하는 것과 하지 않고 내버려두는 많은 것들을 생각하게 됩니다. 여러 가지를 바꾸고, 더 나아지려고 애쓰고 있어요. 아들이 앞으로 인생을 살아가는 방식, 아이가 자라서 어떤 사람이 될 것인지에 영향을 주는 것들을 생각합니다. 그런 고민이 제 인생을 하루하루 살아가는 방식을 만들고 있습니다. **— 윌(생후 6개월인 크리스토퍼의 아빠)**

부모가 된다는 것은 최대한 좋은 사람이 되고 싶다는 생각을 하게 된다는 점에서 특별한 일이다. 윌의 이야기처럼 달라지고 싶고, 바꾸고 싶고, 고개를 당당하게 들고 생산성 있는 밝은 미래를 꿈꾸면서 인생의 새로운 단계를 시작하고 싶은 마음이 든다. 나는 10년 넘게 처음 아빠가 된 남성들을 연구했는데, 그들이 개인적으로 어떤 사람이건 간에 공통적으로 하는 말이 있다. 더 나은 사람이 되고 싶어졌다는 말이다. 담배를 끊거나, 건강을 위해 운동을 하거나, 하다가 만 집 증축 공사를 완성한 경우도 있고 직업에 대해 처음부터 다시 고민한 끝에 육아를 도맡기로 결정한 사람도 있다. 내 다른 저서 《아버지의 생애》에서도 밝혔지만, 나는 이러한 변화의 욕구가 처음 부모가 되면서 정체성에 큰 변화가 찾아온 결과라고 본다. 자식에게 느끼는 사랑으로 도파민이 대량 분비되는 것과도 관련이 있을 수 있다. 처음으로 부모가 되었을 때 일어나는 이러한 심리적·신경화학적 변화에 아기에 대한 사랑이 더해지면서 자동으로 의욕이 샘솟는다. 갓 부모가 된 사람이 느끼는 이러한 동기가 자신과 아기 '모두'의 인생을 구하는 경우도 있다.

미국에서 조산사로 활동해온 제니 포스터Jenny Foster 박사는 2000년대 초 미국에 살고 있는 젊은 푸에르토리코인 아버지들의 경험을 조사했다. 연구 대상자는 10대 여성과의 사이에 아기를 둔 14~24세의 아빠들로, 소득 수준은 빈곤선보다 한참 아래였다. 총 30명의 연구 참가자 중 12명은 교도소에 수감된 적이 있거나 마약 거래를 포함한 불법적인 일에 관여하고 있다고 시인했다. 포스터는 참가자들이 아빠로서 어떤 경험을 하고 있는지 파악하기 위해 다양한 질문을 던졌다. 하루하루 생활이 어떠한가? 계획했던 임신이었나? 아빠로 사는 것의 가장 중요한 측면은 무엇이라고 생각하는가? 아버지의 롤모델로 여기는 사람이 있는가? 답변에 담긴 공통점을 찾기 위해 분석을 마친 결과 계획한 임신이었다는 점과 함께 우리가 가장 관심을 갖는 주제인 아빠가 된 이후에 강력한 의욕이 생겼다는 점도 공통분모로 확인됐다. 여러 참가자들이 아이가 태어난 후 더욱 책임감 있는 사람이 되고 아이에게 훌륭한 롤모델이 되고 싶어졌다고 말했다. 특히 지금 하고 있는 불법적인 일들을 계속 할 경우 나중에 아이가 자라서 자신을 어떻게 볼지 걱정된다고 밝혔다. 한 참가자는 아이가 자신과 같은 삶을 살지 않도록 범죄 조직에서 나오기로 결정했다고 말했다.

언젠가 거리에서 돈을 구걸해야 할 수도 있겠죠. 아들과 함께요. 동정심이 없는 사람들이 참 많지만요. 하지만 아이가 보는 앞에서 사람을 죽이거나, 아이 앞에서 총을 꺼내드는 상황은 정말 말도 안 되는 일이라고 생각해요. 아들이 아버지 없이 사는 걸 보고 싶지는 않으니까요. 아이에게는 모범이 될 만한 아버지가 필요하고, 내 자식에게 다른 사람이 그런 존재가 되도록 할 수는 없어요. 아버지만이 그런 존재가 될 수 있습니다. 저는 제 아이에게 그렇게 되고 싶어요. 그래, 아빠가 나쁜 짓도 저질렀지만, 널 위해 모든 걸 바꾸려고 노력했단다. 너는 나 같은 사람이 되지 말아야 하니까. **– 익명의 범죄 조직원**(Foster, 2004:122)

자식에 대한 사랑이 범죄자 생활을 청산하는 것처럼 어려운 결단을 하는 동기가 되기도 하지만, 우리는 인간의 역사와 현대 문화 곳곳에서 사랑이라는 이름으로 이루어진 위대한 성취를 찾을 수 있다. 연인과의 사랑에서 그러한 성취를 보여주는 가장 멋진 예시 중 하나는 사랑을 행동으로 실행한 중세 기사도 정신이다. 용에게 잡혀가거나 탑에 갇힌 공주를 구하고, 사랑하는 여인을 얻기 위해 말에 올라 창을 겨누고, 사랑이라는 이름으로 전쟁도 불사했다. 그리스 신화에서 스파르타의 왕 메넬라오스는 트로이에 빼앗긴 아내 헬레네를 되찾기 위해 트로이 전쟁을 시작했고 이 전쟁은 10년간 이어졌다. 18세기에는 이사벨 고댕 데 오다나이스라는 여성이 남편을 20년간 기다리다 아마존 열대우림 탐험에 직접 나섰다. 함께 간 사람들이 전부 죽고 이사벨 홀로 남아 길을 잃었다가 구조된 것으로 알려진다. 이사벨이 아마존으로 간 이유는 단 하나, 아이러니하게도 지도 제작을 위해 그곳으로 탐사를 떠났다가 실종된 프랑스인 남편 장 고댕을 찾기 위해서였다.

사랑이 가진 동기 부여의 힘을 분석한 최근 연구에서도 불가능하다고 여겨진 장애물을 사랑의 힘으로 뛰어넘은 부모와 자식, 남편과 아내, 조부모와 손자들의 이야기를 찾을 수 있다. 이들의 이야기는 사랑이 불어넣은 물리적·정서적·인지적 동기에서 비롯된 놀라운 성취를 보여준다. 그중에는 할리우드 블록버스터 영화에나 나올 법한 이야기처럼 큰 감동을 주는 사례도 있다.

영화 속 사랑

25년 동안 헤어졌던 어머니가 절 바라보았어요. 어머니는 절대로 자식 얼굴을 잊어버릴 분이 아니에요. 어머니는 저를 알아보셨고, 저도 어머니를 알아봤습니다. 그렇게 오랜 세월이 흘렀는데도 제 기억 속에는 엄마의 얼굴이 남아 있었어요. **— 사루 브리얼리(《가디언》, 2017년 2월 24일)**

2017년 아카데미 작품상에 오른 후보는 〈라라랜드〉와 〈컨택트〉, 〈로스트 인 더스트〉, 〈라이언〉, 〈히든 피겨스〉, 〈문라이트〉, 〈핵소 고지〉, 〈맨체스터 바이 더 씨〉, 〈펜스〉였다. 늘 그렇듯 창작물과 실존 인물의 놀라운 이야기를 바탕으로 한 작품이 섞여 있었다. 이 중 한 작품은 주인공이 다섯 살 때 시작된 여정을 따라간다. 가족을 잃어버리고, 다른 집에 입양되어 지구 반대편에서 살다가 서른한 살에 자신을 낳아준 부모와 재회한 그의 이야기는 다큐멘터리로도 만들어졌고 직접 쓴 책으로도 알려졌다. 영화는 그 책을 바탕으로 만들어졌다. 여러 후보작 중에 사랑이 가진 동기 부여의 힘을 보여준 건 이 영화 〈라이언〉이 유일했다.

〈라이언〉은 사루 브리얼리의 이야기다. 어린 시절에는 셰루로 불렸던 사루는 1980년대 초 인도 마디아프라데시주 칸드와시에 자리한 외딴 마을의 가난한 집에서 태어났다. 어린 셰루는 가족의 생계에 힘을 보태려고 다른 형제 2명과 함께 가까운 기차역에서 음식과 돈을 구걸하거나 열차 객실 바닥을 청소하는 일을 겨우 얻어서 돈을 벌곤 했다. 그러다 다섯 살 때 형 구뚜가 약 70킬로미터 떨어진 부르한푸르시로 간다는 소리를 듣고 형의 반대를 무릅쓰고 따라가기로 했다. 부르한푸르에 도착하자 형은 셰루를 플랫폼 벤치에 두고 일거리를 찾으러 갔다. 형을 기다리다 지친 셰루는 잠이 들었다. 깨어났을 때 기차가 플랫폼에 들어와 있는 것을 본 셰루는 형이 그 안에 있으리란 생각에 무작정 기차에 올랐다. 하지만 형은 보이지 않았고, 셰루는 형이 찾으러 오리라 생각하며 기차 안에서 또다시 잠이 들었다. 다시 깨어났을 때는 기차가 움직이고 있었다. 종착지는 집이 있는 칸드와시에서 1500킬로미터 떨어진 콜카타의 하우라 역이었다. 셰루는 집으로 돌아가려고 다른 기차에 탔지만 매번 하우라 역으로 돌아오고 말았다. 가족과 너무 멀리 떨어진 곳에서 길을 잃은 것이다. 셰루는 살아남기 위해 기차역과 콜카타의 혼잡한 거리를 헤매며 닥치는 대로 먹을 것을 얻고 돈을 구걸했다. 머리털이 곤두설 만큼 놀라운 일들을 몇 차례 겪은 후, 셰루는 마침내 '인도 후원·입양협회'라는 곳으로 보내졌고 그곳에서 호주의 브리얼리 부부에게 입양되어 태즈메이니아에서 살게 되었다. 셰루가 콜카타 기차역에서 잠들었다가 혼자 깨어났던 그 즈음에 엄마는 기차에 치인 구뚜의 시신이 발견됐다는 소식을 들었고 셰루가 사라졌다는 사실도 알게 됐다. 찢어지게 가난한 살림에 글도 읽을 줄 몰랐지만, 엄마는 반드시 막내를 찾겠다는 일념으로 하이데라바드와 뭄바이, 아지메르, 보팔, 델리에 이르기까지 거의 4000킬로미터를 돌아다녔다.

> 우리는 촉각으로, 손과 얼굴로 마음을 표현했습니다. 눈물이 우리 대신 말해주었어요. — **사루 브리얼리(《가디언》, 2017년 2월 24일)**

셰루는 이름을 잘못 발음해서 나온 사루라는 이름으로 태즈메이니아에서 25년간 수와 존 브리얼리의 사랑을 받으며 부족함 없이 살았다. 대학에도 가고 양아버지와 함께 가족이 운영하는 사업체에서 일했다. 하지만 자신이 떠나온 곳과 낳아준 엄마에 대한 기억은 사라지지 않았다. 2011년, 사루는 어릴 때 양어머니가 침대 머리맡에 놓아두었던 인도 지도를 살펴보다가 구글 어스에서 고향을 찾아보기로 했다. 화면에 뜬 지도를 보며 콜카타 하우라 역에서 출발하여 철로를 따라 이동하면서 형과 헤어진 기차역이 어디였는지 기억을 더듬었다. 역 이름이 알파벳 B로 시작한다는 사실을 떠올렸고, 마침내 부르한푸르 역을 찾아냈다. 그리고 이 역에서 갈 수 있는 모든 경로를 하나하나 살펴보다가, 주변 풍경이 낯익은 역을 찾아냈다. 철로 근처 분수에서 자주 놀았던 기억이 떠오른 것이다. 바로 칸드와 역이었다. 사루는 칸드와 역과 이어진 길을 하나씩 따라갔고 마침내 집을 찾아냈다. 그리고 2012년, 사루는 인도로 가서 헤어진 가족과 만났다. 그는 힌디어를 할 줄 몰랐고 낳아주신 엄마는 영어를 할 줄 몰랐지만, 서로를 향해 손을 뻗은 두 사람에게 말은 필요하지 않았다. 사랑의 힘이 두 사람을 대신해서 모든 걸 말해주었다.

학창시절에 정말 친했던 친구가 있어요. 친구는 부모님을 따라 멀리 이사를 갔고, 그 뒤로 우리는 연락이 완전히 끊어졌죠. 어느 날 갑자기 그 친구가 어떻게 지내는지 궁금해서 기차표를 끊고 무작정 그 애가 살았던 도시로 갔어요. 친구네 집이 어디인지는 알았거든요. 도착해서 문을 두드렸는데, 친구가 문을 열고 나오는 거예요. 정말 운이 좋았어요. 알고 보니 친구는 그날 엄마를 보러 집에 왔던 거였죠. 그때부터 우리는 계속 연락하면서 지냅니다. — 마고

가족을 찾은 사루의 여정은 기억과 끈질긴 인내심, 유용한 기술이 거둔 승리다. 그런가 하면 사랑하는 사람을 잃고 다른 사람들은 그런 고통을 겪지 않았으면 좋겠다는 마음이 얼마나 엄청난 육체적 힘을 발휘할 수 있는지 보여주는 또 다른 이야기가 있다. 다슈라트 만지는 인도에서 '산에 사는 남자'로 불린다. 그가 처음 산에서 살게 된 건 그의 사랑이자 슬픔이 된 아내 때문이었다. 1959년 다슈라트의 아내는 둘째 아이를 임신했을 때 큰 병에 걸렸다. 빨리 병원에 가야 했지만, 부부가 살던 비하르주 겔루르의 오지 마을은 산에 가로막혀 있어서 가장 가까운 병원까지 가려면 산을 빙 둘러 70킬로미터 넘게 이동해야 했다. 다슈라트에게는 장거리를 이동할 돈이 없었고, 그렇다고 그 먼 거리를 서둘러 이동할 수 있는 방법도 없었다. 결국 아내와 뱃속의 아이 모두 세상을 떠났다. 아내를 사랑하는 마음과 자신이 겪은 깊은 슬픔을 다른 사람들은 겪지 말아야 한다는 일념으로, 다슈라트는 1960년부터 망치와 끌로 산 너머 병원까지 가는 길을 만들기 시작했다. 그렇게 해서 22년 만에 길이 110미터, 폭 9.1미터의 길이 완성되었다. 이제

마을에서 병원까지 가는 길은 70킬로미터에서 1킬로미터로 단축되었다. 처음에는 정신 나간 짓이라고 말하는 사람들도 많았다. 하지만 그의 놀라운 결단력이 알려지고 전 세계의 이목이 집중되면서 그의 얼굴이 찍힌 우표까지 나왔다. 다슈라트가 세상을 떠났을 때 그의 장례는 국장으로 치러졌다. 이제는 누구도 그가 겪은 상실의 고통을 겪지 않아도 된다. 2007년에 인도 정부는 그가 손으로 만든 길을 정비해서 제대로 된 도로로 만들었다. 이 길은 큰 사랑을 잃었지만 그 사랑이 불가능해 보이는 일도 가능하게 만드는 힘이 되었음을 보여주는 증거가 되었다.

마지막으로 살펴볼 이야기는 결말이 훨씬 행복하다. 45년 전에 일어난, 별점이 예언했던 사랑과 결혼한 사람의 이야기다. P. K. 마하난디아는 인도 동부의 오리사에서 불가촉천민에 해당하는 가장 낮은 신분인 달리트로 살았다. 그와 가족들이 계급이 더 높은 사람들로부터 차별을 당하고 마음이 상하는 일이 생길 때마다 어머니는 아들에게 별점 이야기를 들려주었다. 나중에 크면 별자리가 황소자리이고 아주 먼 곳에 사는 여성과 결혼해 행복하게 잘 살 것이라고 하니 너무 걱정하지 말라는 것이었다. 그 여성은 음악을 좋아하고, 정글을 가진 사람이라고도 했다. 어른이 된 P. K.는 델리 교외에서 사람들의 초상화를 그려주며 생계를 이어갔다. 어느 날 샬로테라는 스웨덴 여성이 그에게 초상화를 요청했고, 그림을 그리는 동안 두 사람은 자연스럽게 가까워졌다. P. K.는 샬로테에게 함께 차를 마시자고 했다. 그는 샬로테와 이야기를 나누다가 어릴 적부터 어머니에게 들은 예언이 전부 들어맞는 사람임을 깨달았다. 샬로테는 피아노를 칠 줄 알고, 별자리가 황소자리인 데다 귀족 가문 출신이라 가족 소유의 숲이 있다고 했다. P. K.는 샬로테에 게 오리사를 구경시켜주겠다고 제안했고, 함께 여행을 다니는 동안 두 사람은 사랑에 빠졌다. 그리고 P. K.의 집에서 전통 결혼식을 올렸다.

샬로테는 히피 트레일로 알려진 길을 따라 자동차로 인도에 왔고, 친구들과 다시 스웨덴으로 돌아가야 하는 날이 다가왔다. 떠나기 전에 샬로테는 P. K.에게 여건이 될 때 최대한 빨리 스웨덴으로 와달라고 했다. 1년 동안 서로 편지만 주고받으면서도 두 사람의 마음은 변치 않았다. 자동차를 마련할 돈이 없었던 P. K.는 가진 걸 전부 팔아서 자전거를 샀다. 그리고 1977년 1월 22일, 히피 트레일을 따라 사랑하는 샬로테가 있는 곳까지 1만 7700킬로미터의 여정을 시작했다. 하루에 약 70킬로미터씩 이동하며 파키스탄, 아프가니스탄, 이란, 튀르키예를 지나 유럽 땅에 도착했다. 그리고 여정을 계속 이어가 1977년 5월 28일에 마침내 스웨덴 예테보리에 도착했다. 샬로테의 부모님은 처음에 두 사람의 만남을 반대했지만 결국 둘은 정식으로 부부가 되었고 지금까지 더없이 행복하게 잘 살고 있다. 스웨덴까지 가는 동안 P. K.는 돈도 거의 없고 긴 여행길에서 만난 사람들이 쓰는 언어도 전혀 할 줄 몰랐지만 초상화를 그려주고 '사랑이라는 보편적인 언어'에 의지하며 버틸 수 있었다. 영웅과도 같은 그의 여행 이야기를 듣고 놀라는 사람들에게 그는 이렇게 말하곤 한다. "저에겐 꼭 해야만 하는 일이었어요. 사랑을 위해서 자전거를 탔을 뿐, 자전거 타는 걸 좋아한 건 절대 아니에요. 간단하죠."

사랑의 기술

사랑은 공공연한 비밀이다. 세상에서 가장 분명하고 가장 신비한 일이지만, 사랑의 신비함이 어떻게 지켜지는지는 알 수 없다.

— 루미(13세기 페르시아의 시인이자 학자)

사랑 없이 예술이 존재했을까? 음, 가능할 수도 있다. 유럽에서 발견된 후기 구석기 시대의 동굴 벽화는 사랑의 표현이라기보다 정보 교환을 위한 사회적 능력의 힘을 보여주는 쪽에 훨씬 더 가깝다. 창의력의 기원을 더 멀리 거슬러 올라가면, 약 180만 년 전의 고고학 기록으로 전해지는 아슐기 시대의 손도끼를 예로 들 수 있다. 이 손도끼는 실제로 쓰인 물건이라고 믿기 힘들 만큼 3차원 대칭이 완벽해서 손재주와 예술의 결합을 선명하게 보여준다. 하지만 사랑의 흔적은 어디에서도 찾을 수 없다. 그러나 좀 더 세밀하게 파헤쳐보면 시, 음악, 영화, 그림, 문학에 이르기까지, 사랑이 없다면 사실상 대부분의 예술이 존재하지 않았을 것임을 알 수 있다. 사랑이 무엇인지 정의하려는 시도나 사랑이 이끌어내는 강력한 감정을 단편적인 순간만이라도 포착해보려는 노력으로 탄생한 영화, 노래, 시, 책이 얼마나 많은지 생각해보라. 예술적 기질이 별로 없는 사람도 간절히 바라는 무언가를 향한 사랑을 표현하기 위해, 뜻깊은 순간을 영원히 남기기 위해, 또는 혼란스러운 감정의 정체를 밝히려고 시에 의지하곤 한다. 그러므로 예술과 사랑은 피드백 관계라고 할 수 있다. 사랑을 이해하려는 노력에서 예술이 탄생하고, 사랑의 경험은 예술을 통해 더욱 풍요로워진다. 10대 시절에 첫사랑에 푹 빠져 뜬눈으로 방 안에서 사랑 노래를 하염없이 듣고 또 들으며 남자친구에 대해 상상하고 처음 느껴보는 그 강렬한 감정에 놀라면서도 호기심을 가져본 건 나 혼자만의 경험은 아닐 것이다.

> 사랑은 감정이 아니다. 사랑은 당신의 존재 그 자체다.
>
> — 루미(13세기 페르시아의 시인이자 학자)

사랑과 예술의 연관성은 현대에 들어 처음 발견된 현상이 아니다. 클림트와 로댕이 〈키스〉와 〈입맞춤〉이라는 작품으로 사랑을 각자의 방식대로 표현하기 훨씬 전부터 예술로 사랑을 표현하는 문화가 형성됐다. 고대 이집트의 시와 그림을 보면 기원전 1200년에도 연애의 개념이 완전하게 발달되어 있었다는 사실을 알 수 있다. 파라오였던 투탕카멘과 그의 아내 안케세나멘의 무덤에는 두 사람이 서로를 어루만지고 얼굴을 쓰다듬고 선물을 주고받는, 헌신적인 사랑을 보여주는 그림이 남아 있다. 이슬람에서는 구상주의 예술을 금지하지만 미국에서 가장 많이 팔리는 시집을 쓴 13세기 페르시아 시인 잘랄 아드딘 무하마드 루미는 사랑을 정의할 수 없는 것, 영혼의 중심에 있는 것이라고 믿었다. 이 시인의 생각은 연인과의 사랑에 대한 현대인의 생각과 분명 일치한다.

그러나 예술과 사랑의 연관성은 훨씬 더 기본적인 수준에서도 기능을 발휘하는 것 같다. 예술, 더 넓게 보면 창의성은 우리가 짝이 될지도 모르는 상대방의 가치를 평가할 때 중요한 영향을 주기 때문이다. 인지심리학자인 제프리 밀러Geoffrey Miller는 2000년에 발표한 저서 《연애: 생존기계가 아닌 연애기계로서의 인간》에서 이제는 널리 수용되는 한 가지 이론을 제시했다. 예술과 창의력이 발달한 이유는 기본적으로 생존에 필요해서가 아니라 예술적 기량이 뛰어난 사람은 짝을 찾는 경쟁에서 성공할 확률이 더 높기 때문이라는 것이다. 2장의 내용을 다시 떠올려보면, 짝을 찾는 경쟁은 주식시장과 비슷하며, 우리 모두는 번식에서 성공할 가능성에 따라 가치가 매겨진다. 밀러는 창의력이 이 가치를 크게 높인다고 주장한다.

하지만 처음부터 한번 살펴보자. 다윈이 갈라파고스섬에서 다양한 종류의 핀치를 관찰하고 여러 차례에 걸친 탐험에서 열심히 수집한 화석들을 토대로 자연선택설이라는 이론을 처음 제시한 이후, 시각예술뿐만 아니라 문학과 청각예술에서도 꾸준히 제기된 예술의 탄생에 관한 한 가지 의문이 있다. 자연선택설에 따르면 자연계에서 나타나는 다양성은 유전자의 변화에서 비롯된다. 생물종이 진화하면 환경에 적응하는 능력이 더 뛰어난 개체가 살아남아 번식하고, 그 개체의 유전자는 집단 내에서 발생 빈도가 점점 늘어난다. 결과적으로 그 유전자의 형질은 종 내에서 고정된다. 이것이 '적자생존'으로 알려진 현상이다. 따라서 종의 적응 능력은 생존 확률이 얼마나 높아졌는지의 관점에서 설명해야 하는데, 예술이 생존 확률을 어떻게 높였는지 설명할 수 있는 사람은 아무도 없다. 밀러는 예술을 이와는 다른 방식으로 본다. 예술은 생존 확률이 아니라 번식에 성공할 확률을 높인다는 것이다. 짝을 찾고 짝짓기를 성공적으로 해내지 않는 한 생존은 의미가 없다. 다윈이 두 번째로 제시한, 자연선택설보다는 덜 유명한 성선택설에서 깔끔하게 정리한 진화 이론인 이 성선택설에서는 적응 중에는 생존 확률을 높이는 것과 무관하거나 오히려 생존에 위협이 될 수도 있지만 짝을 얻고 번식할 확률을 높이는 것도 있다고 본다. 이러한 적응은 짝이 될 가능성이 있는 상대에게 무언가를 드러내는 방식으로 호감을 얻거나 경쟁자와의 다툼에서 더 적극적으로 잘 싸우는 능력을 갖추는 형태로 나타난다. 다윈이 며칠씩 밤잠을 설치며 고민했던 수컷 공작의 꼬리도 성선택에 따라 발달한 것으로, 수컷이 암컷의 관심을 끌기 위해 보여주는 용도로 쓰인다. 이 꼬리가 번식에서 경쟁력을 높이는 데 도움이 되는 이유는 보기에만 멋진 게 아니라 꼬리의 크기와 빛깔이 수컷 공작의 유전학적 건강과 직결되어 있기 때문이다. 포식자가 나타났을 때 재빨리 달아나야 하는 공작에게 이런 거대한 꼬리는 분명 방해가 되지만, 그럼에도 꼬리를 잘 다룰 수 있다면 매우 튼튼하고 강하다는 사실을 분명하게 드러낸다. 암컷 공작은 그런 강인함과 건강함을 선호하고, 훌륭한 유전자를 자손에게 물려주려고 한다. 이런 특징이 없다면 경쟁자를 이길 수 있는 진짜 좋은 무기가 있거나 몸집이 굉장히 커야 한다. 이 두 가지 특징도 키우고 유지하려면 대가를 치러야 하고 생존에 불리할 수도 있다. 하지만 암컷 공작을 차지하기 위해 벌어지는, 대부분 치열하게 전개되는 싸움에서 승리하고 자신의 유전자가 다음 세대로 전달되게 하려면 그러한 조건을 반드시 갖추어야 한다. 수컷 코끼리물범의 엄청난 몸집과 수사슴의 거대한 뿔도 모두 성선택으로 발달한 특징이다.

제프리는 궁극적으로 예술도 다르지 않다고 주장한다. 예술을 창조하는 능력과 창의력은 인간이 가진 가장 강력한 자산인 뇌의 강점을 드러낼 수 있으므로 성선택의 결과로 발달한 것이라는 의미다. 차이가 있다면 예술은 공작의 꼬리나 실버백 고릴라의 육중한 덩치처럼 몸의 일부는 아니라는 점이다. 몸의 일부는 아니지만 개체의 유전학적 가치를 보여주는 이러한 형질을 '확장된 표현형extended phenotype'이라고 한다. 인간만 짝짓기를 위해 자신의 능력을 드러내는 방식으로 확장된 표현형을 활용하는 건 아니다. 바우어새 수컷은 놀라울 만큼 멋진 3차원 둥지를 짓기로 유명하다. 둥지의 품질이 암컷 바우어새의 선택을 좌우하기 때문이다. 제프리는 예술이 성선택의 결과로 진화했고 목적은 유전자를 보여주는 것, 구체적으로는 우수한 인지능력과 높은 지능을 의미하는 창의력과 지능, 위트와 관련된 유전자를 드러내는 것이라고 주장한다. 공작에게 꼬리가 있다면 인간에게는 뇌가 있다.

제프리의 주장을 뒷받침하는 근거는 무엇일까? 데이트 상대를 찾는 글에서 많은 여성들이 유머감각을 언급하고, 예술가들이 엄청나게 섹시하다는 말을 듣거나 실제로 생식 활동에서 성공을 거둔다는 사실에서 더욱 확실하게 드러난다. 이 책 1장에서도 유명한 예술가들의 어마어마한 생식 능력에 관해 이야기했다. 다들 돈 많은 남자들이라 여러분의 짝짓기 경쟁과는 무관하다는 생각이 든다면, 시라노 드베르주라크의 이야기는 현실적으로 다가올 것이다. 유능하지만 외모가 결코 매력적이지 않았던 이 시인이 섬세한 시로 여인을 얻는다는 이야기에 우리가 귀를 기울이는 이유는 실제 경험이 어느 정도 담겨 있기 때문이다. 돈 한 푼 없어도 열정이 넘치는 예술가에게는 분명 특별한 매력이 있다. 예술은 창의성과 인지적 유연성, 지능을 구체적으로 보여주는 기능을 한다. 그리고 지능과 인지적 유연성은 섹시하다. 인간이 위대한 예술을 만들고 절절한 사랑의 시를 쓰는 이유는 사랑의 의미를 찾으려는 시도이기도 하지만 그러한 행위가 상대의 마음을 끄는 수단이 되기 때문이다.

> 저는 남편과 아이들에게 가장 큰 사랑을 느껴요. 가족을 구하고 함께 있을 수만 있다면 바다도 훨훨 날아서 건널 수 있을 것 같아요. — **린**

이번 장에서는 감정이 아닌 동기를 불어넣는 요소로서 사랑에 관해 설명했다. 사랑이 동기가 되어 물리적, 인지적으로 엄청난 인내심을 발휘한 경우도 있고, 수많은 예술을 탄생시킨 것도 분명하다. 사랑은 지극히 평범한 인간이 다른 사람에게 먼저 다가가서 말을 거는, 어쩌면 남은 일생이 영원히 바뀔 수도 있는 가장 놀라운 일을 시도하도록 동기를 불어넣는다. 사랑이란 무엇일까? 인생을 바꿔놓는 것, 그것이 사랑이다.

맺음말

■

인간이 지닌 가장 강력한 능력

얼마 전 사랑의 신경과학적 특성에 관한 내 강연을 들었다는 사람으로부터 이메일을 받았다. 강연이 끝나고 질문 시간에 기회를 얻지 못해서 대신 메일로 문의한다는 내용이었는데, 정말 반가웠다. 그분은 만약 미래에서 무엇이든 다 답해줄 수 있는 과학자가 현재로 온다면 무슨 질문을 하고 싶으냐고 물었다. 나는 한참을 고민했다. 수많은 요소가 개개인이 경험하는 사랑에 동시에 영향을 준다는 사실이 이제는 많이 밝혀졌지만, 그래도 물어볼 것이 너무 많다. 동물도 사람처럼 사랑을 느낄 수 있는가? 신을 향한 사랑에서도 사람 간의 관계에서 얻는 이점을 전부 얻을 수 있는가? 다자간 연애를 하는 사람과 일대일 연애를 하는 사람이 느끼는 건 정말 다른가? 왜 어떤 사람들은 연애 감정을 느끼지 않으며, 그들의 뇌는 어떤 특징이 있는가? 이런 질문을 떠올리다가, 내가 물어보려는 것이 결국 다 같은 내용이라는 것을 깨달았다. 사람은 사랑을 하면 어떤 감정을 느끼는가? 사랑을 어떻게 경험하는가? 그래서 나는 미래에서 온 과학자에게 하고 싶은 질문을 이것으로 정했다. "당신은 어떤 사랑을 하고 있습니까?"

나는 딱 하루만 다른 사람의 사랑을 경험해보고 싶다. 그 사람이 친구, 가족, 자녀, 연인, 신에게 어떤 사랑을 느끼는지 알고 싶다. 우리가 사랑이라고 말하는 것이 전부 다 같은 것인지 우리는 알 수가 없다. 그래서 다른 사람의 사랑을 경험할 기회가 생긴다면 사랑이라 불리는 것이 어떤 것인지, 우리가 각자 느끼고 경험하는 것이 비슷한 범위 내에 있기는 한 건지 조금이나마 알 수 있을지도 모른다.

나는 이 책에서 사랑을 하는 이유와 방식, 사랑의 정의, 대상에 관해 열 가지로 나누어 탄탄한 답을 제시하려고 노력했다. 사랑이란 어떤 현상인지, 어떻게 생겨나는지, 우리는 왜 사랑을 경험하는지, 누구와 사랑을 경험하는지에 대한 답이 되었으리라 생각한다. 동시에 나는 정답이 하나만 있는 것은 아니며 사랑은 매우 복잡하고 다양한 요소로 이루어진다는 사실을 강조하고 싶었다. 사랑은 경외심을 불러일으킨다는 표현의 의미가 정말 잘 어울린다. 나는 여러분이 이 책을 통해 사랑에 큰 흥미를 갖게 되기를 바랐다. 때때로 우리는 사랑이 반드시 필요하다는 사실이나 너무도 멋진 일이라는 사실을 잊어버린다. 우리는 틈나는 대로 연애할 사람을 찾아야 한다는 소리를 듣지만, 연인과의 사랑뿐만 아니라 어디에나 사랑이 존재한다는 사실을 기억했으면 좋겠다. 인간은 운 좋게도 커다란 뇌를 갖고 있어서 굉장히 다양한 배경에서 사랑을 찾을 수 있다. 인공지능의 등장으로 인간의 사회적 세상이 계속해서 진화하는 만큼 사랑을 찾을 수 있는 배경 또한 확대될 가능성이 있다. 이 책에서는 총 10장에 걸쳐서 사랑의 진화 과정을 살펴보고, 궁극적으로 사랑은 생물학적 뇌물에 해당하며 이는 생존에 반드시 필요한 관계에 우리가 시간과 에너지를 충분히 쓰게 하려는 장치라는 생각에 관해서도 짚어보았다(어찌 보면 냉정하고 이해하기 어렵지만). 이 생물학적 뇌물을 구성하는 여러 신경화학물질은 반드시 필요한 관계를 시작하고 유지하려는 동기를 불어넣는다. 옥시토신은 자신감을 주고, 도파민은 보상과 함께 일단 밀고 나가 실행에 옮기게 하고, 세로토닌은 사로잡히게 만든다. 베타엔도르핀은? 우리가 연인, 가족, 자녀, 친구와 오랫동안 관계를 유지하게 한다. 애착은 사랑을 객관적으로 평가하기 위한 심리학적 개념이며 우리의 삶과 건강, 행복의 기초가 되는 관계가 애착에 함축되어 있다는 사실도 배웠다. 인간은 하등한 다른 포유동물과 달리 여러 사람과 동물, 심지어 로봇에도 애착을 느낄 수 있다. 물론 동물도 사랑을 느낀다. 반려견의 헌신적인 사랑을 인간이 간식이 보관된 찬장에 손이 닿는 존재이기 때문이라고 깎아내릴 수 없다. 그것이 진심이라는 사실은 개를 키워본 사람이라면 모두가 알 것이다.

사랑은 환경, 유전자, 사회적 성별, 생물학적 성별, 인종, 나이에 영향을 받는 사적이고 개개인마다 다른 경험이며, 동시에 문화가 사랑의 정의와 허용되는 사랑의 범위를 결정하고 그런 이유 때문에 자신의 사랑을 공개적으로 기뻐할 권리를 부정당하는 사람도 있다는 점에서 사회적 측면이 매우 크다는 사실도 배웠다. 다자간 연애나 연애 감정을 느끼지 않는 사람들에게 더욱 개방적인 분위기가 형성된 지금은 연인과의 사랑이 반드시 일대일로만 존재한다는 가정은 정확하지 않으며, 일대일 연애는 사회가 평온하고 예측 가능한 상태로 유지되도록 권력자들이 고안한 영리한 체계일 가능성이 있다. 인간이 가진 사랑의 능력은 세속적인 영역을 넘어 물리적 형태가 없는 존재, 신까지 확장되며 유명인사에 매혹되고 열렬한 애정을 느끼는 것도 같은 메커니즘으로 이해할 수 있다. 사랑의 어두운 이면에 관해서도 자세히 들여다보았다. 사랑을 갈구하는 마음, 충족되지 못한 열망은 다른 사람의 인생을 통제하려는 개인이나 집단에 의한 착취와 조종, 학대로 이어질 수 있다. 마지막으로 사랑은 '감정'이라는 이름이 붙여진 상자에만 가둬둘 수 없다는 사실을 배웠다. 사랑은 동기를 부여하며 우리가 먹는 음식이나 들이쉬는 공기처럼 생존에 반드시 필요한 요소이며 놀라운 헌신과 인내심, 강인함의 동기가 된다.

여러분의 삶에서 사랑의 중요성을 다시 생각해보고 각자 경험한 사랑을 자세히 살펴보는 계기가 되었으면 하는 마음으로 이 책을 썼다. 인간을 인간답게 만드는 가장 중추적인 요소인 사랑에 여러분이 다시 닿을 수 있었으면 좋겠다. 사랑이 무엇인지는 절대로 완전하게 밝혀낼 수 없고, 그건 지식에 굶주린 우리 같은 생물에게 받아들이기 힘든 일이지만 그래도 인정할 필요가 있다. 사랑은 알 수 없기에 신나는 경험이자 고통스러운 경험이며, 모든 것을 아우르는 경험이 된다. 인간이 가진 가장 강력한 능력, 위대한 사랑을 할 수 있는 그 능력에 다시 한번 경외심을 갖고 여러분의 중심에 다시 사랑이 자리 잡기를 바란다. 사랑은 모든 본질에 스며들어 있고 우리가 살아가는 외부 세계의 모든 면에 침투한다. 관계를 올바르게 이해하고, 상대를 아끼면 인생의 다른 것들은 저절로 따라올 것이다.

사랑이란 무엇인가? 이 물음에 완벽한 대답은 없다. 하지만 사랑의 경험은 무수히 많은 요소에서 나오는 결과이고 우리는 많은 사람과 동물, 그 밖의 다른 존재를 제각기 다른 방식으로 사랑할 수 있다. 사랑하고 사랑받는 능력이 행복의 원천이며, 이를 토대로 사랑이 삶의 중심에 있으며 그래야만 한다는 사실을 여러분이 분명하게 이해했기를 바란다. 사실 '사랑이란 무엇인가?'라는 질문의 답은 너무 명확해서 우리가 놓치고 있는지도 모른다. 사랑이란 무엇인가? 사랑은 모든 것이다.

참고 문헌

1 생존 – 살아남기 위한 호모 사피엔스의 전략

Machin, A. (2018). *The Life of Dad: The Making of the Modern Father*. Simon & Schuster, London.

Dunbar, R. I. M. (2020). 'Structure and Function in Human and Primate Social Networks: Implications for Diffusion, Network Stability and Health'. *Proceedings of the Royal Society: Series A*.

Holt-Lunstad, J., Smith, T. B. and Layton, J. B. (2010). 'Social Relationships and Mortality Risk: A Meta-analytic Review'. *PLoS Medicine* 7(7): e1000316.

Rodgers, J., Valuev, A. V., Hswen, Y. and Subramanian, S. V. (2019). 'Social capital and physical health: An updated review of the literature for 2007–18'. *Social Science and Medicine* 236: 112360.

Sarkar, D. K., Sengupta, A., Zhang, C., Boyadjieva, N. and Murugan, S. (2012). 'Opiate antagonist prevents mu and delta opiate receptor dimerization to facilitate ability of agonist to control ethanol-altered natural killer cell functions and mammary tumor growth'. *The Journal of Biological Chemistry* 287: 16734–47.

2 중독 – 한 사람의 인생을 좌우하는 강력한 화학작용

Liebowitz, M. (1983). *The Chemistry of Love*. Little, Brown.

Feldman, R. (2017). 'the Neurobiology of Human Attachments'. *Trends in Cognitive Sciences* 21(2).

Schneiderman, I., Zagoory-Sharon, O, Leckman, J. F. and Feldman, R. (2012). 'Oxytocin during the initial stages of romantic attachment: Relations to couples' interactive reciprocity'. *Psychoneuroendocrinology* 37(8): 1277–85.

Noë, R. and Hammerstein, P. (1995). 'Biological Markets'. *Trends in Ecology and Evolution* 10, 336–9.

Singh, D. (2002). 'Female Mate Value at a Glance: Relationship of Waist-to-Hip Ratio to Health Fecundity and Attractiveness'. *Neuro Endocrinology Letters* 23: 81–91.

Garza, R., Heredia, R. R. and Cieslicka, A. B. (2016). 'Male and Female Perception of Physical Attractiveness: An Eye Movement Study'. *Evolutionary Psychology* 14: 1–16.

Miller, G. (2000). *The Mating Mind: How Sexual Choice Shaped the Evolution of Human Nature*. Vintage.

Machin, A. and Dunbar, R. I. M. (2013). 'Sex and gender as factors in romantic partnerships and best friendships'. *Journal of Relationships Research* 4: e8.

Bartels, A. and Zeki, S. (2000). 'the neural basis of romantic love'. *NeuroReport* 11(117): 3829–34.

Bartels, A. and Zeki, S. (2004). 'the neural correlates of maternal and romantic love'. *NeuroImage* 21: 1155–66.

Atzil, S., Hendler, T., Zagoory-Sharon, O., Winetraub, Y. and Feldman, R. (2012). 'Synchrony and specificity in the maternal and paternal brain: relations to oxytocin and vasopressin'. *Journal of the American Academy of Child and Adolescent Psychiatry* 51(8): 798–811.

Wlodarski, R. and Dunbar, R. I. M. (2016). 'When BOLD is thicker than water: processing social information about kin and friends at different levels of the social network'. *Social Cognitive and Affective Neuroscience*: 195–260.

Machin, A. and Dunbar, R.I.M. (2014). 'the brain opioid theory of social attachment: a review of the evidence' in R. I. M. Dunbar C, Gamble and J. A. J. Gowlett (eds), *Lucy to Language: Benchmark Papers*. Oxford University Press, pp. 181–213.

Nummenmaa, L., Tuominen, L., Dunbar, R., Hirvonen, J., Manninen, S., Helin, S., Machin, A., Hari, R., Jääskeläinen, I. P. and Sams, M. (2016). 'Social touch modulates endogenous µ-opioid system activity in humans'. *NeuroImage* 138: 242–7.

Pearce, E., Wlodarski, R., Machin, A. and Dunbar, R. I. M. (2017). 'Variation in the β-endorphin, oxytocin, and dopamine receptor genes is associated with different dimensions of human sociality'. *PNAS* 114: 5300–5.

Cohen, E. E. A., Ejsmond-Frey, R., Knight, N. and Dunbar, R. I. M. (2009). 'Rowers' high: behavioural synchrony is correlated with elevated pain thresholds'. *Biology Letters*.

Tarr, B., Launay, J. and Dunbar, R. I. M. (2016). 'Silent disco: dancing in synchrony leads to elevated pain thresholds and social closeness'. *Evolution and Human Behavior*.

Tarr, B., Launay, J., Benson, C. and Dunbar, R. I. M. (2017). 'Naltrexone blocks endorphin released when dancing in synchrony'. *Adaptive Human Behavior and Physiology* 3: 214–54.

Pearce, E. (2016). 'Participants' perspectives on the social bonding and well-being effects of creative arts adult education classes'. *Arts and Health* 9: 42–59.

Ulmer,-Yaniz, A., Avitsur, R., Kanat-Maymon, Y., Schneiderman, I., Zagoory-Sharon, O. and Feldman, R. (2016). *Brain, Behavior and Immunity* 56: 130–9.

3 애착 – 부모와 아이의 관계가 삶에 미치는 영향

Krumwiede, A. (2014). *Attachment Theory According to John Bowlby and Mary Ainsworth*. GRIN Verlag.

J. Cassidy and P. Shaver (eds) (2018). *Handbook of Attachment, Third Edition: Theory, Research, and Clinical Applications*. Guilford Press.

Machin, A. (2018). *The Life of Dad: The Making of the Modern Father*. Simon & Schuster, London.

Paquette, D. and Bigras, M. (2010). 'The risky situation: a procedure for assessing the father-child activation relationship'. *Early Child Development and Care* 180: 33–50.

Abraham, E., Hendler, T., Zagoory-Sharon, O. and Feldman, R. (2016). 'Network integrity of the parental brain in infancy supports the development of children's social competencies'. *Social, Cognitive and Aff ective Neuroscience* 11: 1707–18.

Bakermans-Kranenburg, M. J., van Ijzendoorn, M. H., Bokhorst, C. L. and Schuengel, C. (2004). 'The importance of shared environment in infant-father attachment: A behavioural genetic study of the attachment Q-Sort'. *Journal of Family Psychology* 18: 545–9.

Fearon P., Shmueli-Goetz Y., Viding E., et al. (2014). 'Genetic and environmental influences on adolescent attachment. *Journal of Child Psychology and Psychiatry* 55(9): 1033–41.

Nummenmaa, L., Manninen, S., Tuominen, L., Hirvonen, J., Kalliokoski, K. K., Nuutila, P., Jääskeläinen, I. P., Hari, R., Dunbar, R. I. M. and Sams, M. (2015). 'Adult Attachment Style is Associated With Cerebral Mu-Opioid Receptor Availability in Humans'. *Human Brain Mapping* 36:3621–8.

Feldman, R. (2012). 'Bio-behavioral Synchrony: A Model for Integrating Biological and Microsocial Behavioral Processes in the Study of Parenting'. *Parenting: Science and Practice* 12: 154–64.

Levy, J., Goldstein, A. and Feldman, R. (2017). 'Perception of social synchrony induces mother–child gamma coupling in the social brain'. *Social Cognitive and Aff ective Neuroscience* 12: 1036–46.

Weisman, O., Zagoory-Sharon, O. and Feldman, R. (2012). 'Oxytocin Administration to Parent Enhances Infant Physiological and Behavioral Readiness for Social Engagement'. *Biological Psychiatry* 72: 982–9.

4 우정 – 이 마음을 과소평가하지 마세요

Dunbar, R. I. M. (2018). 'The Anatomy of Friendship'. *Trends in Cognitive Sciences* 22: 32–51.

Parkinson, C., Kleinbaum, A. M. and Wheatley, T. (2018). 'Similar neural responses predict friendship'. *Nature Communications* 9: 332.

Brumbaugh, C. C. (2017). 'Transferring connections: Friend and sibling attachments' importance in the lives of singles'. *Personal Relationships* 24: 534–49.

Chavez, R. S. and Wagner, D. D. (2019). 'The Neural Representation of Self is Recapitulated in the Brains of Friends: A Round-Robin fMRI Study'. *Journal of Personality and Social Psychology* 118: 407–16.

Ma, X., Zhao, W., Luo, R., Zhou, F., Geng, Y., Gao, Z., Zheng, X., Becker, B. and Kendrick, K. M. (2018). 'Sex- and context-dependent effects of oxytocin on social sharing'. *NeuroImage* 183: 62–72.

Blair, K. L. and Pukall, C. F. (2015). 'Family matters, but sometimes chosen family matters more:

Perceived social network influence in the dating decisions of same- and mixed-sex couples'. *The Canadian Journal of Human Sexuality* 24: 257–70.

Zaleski, N. (2013). *Given and Chosen: Talking to Family about Sexuality*. The Illinois Caucus for Adolescent Health.

Muraco, A. (2006). 'Intentional Families: Fictive Kin Ties Between Cross-Gender, Different Sexual Orientation Friends'. *Journal of Marriage and Family* 68: 1313–25.

Solomon, J., Schöberl, I., Gee, N. and Kotrschal, K. (2019). 'Attachment security in companion dogs: adaptation of Ainsworth's strange situation and classification procedures to dogs and their human caregivers'. *Attachment and Human Development* 21: 389–417.

Lem, M., Coe, J. B., Haley, D. B., Stone, E. and O'Grady, W. (2016). The Protective Association between Pet Ownership and Depression among Street-involved Youth: A Cross-sectional Study. *Anthrozoos* 29: 123–36.

Handlin, L., Hydbring-Sandberg, E., Nilsson, A., Ejdebäck, M., Jansson, A. and Uvnäs-Moberg, K. (2011). 'Short-Term Interaction between Dogs and Their Owners: Effects on Oxytocin, Cortisol, Insulin and Heart Rate–An Exploratory Study'. *Anthrozoos* 24: 301–15.

Stoeckel, L. E., Palley, L. S., Gollub, R. L., Niemi, S. M. and Evins, A. E. (2014). 'Patterns of Brain Activation when Mothers View Their Own Child and Dog: An fMRI Study'. *PLOS One* 9: e107205.

Fullwood, C., Quinn, S., Kaye, L. K. and Redding, C. (2017). 'My virtual friend: A qualitative analysis of the attitudes and experiences of Smartphone users: Implications for Smartphone attachment'. *Computers in Human Behavior* 75: 347–55.

Konok, V., Korcsok, B., Miklósi, A. and Gácsi, M. (2018). 'Should we love robots? The most liked qualities of companion dogs and how they can be implemented in social robots'. *Computers in Human Behavior* 80: 132–42.

Chaminade, T., Zecca, M., Blakemore, S-J., Takanishi, A., Frith, C. D., Micera, S., Dario, P., Rizzolatti, G., Gallese, V. and Umiltà, M. A. (2010). 'Brain Response to a Humanoid Robot in Areas Implicated in the Perception of Human Emotional Gestures'. *PLOS One* 5: e11577.

Machin, A. (2020). 'Would you want a robot to be your relative's carer?' *Guardian*, 10 September 2020.

5 개인 – 유전자, 나이, 인종, 성적 취향이 알려주는 것

Gong, P., Fan, H., Liu, J., Yang, X., Zhang, K. and Zhou, X. (2017). 'Revisiting the impact of OXTR rs53576 on empathy: A population-based study and a meta-analysis'. *Psychoneuroendocrinology* 80: 131–6.

Ebbert, A. M., Infurna, F. J., Luthar, S. S., Lemery-Chafant, K. and Corbin, W. R. (2019). 'Examining the link between emotional childhood abuse and social relationships in midlife: The moderating role of the oxytocin receptor gene'. *Child Abuse and Neglect* 98.

Kraaijenvanger, E. J., He, Y., Spencer, H., Smith, A. K., Bos, P. A. and Boks, M. P. M. (2019).

'Epigenetic variability in the human oxytocin receptor (OXTR) gene: A possible pathway from early life experiences to psychopathologies'. *Neuroscience and BioBehavioral Reviews* 96: 127–42.

Ebner, N. C., Lin, T., Muradoglu, M., Weit, D. H., Plasencia, G. M., Lillard, T. S., Pourna-jafi -Nazarloo, H., Coehn, R. A., Carter, C. S. and Connelly, J. J. (2019). 'Associations between the oxytocin receptor gene (OXTR) methylation, plasma oxytocin and attachment across adulthood'. *International Journal of Psychophysiology* 136:22-32.

Feldman, R., Gordon, I., Infl us, M., Gutbir, T. and Ebstein, R. (2013). 'Parental oxytocin and early caregiving jointly shape children's oxytocin response and social reciprocity'. *Neuropsychopharmacology* 38:1154–62.

Butovskaya, P. R., Lazebny, O. E., Sukhodolskaya, E. M., Vasiliev, V. A., Dronova, D. A., Fedenok, J. N., Rosa, A., Peletskaya, E. N., Ryskov, A. P. and Butovskaya, M. L. (2016). 'Polymorphisms of two loci at the oxytocin receptor gene in populations of Africa, Asia and South Europe'. *BMC Genetics* 17:17.

Whittle, S., Yücel, M., Yap, M. B. H. and Allen, N. B. (2011). 'Sex differences in the neural correlates of emotion: Evidence from neuroimaging'. *Biological Psychology* 87: 319–33.

Yin, J., Zou, Z., Song, H., Zhang, Z., Yang, B. and Huang, X. (2018). 'Cognition, emotion and reward networks associated with sex differences for romantic appraisals'. *Nature Scientific Reports* 8: 2835.

Brechet, C. (2015). 'Representation of Romantic Love in children's drawings: Age and gender differences'. *Social Development* 24(3): 640–58.

Liu, J., Gong, P. and Zhou, X. (2014). 'The association between romantic relationship status and 5-HT1A gene in young adults'. *Scientific Reports* 4:7049.

Zeki, S. and Romaya, J. P. (2010). 'The brain reaction to viewing faces of opposite and same-sex romantic partners'. *Plos One* 5(12): e15802.

6 사회 − 사랑에도 규칙이 있을까?

Jankowiak, W. R. and Fischer, E. F. (1992). 'A cross-cultural perspective on romantic love'. *Ethnology* 31(2): 149–55.

Parkinson, C., Walker, T. T., Memmi, S. and Wheatley, T. (2017). 'Emotions are understood from biological motion across cultures'. *Emotion* 17(3): 459–77.

Chang, L., Wang, Y., Shackelford, T. K. and Buss, D. M. (2011). 'Chinese mate preferences: Cultural evolution and continuity across a quarter of a century'. *Personality and Individual Differences* 50: 678–83.

Karandashev, V. (2017). *Romantic Love in Cultural Contexts*. Springer.

Pilishvili, T. S. and Koyanongo, E. (2016). 'The representation of love among Brazilians, Russians and Central Africans: A comparative analysis'. *Psychology in Russia: State of the Art* 9(1): 84–97.

De Munck, V., Korotayev, A. and McGrevey, J. (2016). 'Romantic love and family organisation: A case for romantic love as a biosocial universal'. *Evolutionary Psychology* 1–13.

Illouz, E. (2012). *Why Love Hurts*. Polity.

Yahya, S., Boag, S., Munshi, A. and Litvak-Hirsch, T. (2016). '"Sadly Not All Love Aff airs Are Meant To Be…" Attitudes Towards Interfaith Relationships in a Conflict Zone'. *Journal of Intercultural Studies* 37(3): 265–85.

Lasser, J. and Tharinger, D. (2003). 'Visibility management in school and beyond: A qualitative study of gay, lesbian, bisexual youth'. *Journal of Adolescence* 26(2): 233–44.

7 독점 – 무로맨틱부터 다자간 연애까지

Burleigh, T. J., Rubel, A. N. and Meegan, D. V. (2017). 'Wanting "the whole loaf ": zero-sum thinking about love is associated with prejudice against consensual non-monogamists'. *Psychology and Sexuality* 8: 24–40.

Hutzler, K. T., Giuliano, T. A., Herselman, J. R. and Johnson, S. M. (2016). 'Three's a crowd: public awareness and (mis)perceptions of polyamory'. *Psychology and Sexuality* 7: 69–87.

Klesse, C. (2011). 'Notions of Love in Polyamory: Elements in a Discourse on Multiple Loving'. *Russian Review of Social Research* 3: 4–25.

Wolkomir, M. (2015). 'One But Not the Only: Reconfiguring Intimacy in Multiple Partner Relationships'. *Qualitative Sociology* 38: 417–38.

Rubel, A. N. and Bogaert, A. F. (2015). 'Consensual Nonmonogamy: Psychological Well-Being and Relationship Quality Correlates'. *The Journal of Sex Research* 52: 961–82.

van Anders, S. M., Hamilton, L. D. and Watson, N. V. (2007). 'Multiple partners are associated with higher testosterone in North American men and women'. *Hormones and Behavior* 51: 454–9.

Hamilton, D. L. and Meston, C. M. (2017). 'Differences in Neural Response to Romantic Stimuli in Monogamous and Non-Monogamous Men'. *Archives of Sexual Behavior* 46: 2289–99.

8 신 – 이루어질 수 없는 존재와의 사랑

Beck, R. and McDonald, A. (2004). 'Attachment to God: The Attachment to God Inventory, tests of working model correspondence and an exploration of faith group differences'. *Journal of Psychology and Theology* 32: 92–103.

Beauregard, M. and Paquette, V. (2006). 'Neural correlates of a mystical experience in Carmelite nuns'. *Neuroscience Letters* 405: 186–90.

Schjoedt, U., Stødkilde-Jørgensen, H., Geertz, A. W. and Roepstorff, A. (2009). 'Highly religious participants recruit areas of social cognition in personal prayer'. *Social Cognitive and Affect Neuroscience*. 4(2): 199-207.

Hackney, C. H. and Sanders, G. S. (2003). 'Religiosity and Mental Health: A Meta-Analysis of Recent Studies'. *Journal for the Scientific Study of Religion* 42: 43–55.

McClintock, C. H., Lau, E. and Miller, L. (2016). 'Phenotypic Dimensions of Spirituality: Implications for Mental Health in China, India, and the United States'. *Frontiers in Psychology* 7:

1600.

Stever, G. S. (2017). 'Evolutionary Theory and Reactions to Mass Media: Understanding Parasocial Attachment'. *Psychology of Popular Media Culture* 6: 95–102.

Bond, B. J. (2018). 'Parasocial Relationships with Media Personae: Why They Matter and How They Differ Among Heterosexual, Lesbian, Gay, and Bisexual Adolescents'. *Media Psychology* 21: 457–85.

9 통제 – 착취와 조종, 학대의 도구

Buss, D. M. (2003). *The Evolution of Desire: Strategies of Human Mating.* Basic Books.

Güçlü, O., Senormanci, Ö., Senormanci, G. and Köktürk, F. (2017). 'Gender differences in romantic jealousy and attachment styles'. *Psychiatry and Clinical Psychopharmacology* 27: 359–65.

Chegeni, R., Pirkalani, R. K. and Dehshiri, G. (2018). 'On love and darkness: The Dark Triad and mate retention behaviors in a non-Western culture'. *Personality and Individual Differences* 122: 43–6.

Nagler, U. K. J., Reiter, K. J., Furtner, M. R. and Rauthmann, J. F. (2014). 'Is there a "dark intelligence"? Emotional intelligence is used by dark personalities to emotionally manipulate others'. *Personality and Individual Differences* 65: 47–52.

Smith, M., Nunley, B. and Martin, E. (2013). 'Intimate Partner Violence and the Meaning of Love'. *Issues in Mental Health Nursing* 34: 395–401.

Singh, S. and Myende, T. (2017). 'Redefining love: Female university students developing resilience to intimate partner violence'. *Agenda: Empowering women for gender equity* 31: 22–33.

van Vugt, M. (2014). 'On faces, gazes, votes, and followers: Evolutionary psychological and social neuroscience approaches to leadership' in J. Decety and Y. Christen (eds), *Research and perspectives in neurosciences: Vol. 21. New frontiers in social neuroscience* (pp. 93–110). Springer International Publishing.

Grabo, A., Spisak, B. and van Vugt, M. (2017). 'Charisma as signal: An evolutionary perspective on charismatic leadership'. *The Leadership Quarterly* 28: 473–485.

Schoedt, U., Sørensen, J., Nielbo, L., Xygalatas, D., Mitkidis, P. and Bulbulia, J. (2013). 'Cognitive resource depletion in religious interactions'. *Religion, Brain and Behavior* 3: 39–86.

Bartz, J. A., Zaki, J., Bolger, N. and Ochsner, K. N. (2011). 'Social effects of oxytocin in humans: context and person matter'. *Trends on Cognitive Sciences* 15: 301–9.

De Dreu, C. K. W., Greer, L. L., Van Kleef, G. A., Shalvi, S. and Handgraaf, M. J. J. (2011). 'Oxytocin promotes human ethnocentrism'. *PNAS* 4: 1262–6.

Bedi, G., Hyman, D. and de Wit, H. (2010). 'Is ecstasy an "empathogen"? Effects of MDMA on prosocial feelings and identification of emotional states in others'. *Biological Psychiatry* 68: 1134–40.

Borissova, A. et al. (2020). 'Acute eff ects of MDMA on trust, cooperative behaviour, and empathy:

A double-blind, placebo-controlled experiment'. *Journal of Psychopharmacology* 35(5): 547–55.

Bershad, A. K., Weafer, J. J., Kirkpatrick, W. G., Wardle, M. C., Miller, M. A. and de Wit, H. (2016). 'Oxytocin receptor gene variation predicts subjective responses to MDMA'. *Social Neuroscience* 11: 592–9.

Earp, B. D. and Savulescu, J. (2020). *Love is the Drug: The Chemical Future of our Relationships.* Manchester University Press.

10 동기 – 우리를 위대하게 만드는 힘

Love, T. M. (2014). 'Oxytocin, motivation and the role of dopamine'. *Pharmacology, Biochemistry and Behavior.* 49-60.

Chong, T. (2018). 'Updating the role of dopamine in human motivation and apathy'. *Current Opinion in Behavioral Sciences* 22: 35–41.

Fisher, H., Aron, A. and Brown, L. L. (2005). 'Romantic love: An fMRI study of a neural mechanism for mate choice'. *The Journal of Comparative Neurology* 493: 58–62.

Burunat, E. (2019). 'Love is a physiological motivation (like hunger, thirst, sleep or sex)'. *Medical Hypotheses* 129.

Maslow, A. H. (1943). 'A theory of human motivation'. *Psychological Review* 50: 370–96.

Hermans-Konopka, A., & Hermans, H. J. M. (2010). *The dynamic features of love: Changes in self and motivation.* In J. D. Raskin, S. K. Bridges, & R. A. Neimeyer (eds.), *Studies in meaning* 4: *Constructivist perspectives on theory, practice, and social justice* (p. 93–123). Pace University Press.

Mitaki, S., Isomura, M., Maniwa, K., Yamasaki, M., Nagai, A., Nabika, T. and Yamaguchi, S. (2013). 'Apathy is associated with a single-nucleotide polymorphism in dopamine-related gene'. *Neuroscience Letters* 549:87-91.

Erkoreka, L., Mercedes, Z., Macias, I., Angel Gonzalez-Torres, M. (2018). 'The COMT Val158Met polymorphism exerts a common infl uence on avoidant attachment and inhibited personality, with a pattern of positive heterosis'. *Psychiatry Research*, 262, 345–7.

Foster, J. (2004). 'Fatherhood and the Meaning of Children: An Ethnographic Study Among Puerto R ican Partners of Adolescent Mothers'. *Journal of Midwifery and Women's Health* 49: 118–25.

Miller, G. (2001). *The Mating Mind: How sexual choice shaped the evolution of human nature.* Vintage.

WHY

·

WE

·

LOVE

과학이 사랑에 대해
말해줄 수 있는 모든 것

초판 1쇄 발행 2022년 11월 28일
초판 4쇄 발행 2023년 7월 21일

지은이 | 애나 마친
옮긴이 | 제효영
발행인 | 김형보
편집 | 최윤경, 강태영, 임재희, 홍민기, 김수현
마케팅 | 이연실, 이다영, 송신아
디자인 | 송은비
경영지원 | 최윤영

발행처 | 어크로스출판그룹(주)
출판신고 | 2018년 12월 20일 제 2018-000339호
주소 | 서울시 마포구 양화로10길 50 마이빌딩 3층
전화 | 070-8724-0876(편집) 070-8724-5877(영업) 팩스 | 02-6085-7676
이메일 | across@acrossbook.com

한국어판 출판권 ⓒ 어크로스출판그룹(주) 2022

ISBN 979-11-6774-079-3 03470

만든 사람들
편집 | 임재희 교정교열 | 오효순 디자인 | 송은비 조판 | 박은진